高职高专计算机类专业系列教材

计算机应用技能操作教程

主　编　印元军　王晓娟

副主编　时　洋　胡　磊

西安电子科技大学出版社

内 容 简 介

本书主要介绍了计算机组装与维护的基本技能、Windows 7 的基本操作、计算机网络应用、Word 2010 文字编辑与排版、Excel 2010 数据统计与分析、PowerPoint 2010 演示文稿制作、Access 2010 数据库管理等内容。

本书图文并茂、通俗易懂，内容由浅入深、循序渐进，以学习者为主体，以"案例导学、任务驱动"为主线，以培养思维方式、创新精神和实践能力为根本宗旨，倡导自主、合作、探究的新型学习方式。作为教材，本书特别注重学习者的主体参与性，关注学习者的兴趣、动机、情感和态度，突出学习者的思维开发和能力培养；针对学习者的不同需求，实行差异化教学，面向全体，分层实施。

本书适用于大中专院校、职业院校及各类社会培训学校，可作为各专业计算机基础课程的教材或者参加全国计算机等级考试(一级或二级 MS Office)的辅导用书，也可作为计算机爱好者学习计算机知识的自学参考书。

图书在版编目(CIP)数据

计算机应用技能操作教程 / 印元军，王晓娟主编. —西安：西安电子科技大学出版社，2020.9(2021.4 重印)
ISBN 978-7-5606-5888-9

Ⅰ. ①计… Ⅱ. ①印… ②王… Ⅲ. ①电子计算机—教材 Ⅳ. ①TP3

中国版本图书馆 CIP 数据核字(2020)第 179346 号

策划编辑　高　樱
责任编辑　祝婷婷　王　瑛
出版发行　西安电子科技大学出版社(西安市太白南路 2 号)
电　　话　(029)88242885　88201467　　邮　　编　710071
网　　址　www.xduph.com　　　　　　电子邮箱　xdupfxb001@163.com
经　　销　新华书店
印刷单位　陕西天意印务有限责任公司
版　　次　2020 年 9 月第 1 版　　2021 年 4 月第 2 次印刷
开　　本　787 毫米×1092 毫米　1/16　印　张　22
字　　数　523 千字
印　　数　1001～3000 册
定　　价　59.00 元

ISBN 978-7-5606-5888-9 / TP

XDUP 6190001-2

如有印装问题可调换

前　　言

目前，熟练使用计算机已成为各行各业不同年龄层次的人群必须掌握的一门技能。为了能够帮助读者快速掌握计算机应用技术，使其具备熟练运用现代信息技术的能力，我们编写了本书。

本书依据教育部制定的《高职高专教育计算机公共基础课程教学基本要求》以及《全国计算机等级考试二级 MS Office 高级应用考试大纲（2018 年版修订版）》，并结合多名一线教师丰富的教学经验编写而成。本书采用案例讲解、任务驱动以及同步练习的方式进行知识点介绍。全书共分六个项目，主要内容如下：

项目一计算机组装与维护技能，重点介绍了计算机的基本组成以及计算机日常维护的基本技能。

项目二操作系统设置及网络应用，重点介绍了 Windows 7 操作系统的常见设置、家庭网络设置与连接、网络工具的应用等。

项目三文字处理，重点介绍了 Word 2010 文档格式化、图文混排、表格及文档高级应用技术等。

项目四电子表格，重点介绍了 Excel 2010 数据表的编辑与格式化、数据公式与函数的计算、统计与分析等应用。

项目五演示文稿，重点介绍了 PowerPoint 2010 演示文稿的制作方法，幻灯片版式、模板、背景、配色方案、母版的应用与修改以及通过动画效果丰富演示文稿等应用。

项目六数据库管理，重点介绍了 Access 2010 数据库的创建、修改，数据表中数据的增、删、改、查等常见的数据管理操作。

本书案例及同步练习的素材可以从出版社官网下载。

本书六个项目的具体编写分工如下：项目一、项目三由印元军编写，项目二、项目六由胡磊编写，项目四由王晓娟编写，项目五由时洋编写，全书由印元军统稿。同时要特别感谢罗正军、杨帆、邵薇、肖娟、姜晶晶等老师提供的帮助。

由于编者水平有限，书中难免有不妥之处，敬请广大读者批评指正。编者邮箱：yingyj@163.com。

编　者
2020 年 7 月

目　　录

项目一 计算机组装与维护技能

学习目标

随着信息技术的飞速发展，人们的生活、工作越来越离不开计算机，掌握必要的计算机组装与维护技能，已经成为现代社会对每个学生的基本要求。通过本项目的学习，学生可以了解微型计算机各部件的功能、分类、参数、选购方法，掌握微型计算机组装与维修的基本技能，了解常用外设的安装、使用及日常维护方法；在软件方面掌握计算机操作系统、硬件驱动程序以及常用工具软件的安装和使用。

本项目知识点

(1) 计算机的基本组成原理，计算机主要部件的基本功能、类型、外观特点及性能参数。

(2) 计算机的组成、硬件拆装。

(3) 选购计算机：选购符合指定要求的计算机部件。

(4) CMOS设置：调出CMOS设置程序，启动顺序设置、日期时间设置、密码设置。

(5) 系统安装：常用操作系统和常用应用软件的安装。

(6) 系统测试与维护：硬件保养、性能测试、系统常见故障的分析与处理。

重点与难点

(1) 计算机部件的性能指标，选购符合指定要求的计算机部件。

(2) 系统启动顺序设置。

(3) 常用操作系统和驱动程序的安装。

(4) 系统常见故障的分析与处理。

案例一 认知计算机的构成

案例情境

在拆装计算机之前，需要对计算机的基本组成、主要部件的外观特点及各部件在硬件系统中的安装位置有一个初步的了解。我们日常使用的计算机主要分为台式机和笔记本，它们具有体积小、价格便宜、使用方便等特点，在各行各业有着广泛的应用。

任务 1　初识计算机的类型

如今的计算机种类繁多，各类计算机表现出各自不同的特点。可以从不同的角度对计算机进行分类：按计算机信息的表示形式和对信息的处理方式的不同分为数字计算机(Digital Computer)、模拟计算机(Analogue Computer)和混合计算机；按计算机的用途不同分为通用计算机(General Purpose Computer)和专用计算机(Special Purpose Computer)；按计算机内部逻辑结构的不同分为 8 位、16 位、32 位、64 位计算机；按其性能和规模的不同分为巨型机、大型机、中型机、小型机、个人计算机、嵌入式计算机等。

1. 巨型机(Giant Computer)

巨型机又称超级计算机(Super Computer)，其运算速度可达到千万亿次每秒甚至更高，它是目前功能最强、速度最快、价格最昂贵的计算机，主要用于解决诸如气象、太空、能源、医药等尖端科学研究和战略武器研制中的复杂计算。2017 年世界超级计算机排名第一的是位于中国无锡国家超级计算中心的"神威太湖之光"，它的运算能力达到 93.01 千万亿次每秒，如图 1-1 所示；仅次于它的是位于中国广州国家超级计算机中心的"天河二号"，它的运算能力为 33.86 千万亿次每秒，如图 1-2 所示。

图 1-1　"神威太湖之光"超级计算机　　　　　图 1-2　"天河二号"超级计算机

2. 大中型机(Large-scale Computer and Medium-scale Computer)

大中型机也有很高的运算速度和很大的存储量并允许相当多的用户同时使用，但在各种硬件配置及性能方面不及巨型机，结构上也较巨型机简单些，价格相对巨型机来说更便宜，因此使用的范围较巨型机普遍，是事务处理、商业处理、信息管理、大型数据库和数据通信的主要支柱。大中型机通常形成了系列，如美国 IBM 公司的 370 系列、DEC 公司的 VAX8000 系列，日本富士通公司的 M-780 系列等。目前生产大型机的企业有 IBM 和 UNISYS，IBM 生产的大型机在其服务器产品线中被列为 Z 系列。2008 年 IBM 推出的 System Z10 大型计算机如图 1-3 所示。

3. 小型机(Mini Computer)

小型机是指采用 8～32 颗处理器，性能和价格介于 PC 服务器和大中型机之间的一种高性能 64 位计算机。相对于大中型机而言，这种计算机的规模较小、运算速度较慢，但仍能支持十几个用户同时使用。小型机具有体积小、价格低、性能价格比高等优点，适合中小企业、事业单位用于工业控制、数据采集、分析计算、企业管理以及科学计算等。典型的小型机是 DEC 公司的 PDP 系列计算机、IBM 公司的 AS/400 系列计算机。IBM 推出的 Power 7 小型机 Power 770 如图 1-4 所示。

图 1-3　IBM System Z10 大型计算机　　　　图 1-4　IBM Power 770 小型机

4. 个人计算机(Personal Computer，PC)

供单个用户使用的微型机一般称为个人计算机或 PC。20 世纪 70 年代后期，微型机的出现引发了计算机时代的又一次革命，它的迅猛发展，极大地推动了计算机的应用。个人计算机的特点是体积小巧、功能丰富、使用方便、价格便宜等。个人计算机泛指台式机、笔记本、一体机、平板电脑等智能设备，如图 1-5 所示。

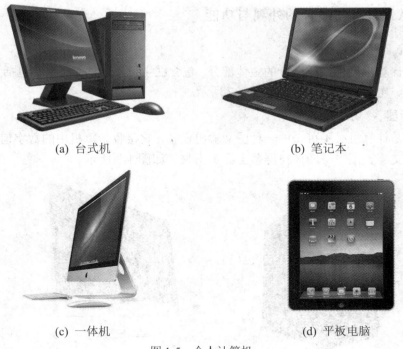

(a) 台式机　　　　　　　　　　　　(b) 笔记本

(c) 一体机　　　　　　　　　　　　(d) 平板电脑

图 1-5　个人计算机

任务 2　了解计算机系统的组成

一个完整的计算机系统是由硬件系统和软件系统两部分组成的，两者相辅相成，缺一不可，如图 1-6 所示。

计算机硬件系统是指组成计算机系统的各种电子、机械、光电元件等物理装置的总称，如 CPU、主板、内存、显卡、硬盘、显示器等，其基本功能是接受计算机程序的控制实现数据输入、运算、数据输出等一系列操作。计算机软件系统是指为计算机进行信息处理而编写的程序、数据及相关文档的总称。

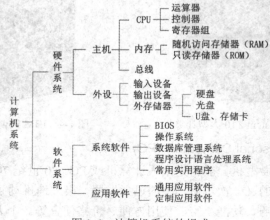

图 1-6　计算机系统的组成

任务 3　认知计算机硬件的外观与功能

1. 主机

主机是计算机硬件系统运行的主体部分，包含在主机箱的内部，主要包括主板、CPU、内存、显卡、电源、散热器等，如图 1-7 所示。

2. 显示器

显示器是计算机必不可少的一种图文输出设备，它接收计算机中的数字信号并转换成光信号，使文字、图形、图像在屏幕上显示出来，如图 1-8 所示。

图 1-7　主机箱

图 1-8　显示器

3. 键盘

键盘是最常用也是最主要的输入设备，通过键盘可以将英文字母、数字、标点符号等输入到计算机中，从而向计算机发出命令、输入数据等，如图 1-9 所示。

4. 鼠标

鼠标是一种很常用的电脑输入设备，它可以对当前屏幕上的游标进行定位，并通过按键和滚轮装置对游标所经过位置的屏幕元素进行操作，如图 1-10 所示。

图 1-9　键盘 图 1-10　鼠标

5. 打印机

打印机是计算机的输出设备之一，用于将计算机的处理结果打印在相关介质上。打印机的种类很多，按其工作原理主要分为击式打印机与非击式打印机。目前，常用的打印机主要有针式打印机、激光打印机和喷墨打印机，如图 1-11 所示。

(a) 针式打印机　　　　　　(b) 激光打印机　　　　　　(c) 喷墨打印机

图 1-11　打印机

6. 扫描仪

扫描仪是利用光电技术和数字处理技术，以扫描方式将照片、文本页面、图纸、美术图画、照相底片，甚至纺织品、标牌面板、印制板样品等转换为数字信号的装置。扫描仪属于计算机辅助设计(CAD)中的输入设备。扫描仪主要分为手持式扫描仪、平板式扫描仪、胶片专用扫描仪、滚筒式扫描仪等，如图 1-12 所示。

(a) 手持式扫描仪　　　(b) 平板式扫描仪　　　(c) 胶片专用扫描仪　　　(d) 滚筒式扫描仪

图 1-12　扫描仪

7. 摄像头

摄像头又称为电脑相机、电子眼等(如图 1-13 所示)，是一种视频输入设备，被广泛地应用于视频会议、远程医疗、实时监控等领域。人们可以通过摄像头在网络上进行有影像、有声音的交谈和沟通。另外，人们还可以将其应用于当前各种流行的数码影像、影音处理等领域。

8. 音箱

音箱是将音频信号转换为声音的一种输出设备，是多媒体计算机不可缺少的重要组成部分，如图 1-14 所示。

图 1-13 摄像头

图 1-14 音箱

任务 4 认知计算机主机的内部结构

主机是整个计算机运行的中心，从外观上看是一个整体。打开主机箱后，其内部由多个独立部件构成，主要包括主板、CPU、内存(实物常称为内存条)、硬盘、显卡、声卡、网卡、电源、散热器、光驱、电源线、数据线等，其中主板是各硬件组成部分的连接体。主机的内部结构如图 1-15 所示。

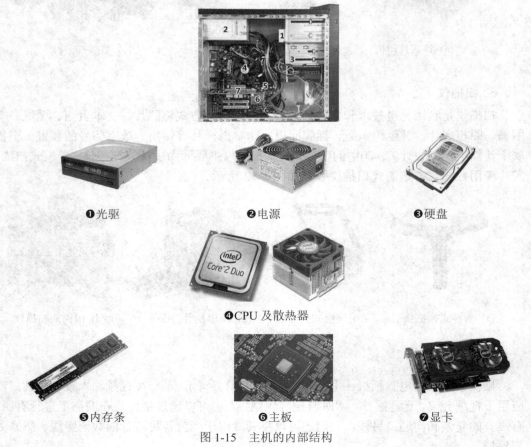

❶光驱　　　　❷电源　　　　❸硬盘

❹CPU 及散热器

❺内存条　　　　❻主板　　　　❼显卡

图 1-15 主机的内部结构

主板又叫主机板(mainboard)、系统板或母板(motherboard)，安装在主机箱内，是计算机最基本的也是最重要的部件之一。主板一般为矩形电路板，上面安装了组成计算机的主要电路系统，一般有 BIOS 芯片、I/O 控制芯片、键盘和面板控制开关接口、指示灯插接件、扩充插槽、主板及插卡的直流电源供电接插件等元件，如图 1-16 和图 1-17 所示。

图 1-16　华硕(ASUS)PRIME X370-PRO 主板

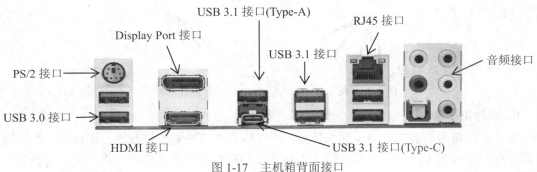

图 1-17　主机箱背面接口

案例二　拆装计算机硬件

案例情境

在了解了计算机的基本组成及各组成部分的外观特点之后，可以通过拆解一台完整的计算机，对计算机的外部设备及其与主机的连接、主机内各配件的位置与连接方法、电源线及数据线的连接方法形成更直观的认识。

任务1 准备拆装工具

1. 螺丝刀

一把十字螺丝刀，用于拆卸电脑上的十字螺丝；一把一字螺丝刀，用于拆卸主机箱中的各种挡板、包装盒、散热器等，如图 1-18 所示。

2. 尖嘴钳

尖嘴钳主要用于拆卸各种挡板、挡片或用于拧开一些比较紧的螺丝，如图 1-19 所示。

图 1-18　螺丝刀　　　　　　　　　图 1-19　尖嘴钳

3. 剪刀

剪刀一般用于剪开扎带，如图 1-20 所示。

4. 镊子

镊子主要用于插拔硬盘或主板的跳线、夹取各种螺钉及螺丝，如图 1-21 所示。

图 1-20　剪刀　　　　　　　　　图 1-21　镊子

5. 防静电手套

由于人体携带的静电容易击穿晶体管，所以拆卸之前需要通过触摸金属物体、洗手等方式释放静电或戴上防静电手套，防止人体携带的静电对电脑配件、主板芯片造成损坏，如图 1-22 所示。

6. 毛刷和吹气球

毛刷和吹气球主要用于清理主机箱内部的灰尘，如图 1-23 所示。

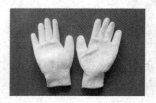

图 1-22　防静电手套　　　　　　　图 1-23　毛刷和吹气球

7. 导热硅脂

导热硅脂具有良好的导热性及绝缘性，主要涂抹于 CPU 的表面，填补 CPU 与散热片之间的空隙，提升 CPU 的散热效果，如图 1-24 所示。

8. 扎带

扎带主要用于捆扎主机箱内的各种电源线和数据线，避免各连线杂乱无序，不利于通风散热，如图 1-25 所示。

图 1-24　导热硅脂　　　　　　　图 1-25　扎带

任务 2　拆卸计算机

1. 注意事项

(1) 拆卸之前需要通过触摸金属物体、洗手等方式释放静电，最好戴上防静电手套。

(2) 不随意触摸主板芯片。

(3) 插拔板卡、插头或跳线时，不能左右晃动，要均匀用力插拔，不能盲目用力强行插拔。

(4) 拆卸过程中要注意保护好各配件，要轻拿轻放，避免损坏。

(5) 螺丝及小零件需要集中存放，避免丢失。

2. 拆卸步骤

(1) 断开主机及显示器电源。

(2) 拔下主机上的外接设备。

(3) 观察主机箱，使用螺丝刀等工具，打开主机箱盖。

(4) 用剪刀剪开扎带捆扎的部分。

(5) 拔下硬盘电源线及数据线、光驱电源线及数据线，用螺丝刀拧开硬盘、光驱的固定螺丝，即可取出硬盘和光驱。

(6) 用手捏住主板电源插头的塑料卡，向上拔出主板电源插头。

(7) 从主板上拔出 CPU 风扇电源插头、主机前面板上的 USB 数据线、音频数据线以及指示灯、主机开关电源线等插头。

(8) 用螺丝刀拧开电源的固定螺丝，即可取出电源。

(9) 用螺丝刀拧开显卡的固定螺丝，并用手向外侧掰开显卡插槽的固定卡，即可取出显卡。

(10) 两只手同时捏住内存插槽两端的固定卡，向外侧掰开，即可取出内存。

(11) 将 CPU 散热风扇上面的固定杆向相反的方向拉起，拧开风扇的固定杆，即可取出 CPU 散热风扇。

(12) 将 CPU 插槽旁边的拉杆向外向上拉起，即可取出 CPU。

(13) 用螺丝刀拧开主板四周及中心的固定螺丝，双手握住主板的两端，即可取出主板。

任务 3　组装计算机

1. 注意事项

(1) 组装之前需要通过触摸金属物体、洗手等方式释放静电，最好戴上防静电手套。

(2) 不随意触摸主板芯片。

(3) 插拔板卡、插头或跳线时，不能左右晃动，要均匀用力插拔，不能盲目用力强行插拔。

(4) 安装主板、显卡等部件时应平稳安装，并将其固定牢靠，特别是安装主板时，应安装绝缘垫片。

(5) 在连接主机箱内部连线时，一定要仔细阅读主板说明书，熟知主板各接口的正确位置，正确连线。

2. 组装步骤

(1) 用螺丝刀等工具，打开新主机箱。

(2) 将电源有风扇的一侧朝向主机箱上的预留孔，将其装入主机箱内的电源托架上，对齐螺丝孔，将电源固定牢靠。

(3) 取下主机箱前面板上安装光驱的 5 英寸挡板，有些主机需要取下整个面板，将光驱放入托架内，将光驱调整到最佳位置并固定牢靠，装上前面板。

(4) 查看主板说明书，识别主板上的开关、电源灯、硬盘灯、蜂鸣器等插针接口；识别主板对应的主机前置 USB 接口；识别主板对应的主机前置音频接口；识别主板的供电接口、CPU 专用供电接口、CPU 散热风扇电源接口、主机箱散热风扇电源接口；识别硬盘的数据线接口；识别 CPU 插槽、内存插槽、PCI-E 插槽等。

(5) 准备一块与主板配套使用的 CPU，将主板上 CPU 插槽旁的拉杆向外向上拉起，打开用于固定 CPU 的金属盖板，将 CPU 正确放入 CPU 插槽(注意标识)，然后盖上盖板，并将 CPU 插槽旁的拉杆重新压回到固定卡扣里，至此 CPU 被稳稳地安装到主板上。

(6) 将 CPU 的表面均匀地涂上一层导热硅脂(盒装的 CPU 已预先涂抹了导热硅脂，只要取下保护盖直接安装即可)，然后将 CPU 散热风扇固定到相应的 4 个孔位里，最后将 CPU 风扇的电源插头插到对应的插座里。

(7) 检查主机箱内固定主板的铜制螺栓是否与主板的固定孔位相对应，否则需要调整螺栓的位置，然后将主板正确摆放至主机箱内，固定牢靠。

(8) 掰开内存插槽两端的固定卡，将内存条金手指上的定位缺口与内存条插槽上凸起的位置对齐，将内存条向下按入插槽，当听到"咔"的一声，且两端的固定卡自动卡住了内存条两侧的缺口时，说明内存条安装到位。

(9) 在主机箱内的硬盘支架上找一个合适的位置，将硬盘平稳地推入支架，并固定牢靠。

(10) 拆除显卡插槽(PCI-E X16)旁边对应的挡板，将显卡插入插槽，听到"咔"的一声，表明卡扣锁定显卡，然后拧上螺丝将显卡固定牢靠。

(11) 正确连接主板电源线、CPU 专用电源线，硬盘和光驱的电源线、数据线，主机前面板的各类信号线，将各类线整理有序，尽量绕开主板，有利于主机箱内部散热。

(12) 盖上主机箱盖，连接外接设备，通电，进行开机测试。

案例三　选购微型计算机

案例情境

情境 1：小张是一名教师，需要配置一台台式机用于日常办公，偶尔也会处理一些图片，闲暇时看看电影、听听音乐或玩一些小游戏，注重性价比，宗旨是"够用就行"，总价限定在 4000 元以内。

情境 2：小李是一名学生，考上大学以后想给自己配置一台计算机，一是用于专业学习，例如制作 3D 动画、进行视频剪辑等，二是课余时间喜欢玩一些大型的网络游戏，例如英雄联盟等。宗旨是"没有最贵，只有最好"，总价限定在 8000 元以内。

任务　根据需要配置计算机硬件

根据以上需求，利用在线模拟装机系统分别设计出计算机的配置方案，认真考虑用户的每一个需求，不得随意配置，重点是权衡各部件的性能及兼容性。

(1) 打开网络浏览器，访问网址 http://zj.zol.com.cn/，进入 ZOL 模拟攒机系统，修改地区为当前所在城市，如图 1-26 所示。

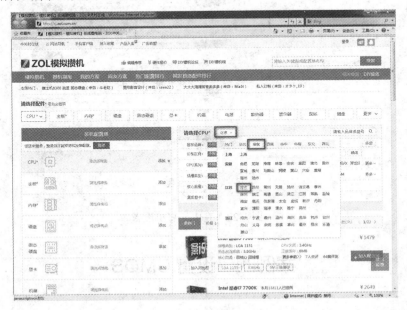

图 1-26　ZOL 模拟攒机系统

(2) 在 ZOL 模拟攒机系统中选择相应的配件加入计算机配置单，*号为必选项，如图 1-27 所示，注意 CPU、主板、内存之间的兼容性问题。

图 1-27　选择计算机配件

(3) 按照要求分别完成两套计算机配置单并截图，开始选择第 2 套计算机的配置之前需要清空配置单，如图 1-28 所示。

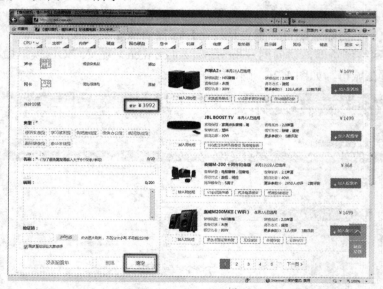

图 1-28　完成计算机配置单

案例四　设置 CMOS

计算机硬件选购、组装完成之后，第一次加电启动时需要设置 CMOS 参数，为之后的安装操作系统做好准备。

任务　在虚拟机中设置 CMOS 参数

在虚拟机中对 CMOS 参数进行设置，实现从光驱启动计算机的功能。

(1) 利用 VMware Workstation 虚拟机软件在现有计算机系统中创建一台新的虚拟计算机。

① 双击桌面上的 VMware Workstation 程序图标，打开虚拟机软件创建虚拟机，如图 1-29 所示。

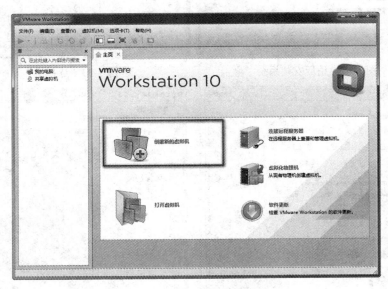

图 1-29　创建虚拟机

② 单击"创建新的虚拟机"选项，根据"新建虚拟机向导"提示选择相应选项，完成虚拟机的创建，如图 1-30～图 1-43 所示。

图 1-30　选择类型配置

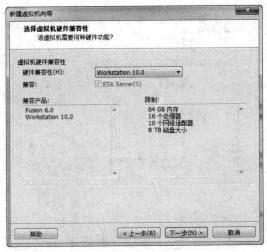

图 1-31　选择兼容性

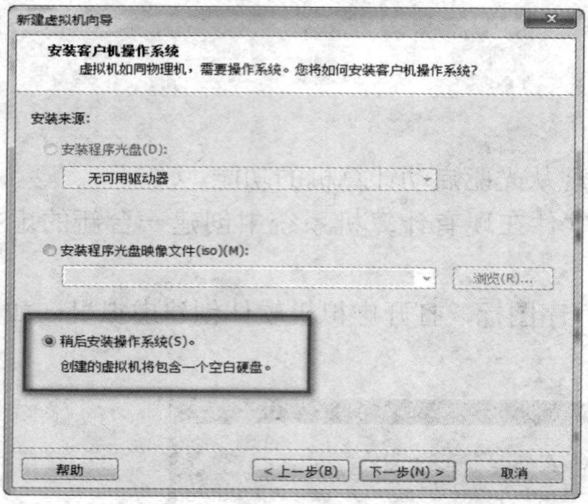

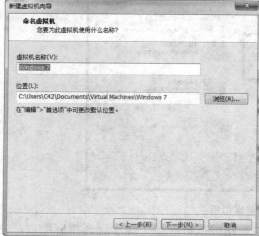

图 1-32　稍后安装系统

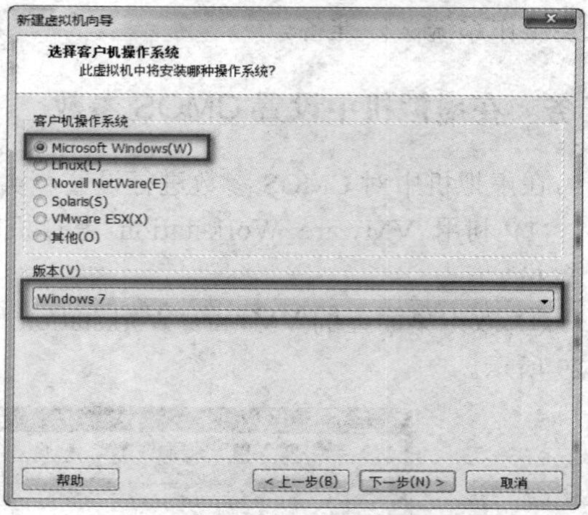

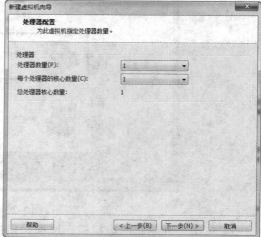

图 1-33　选择操作系统

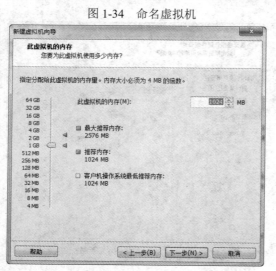

图 1-34　命名虚拟机

图 1-35　处理器配置

图 1-36　内存配置

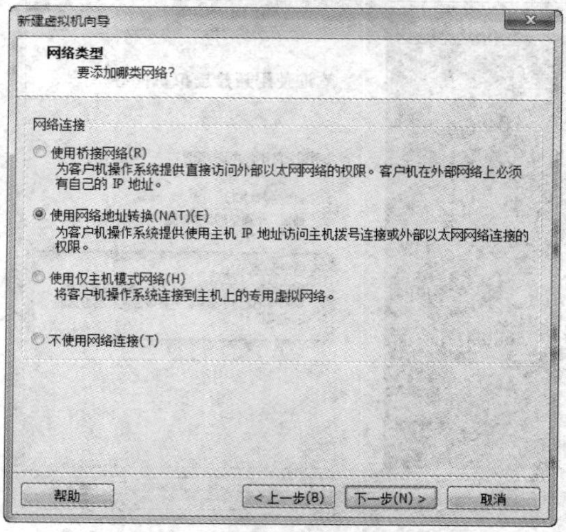

图 1-37　网络类型设置

图 1-38　选择 I/O 控制器类型

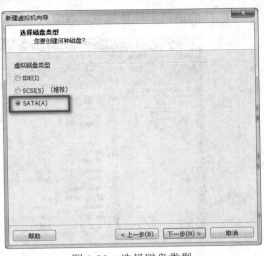

图 1-39　选择磁盘类型

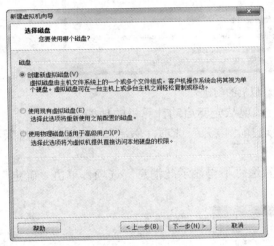

图 1-40　选择磁盘

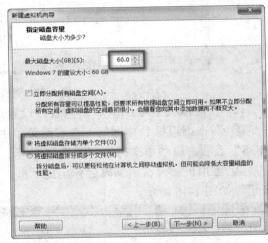

图 1-41　指定磁盘容量

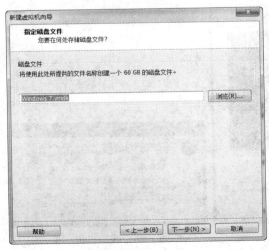

图 1-42　指定磁盘文件

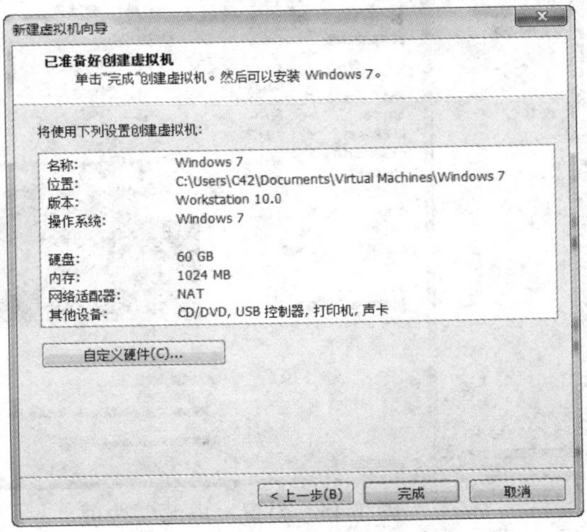

图 1-43　创建准备完成

③ 新的虚拟机创建完成，如图 1-44 所示。

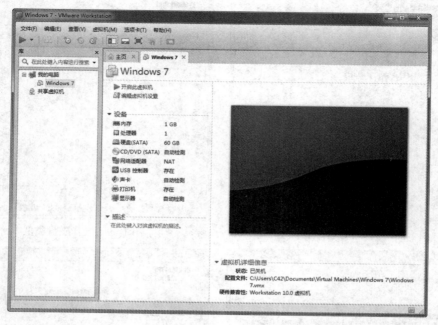

图 1-44　完成虚拟机的创建

(2) 在虚拟机中对 CMOS 参数进行设置，实现从光驱启动计算机的功能。

① 右击虚拟机名称标签，在右键菜单中选择"电源"选项，然后单击"启动时进入 BIOS"选项，启动虚拟机，如图 1-45 所示。

② 虚拟机第一次启动时会弹出提示框，勾选"不再显示此消息"选项，单击"确定"按钮，如图 1-46 所示。

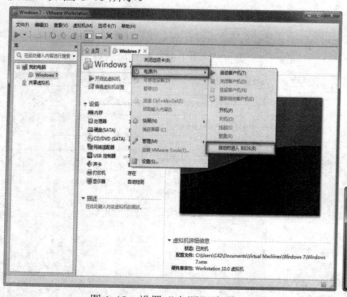

图 1-45　设置"电源"选项

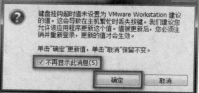

图 1-46　虚拟机提示框

③ 虚拟机启动完成后，屏幕显示 CMOS 设置程序界面，如图 1-47～图 1-50 所示。

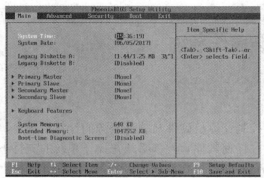

图1-47 基本项目设置

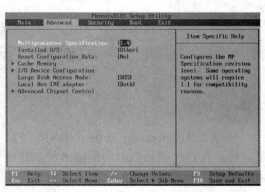

图1-48 高级项目设置

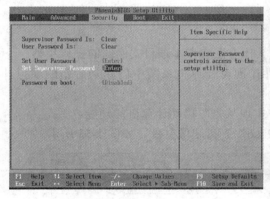

图1-49 安全项目设置

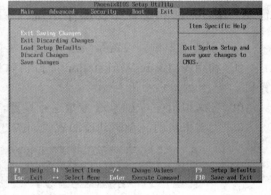

图1-50 退出项目设置

④ 通过键盘上的左右箭头键选中"Boot"启动项目设置标签，利用 +/- 键调整各启动项位置，将"CD-ROM Drive"项移动到最上面的位置，如图1-51和图1-52所示。

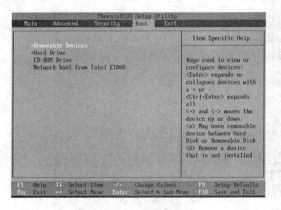

图1-51 启动项目设置

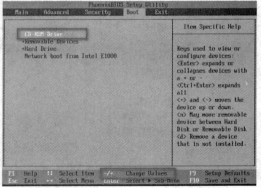

图1-52 设置光驱启动

⑤ 按 F10 键保存并退出，或者在"Exit"退出项目标签中选择"Exit Saving Changes"项，完成从光驱启动计算机的功能。

提示：

(1) 使用 Ctrl + Alt 组合键在虚拟机和真实操作系统之间切换鼠标控制。

(2) 在虚拟机环境中要注意先打开 NumLock 键锁定再使用数字小键盘。

案例五　安装操作系统

案例情境

操作系统(Operating System, OS)是管理和控制计算机硬件与软件资源的计算机程序，是直接运行在"裸机"上的最基本的系统软件，任何其他软件都必须在操作系统的支持下才能运行。本案例以目前市面上比较主流的 Windows 7 操作系统为对象，介绍在计算机上安装操作系统的一般步骤。

任务　虚拟机环境中安装操作系统

(1) 创建虚拟机并设置系统从光驱启动，具体方法参考本项目案例四的操作步骤。

① 利用 VMware Workstation 虚拟机软件在现有计算机系统中创建一台新的虚拟计算机。

② 在虚拟机中对 CMOS 参数进行设置，实现从光驱启动计算机的功能。

③ 为虚拟机的光盘驱动器加载"win7-32.iso"光盘映像文件，如图 1-53 所示。

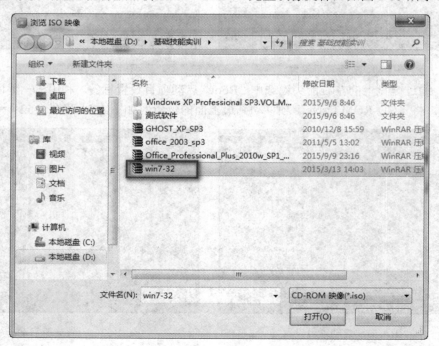

图 1-53　加载光盘映像文件

(2) 在虚拟机环境中安装 Windows 7 操作系统。

① 启动虚拟机，进入 Windows 7 操作系统安装界面，确认输入语言和其他首选项正确，单击"下一步"按钮，如图 1-54 所示。

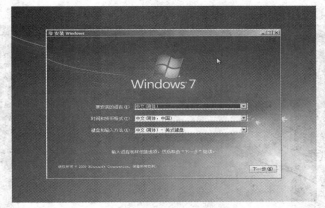

图 1-54　操作系统安装程序

② 选择"现在安装"项，继续安装操作系统，如图 1-55 所示。

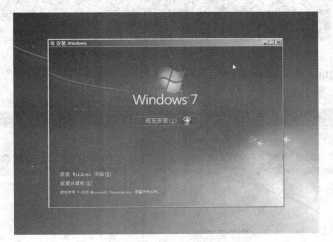

图 1-55　现在安装操作系统

③ 阅读许可条款，勾选"我接受许可条款"项，单击"下一步"按钮，如图 1-56 所示。

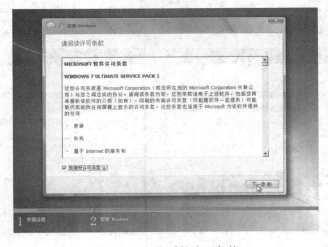

图 1-56　操作系统许可条款

④ 选择"自定义(高级)"安装类型，如图 1-57 所示。

图 1-57　自定义安装操作系统

⑤ 利用 Windows 7 操作系统安装程序的自带功能对虚拟机磁盘空间进行分区、格式化操作，步骤如图 1-58～图 1-65 所示。

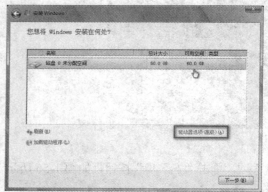

图 1-58　选择磁盘未分配空间　　　　　　　　图 1-59　新建分区

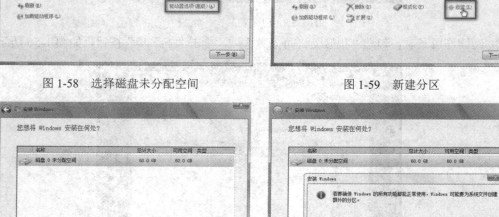

图 1-60　设置分区大小　　　　　　　　图 1-61　确认创建分区

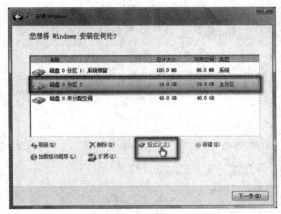

图 1-62 格式化分区

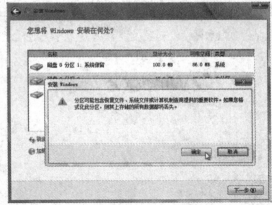

图 1-63 确认格式化

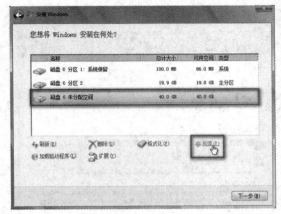

图 1-64 新建其余分区

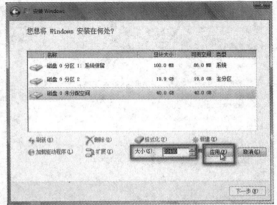

图 1-65 设置其余分区大小

⑥ 分区、格式化操作完成后，选择列表中第 1 个主分区作为操作系统的安装位置，如图 1-66 所示。单击"下一步"按钮，继续安装 Windows 7 操作系统，如图 1-67 所示。

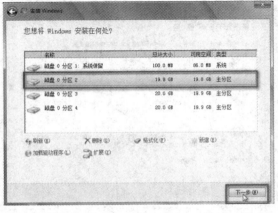

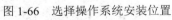

图 1-66 选择操作系统安装位置

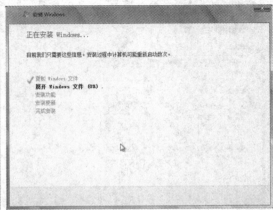

图 1-67 继续安装操作系统

⑦ 根据提示对操作系统进行设置，步骤如图 1-68～图 1-73 所示。

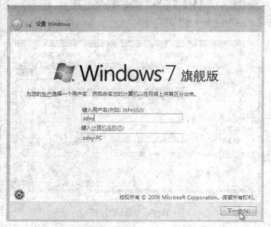

图 1-68　设置用户名和计算机名称

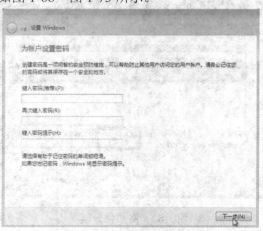

图 1-69　设置账户密码

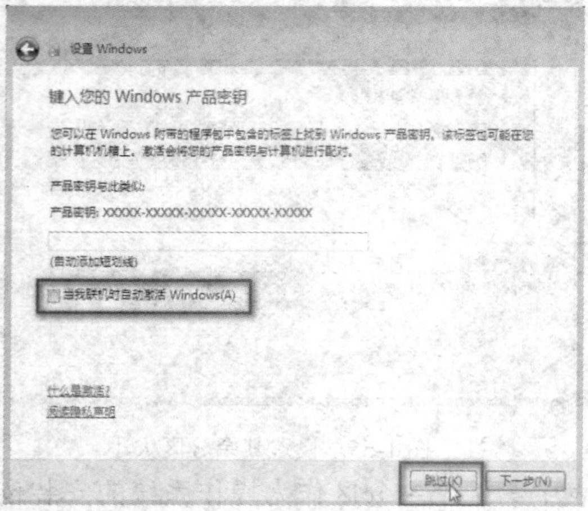

图 1-70　设置产品密钥

图 1-71　设置自动保护

图 1-72　设置时间和日期

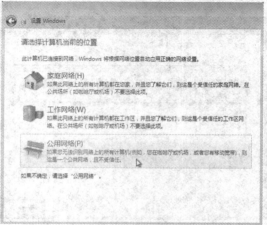

图 1-73　设置网络类型

⑧ Windows 7 操作系统安装完成，虚拟机显示操作系统桌面，如图 1-74 所示。

图 1-74　操作系统安装完成

提示：

(1) 安装 Windows 系统，分区格式化之前应事先备份硬盘的文件，安装后应恢复这些文件。

(2) 安装操作系统应有足够的硬盘空间，建议安装操作系统的分区在 60～80 GB 之间(根据后续安装的软件大小而定)，这是因为安装操作系统本身就至少需要 10～20 GB 左右的空间(视组件多少而定)，而安装完成后一般还要安装一些系统工具和驱动程序，仍需要硬盘空间。

案例六　安装与卸载常见的应用软件

案例情境

安装完操作系统之后，需要及时安装驱动程序，使系统的各硬件部分能正常运转；然后安装常见的应用软件，使计算机具有压缩解压缩、网络通信、办公处理等基本功能；最后下载与安装操作系统及应用软件的补丁，做到有效防范计算机病毒的入侵，保证计算机系统安全。

任务 1　安装 "驱动精灵"

(1) 启动 "驱动精灵" 安装程序，单击 "安装" 选项，取消所有复选框的选择，如图 1-75 所示。

(2) 单击 "安装路径" 后面的 "更改路径"，可以修改程序的安装位置，单击 "驱动下载"后面的"更改路径",可以修改驱动下载的位置,如图 1-76 所示。

图 1-75 启动"驱动精灵"

图 1-76 更改路径

(3) 单击"一键安装",完成"驱动精灵"的安装,如图 1-77 所示。

图 1-77 全面体检

(4) 单击"立即检测",可检测系统的硬件状态;单击"驱动管理",可扫描当前系统各硬件的驱动,如图 1-78 所示。

图 1-78 驱动管理

（5）单击"诊断修复"，可检测当前环境存在的问题及漏洞，如图 1-79 所示。

图 1-79　系统漏洞修复

（6）单击"软件管理"，可快速安装常用的应用软件，如图 1-80 所示。

图 1-80　常用的应用软件

（7）单击"垃圾清理"，可检测当前系统中存在的垃圾，如图 1-81 所示。

图 1-81　垃圾清理

（8）单击"硬件检测"，可对系统各主要部件的性能进行测试并给出相应的评分，如图 1-82 所示。

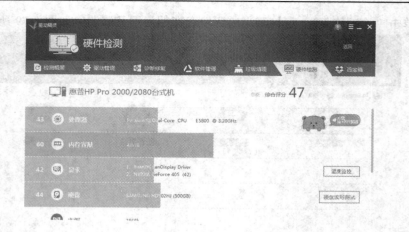

图 1-82　硬件检测

任务 2　安装 "360 压缩"

(1) 启动 "360 压缩" 安装程序，如图 1-83 所示。

图 1-83　启动 "360 压缩" 安装程序

(2) 单击 "自定义安装" 可修改程序的安装位置，可取消部分复选框的选择，如图 1-84 所示。

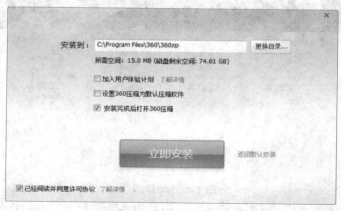

图 1-84　自定义安装

(3) 单击"立即安装"按钮开始安装，如图 1-85 所示。

图 1-85　正在安装

(4) 安装成功后，自动打开"360 压缩"程序，如图 1-86 所示。

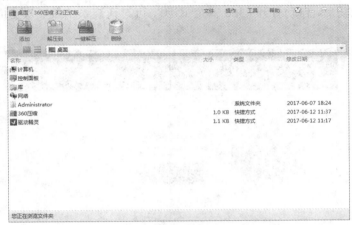

图 1-86　安装成功

任务 3　安装"360 安全卫士"

(1) 启动"360 安全卫士"安装程序，如图 1-87 所示。

(2) 单击"自定义安装"，可修改程序的安装位置，可取消部分复选框的选择，如图 1-88 所示。

图 1-87　启动"360 安全卫士"安装程序

图 1-88　自定义安装

(3) 单击"立即安装"按钮开始安装，如图 1-89 所示。

图 1-89　正在安装

(4) 安装成功后，自动打开"360 安全卫士"，可对新装系统做一次全面体检，如图 1-90 所示。

图 1-90　安装成功

(5) 单击"木马查杀"，可对系统进行木马扫描，检查系统是否处于安全状态，如图 1-91 所示。

图 1-91　木马查杀

(6) 单击"电脑清理"，可对系统进行垃圾文件扫描并清理，释放空间，如图1-92所示。

图 1-92　电脑清理

(7) 单击"系统修复"，可扫描操作系统及已安装的应用软件的漏洞，可下载并安装补丁修复漏洞，保证系统安全，如图1-93所示。

图 1-93　系统修复

(8) 单击"优化加速"，可扫描发现系统的可优化项目，通过优化提升系统的开机速度、运行速度等，如图1-94所示。

图 1-94　优化加速

任务 4　安装"360 杀毒"

（1）启动"360 杀毒"安装程序，单击"更改目录"，可修改程序的安装位置，如图 1-95 所示。

图 1-95　"360 杀毒"安装界面

（2）单击"立即安装"按钮完成安装，如图 1-96 所示。

（3）首次安装后，可单击"全盘扫描"查杀系统病毒。

图 1-96　安装完成

任务 5　安装"搜狗拼音输入法"

（1）启动"搜狗拼音输入法"安装程序，单击"浏览"按钮可修改程序的安装位置，如图 1-97 所示。

（2）单击"立即安装"按钮完成安装，取消所有复选框，如图 1-98 所示。

图 1-97   "搜狗拼音输入法"安装界面   图 1-98   安装完成

(3) 单击"立即体验"按钮，通过个性化设置向导对首次安装的输入法进行设置，如图 1-99 所示。

图 1-99   个性化设置向导

任务 6   安装 Office 2010 办公软件

(1) 启动 Office 2010 安装程序，单击"自定义"按钮可选择安装 Office 2010 中的部分组件以及修改安装路径，如图 1-100 所示。

图 1-100   Office 2010 安装界面

(2) 由于 Office 2010 的软件组件较多，用户可选择安装常用的办公组件，取消安装不需要的组件，从而减少安装程序占用磁盘空间的大小，如图 1-101 所示。

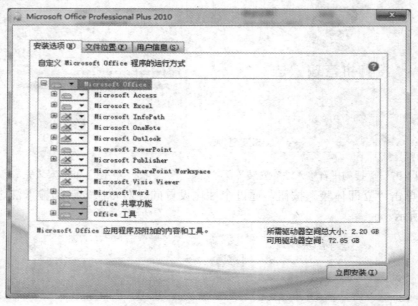

图 1-101　选择需要安装的组件

(3) 单击"浏览"按钮可修改程序的安装位置，如图 1-102 所示。

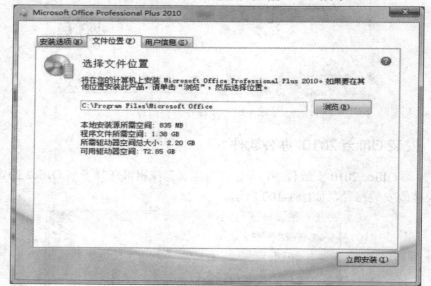

图 1-102　修改安装位置

(4) 单击"立即安装"按钮即可完成 Office 2010 软件的安装。

任务 7　卸载常用应用软件

(1) 单击"开始"菜单中的控制面板，如图 1-103 所示。

图 1-103　控制面板

(2) 单击"卸载程序"，列出当前系统中用户安装的所有程序，如图 1-104 所示。

图 1-104　卸载程序

(3) 右击要卸载的程序，在弹出的快捷菜单中单击"卸载"，弹出如图 1-105 所示的卸载向导窗口，按相应的步骤操作即可。

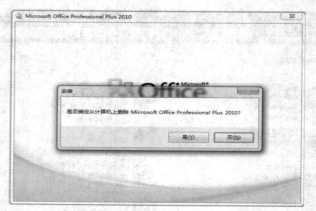

图 1-105 卸载向导窗口

案例七 测试与优化系统

案例情境

安装完操作系统及常用软件之后，可对计算机系统做一个整体的测试，了解当前系统的硬件配置在整个 PC 市场中所处的位置，了解计算机的整体性能状况，并对当前的系统性能做进一步的优化。

任务 1 使用 CPU-Z 查看当前系统的硬件配置

CPU-Z 是一款常用的 CPU 检测软件，它支持的 CPU 种类相当全面，软件的启动速度及检测速度都很快。另外，它还能检测主板和内存的相关信息，具体包括：

(1) 使用最新版的 CPU-Z 可检测当前系统处理器的详细信息，例如 CPU 的名字、对应的插槽类型、工作频率、支持的指令系统等，如图 1-106 所示。

(2) 可检测当前系统处理器的缓存信息，例如一级缓存、二级缓存、三级缓存等，如图 1-107 所示。

图 1-106 处理器信息

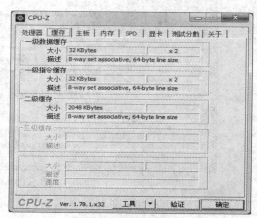

图 1-107 缓存信息

（3）可检测当前主板的信息，例如制造商、芯片组类型、BIOS 等，如图 1-108 所示。

（4）可检测当前内存的信息，例如内存的类型、大小、工作频率等，如图 1-109 所示。

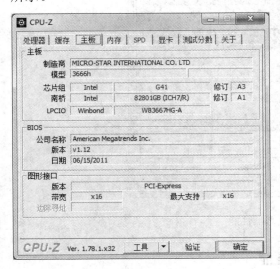

图 1-108　主板信息

图 1-109　内存信息

（5）可检测当前内存插槽的信息，例如内存条的数量、每个插槽的使用情况及每个插槽中内存条的详细信息，如图 1-110 所示。

（6）可检测当前显卡的信息，例如显卡的品牌、GPU(图形处理器)的类型、显存的容量等，如图 1-111 所示。

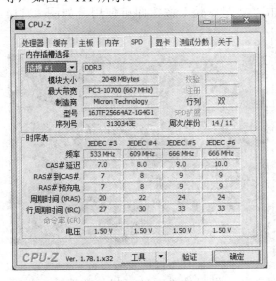

图 1-110　内存插槽信息

图 1-111　显卡信息

（7）可检测当前处理器的性能，并选择一款可参考的处理器形成对比,这种方式对 CPU 的性能判断更直观,如图 1-112 所示。

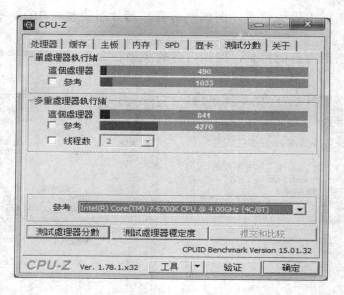

图 1-112　处理器性能

任务 2　使用"鲁大师"软件测试硬件性能

"鲁大师"是一款常用的系统检测与优化软件，它能轻松辨别电脑硬件的真伪，保证电脑稳定运行，优化并清理系统，提升电脑运行速度。

(1) 启动"鲁大师"安装程序，单击"开始安装"按钮安装"鲁大师"软件，如图 1-113 所示。

(2) 安装完成后，取消选中复选框，单击"立即体验"按钮即可使用，如图 1-114 所示。

　　图 1-113　安装"鲁大师"软件　　　　　　　　　图 1-114　安装完成

(3) 单击"硬件体检"，可检查硬件系统存在的问题及软件系统可优化的选项，如图 1-115 所示。

(4) 单击"硬件检测"，可查看当前硬件配置的详细信息，如图 1-116 所示。

图 1-115　硬件体检

图 1-116　硬件检测

（5）单击"温度管理"，可显示计算机各类硬件温度的变化曲线图表，主要包括 CPU 温度、主硬盘温度、显卡温度、主板温度等，如图 1-117 所示。

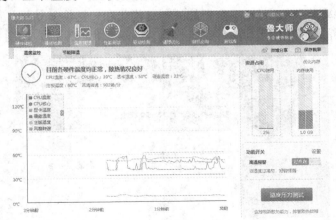

图 1-117　温度管理

（6）单击"性能测试"，可通过模拟电脑计算对 CPU 速度进行测评，通过模拟 3D 游戏场景对显卡进行测评，通过模拟数据的读取和写入对内存和硬盘进行测评，如图 1-118 所示。

图 1-118　性能测试

(7) 单击"驱动检测",可调用"360 驱动大师"扫描系统硬件的驱动安装情况,可对驱动进行更新、备份与恢复,如图 1-119 所示。

图 1-119　驱动检测

(8) 单击"清理优化",可实现全智能的一键优化和一键恢复功能,其中包括系统响应速度优化、用户界面速度优化、文件系统优化、网络优化等功能,如图 1-120 所示。

图 1-120　清理优化

任务 3　系统安全优化

系统安全问题一直以来都是最重要的问题，了解系统安全的基本配置，可为预防病毒和木马的入侵打好基础。

1. 设置可靠的密码策略和用户权限策略

(1) 单击"开始"菜单中的"运行"，在弹出的对话框中输入"secpol.msc"，单击"确定"按钮，如图 1-121 所示。

(2) 在"本地安全策略"窗口的左侧展开"账户策略"，然后单击"密码策略"，在右窗格中双击"密码必须符合复杂性要求"，如图 1-122 所示。

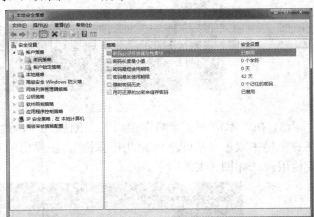

图 1-121　"运行"对话框　　　　　　　　　图 1-122　"本地安全策略"窗口

(3) 在弹出的"密码必须符合复杂性要求 属性"对话框中选择"已启用"，单击"确定"按钮，如图 1-123 所示。

图 1-123　"密码必须符合复杂性要求 属性"对话框

(4) 右击桌面的"计算机"，在弹出的快捷菜单中单击"管理"，弹出"计算机管理"窗口，双击"本地用户和组"，然后双击"用户"，在右窗格中右击"Administrator"，在弹出的菜单中单击"设置密码"，如图 1-124 所示。

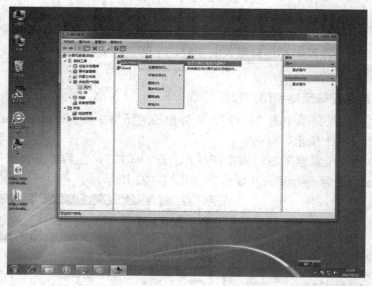

图 1-124　"计算机管理"窗口

（5）在"本地安全策略"窗口的左侧展开"本地策略"，然后单击"用户权限分配"，在右窗格中双击"从网络访问此计算机"，在弹出的对话框中删除除 Administrators 之外的其他用户，如图 1-125 所示。

图 1-125　"从网络访问此计算机属性"对话框

2. 更改 Administrator 账户名称

（1）以 Administrator 账户登录计算机，右击桌面的"计算机"，在弹出的快捷菜单中单击"管理"，弹出"计算机管理"窗口，双击"本地用户和组"，然后双击"用户"，在右窗格中右击"Administrator"，在弹出的菜单中单击"重命名"，可重命名为"ZDXY"。

（2）在"计算机管理"窗口新建一个名为"administrator"的普通账户，这样即使黑客入侵 Administrator 账户，也只是一个普通账户，如图 1-126 所示。

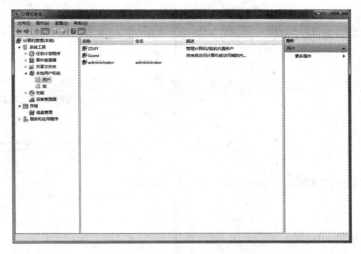

图 1-126　"计算机管理"窗口

案例八　备份与还原系统

案例情境

在使用计算机的过程中，如果担心系统会因为一些软硬件故障导致数据丢失，则可使用"备份"工具来保护数据。备份是指将源文件的副本存储在与源文件不同的位置，在源文件被损坏时可还原文件。

任务 1　使用 Windows 备份工具进行备份与还原

（1）打开控制面板，单击"备份您的计算机"打开"备份或还原文件"界面，如图 1-127 所示。

图 1-127　"备份或还原文件"界面

(2) 单击"设置备份"启动 Windows 备份，在弹出的对话框中选择备份文件的保存位置，然后单击"下一步"按钮，如图 1-128 所示。

(3) 在"设置备份"对话框中选择希望备份的内容，选中"让我选择"，单击"下一步"按钮，如图 1-129 所示。

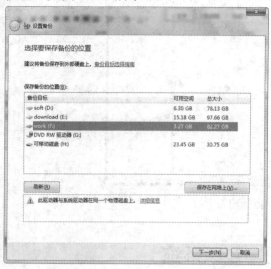

图 1-128　"设置备份"对话框

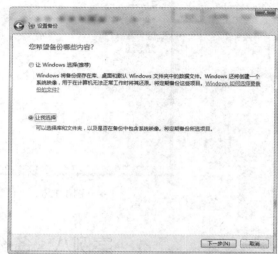

图 1-129　"设置备份"对话框

(4) 在"设置备份"对话框中选择需要备份的数据文件或系统 C 的系统映像，如图 1-130 所示。

(5) 在"设置备份"对话框中更改计划，单击"保存设置并运行备份"，如图 1-131 所示。

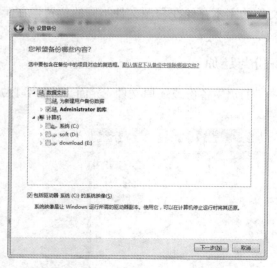

图 1-130　"设置备份"对话框

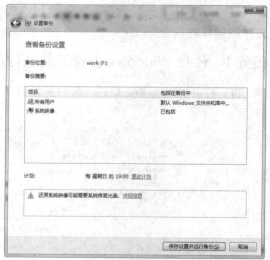

图 1-131　"设置备份"对话框

任务 2　使用 Ghost 软件备份与还原

Ghost 软件是美国著名的软件公司 Symantec 旗下的硬盘复制工具，Ghost 软件备份与还原是按照硬盘上的簇进行的，表示还原时原来分区会完全被覆盖，已还原的文件与原硬盘上的文件地址不变。它还可以将整块硬盘上的内容"克隆"到其他硬盘上。

1. 使用 Ghost 备份系统

(1) 使用 U 盘或光盘上的工具软件启动计算机，如图 1-132 所示。

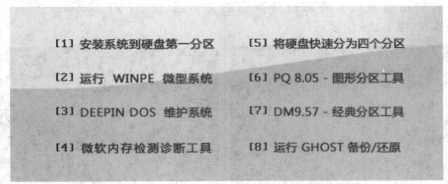

图 1-132　工具软件目录

(2) 选择"运行 GHOST 备份/还原"，启动 Ghost 程序，若要将一整块硬盘中的数据"克隆"到另一块硬盘，则单击"Local→Disk→To Disk"，如图 1-133 所示；若要将一整块硬盘中的数据制作成一个映像文件，则单击"Local→Disk→To Image"；若要将一个映像文件还原到一整块硬盘，则单击"Local→Disk→From Image"。

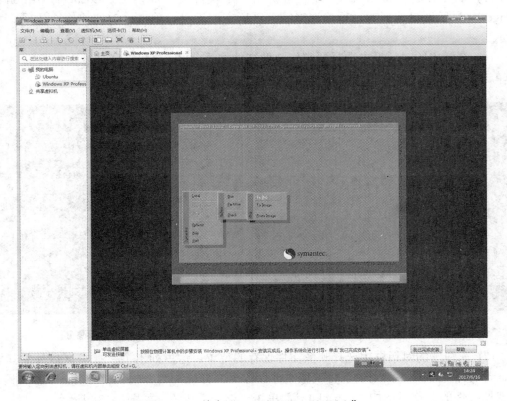

图 1-133　单击"Local→Disk→To Disk"

(3) 若要将某个分区中的数据复制到另一个分区，则单击"Local→Partition→To Partition"；若要将某个分区中的数据制作成一个映像文件，则单击"Local→Partition→To Image"；若要将一个映像文件还原到某个分区，则单击"Local→Partition→From Image"，如图 1-134 所示。

(4) 若要检查映像文件或硬盘数据的完整性，则单击"Local→Check→Image File/Disk"，如图 1-135 所示。

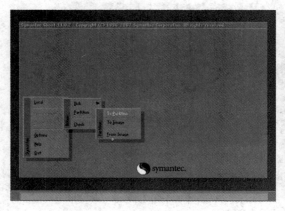 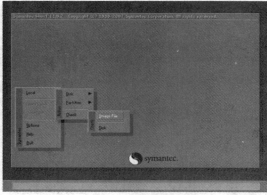

图 1-134　单击"Local→Partition→From Image"　　　图 1-135　单击"Local→Check→Image File/Disk"

(5) 本任务选择将系统 C 分区备份为一个映像文件，单击"Local→Partition→To Image"，显示硬盘选择对话框，选择源分区所在的硬盘，单击"OK"按钮，如图 1-136 所示。

(6) 在弹出的对话框中选择要制作映像文件的源分区，这里选择分区 1(即 C 分区)，然后单击"OK"按钮，如图 1-137 所示。

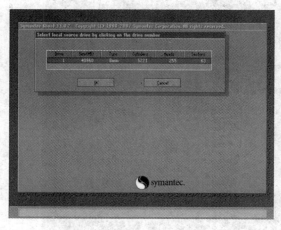 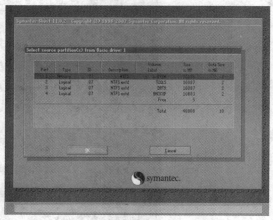

图 1-136　选择源分区所在的硬盘　　　　　　　　　图 1-137　选择源分区

(7) 在弹出的对话框中选择映像文件保存的位置，这里列出了除 C 分区以外的其他分区，若选择"1.4……"则表示将映像文件保存至 F 分区，然后在"File name"文本框中输入映像文件的名称，例如"c_backup"，单击"Save"按钮，如图 1-138 所示。

(8) 在弹出的对话框中选择是否要压缩映像文件，若选择"No"，则表示不压缩映像文件，其备份映像或还原映像的时间最短，但占用的存储空间最多；若选择"Fast"，则表示低压缩，其备份映像或还原映像的时间居中，但占用的存储空间居中；若选择"High"，则表示高压缩，其备份映像或还原映像的时间最长，但占用存的储空间最少，如图 1-139 所示。实际使用过程中可根据实际情况自行选择，如何压缩对于 Ghost 的内容是没有影响的，只是所花费的时间和所占用的容量不同。

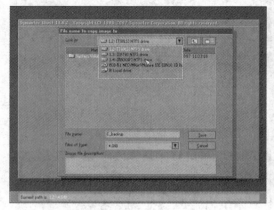

图 1-138　保存映像文件

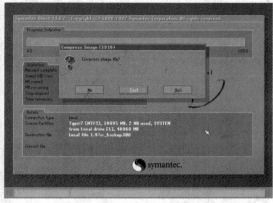

图 1-139　选择文件压缩的方式

(9) Ghost 询问是否继续创建映像文件，单击"Yes"按钮，如图 1-140 所示。

(10) Ghost 开始制作分区映像，制作完成后单击"Continue"按钮即可，如图 1-141 所示。

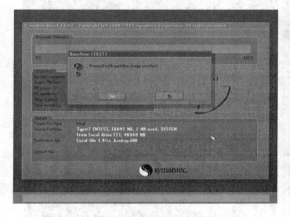

图 1-140　询问是否继续创建映像文件

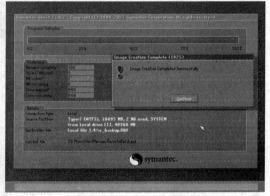

图 1-141　映像文件制作完成

2. 使用 Ghost 还原系统

(1) 使用 U 盘或光盘上的工具软件启动计算机，选择"运行 GHOST 备份/还原"，启动 Ghost 程序。

(2) 选择将一个映像文件还原到系统 C 分区，单击"Local→Partition→From Image"，如图 1-142 所示。

(3) 从"1.4……"(即 F 分区)中选择前面备份的"c_backup.GHO"文件，单击"Open"按钮，如图 1-143 所示。

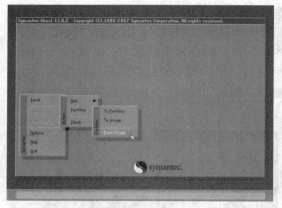

图 1-142　Ghost 菜单

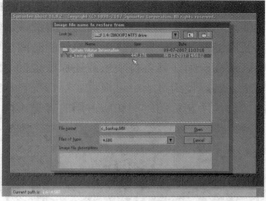

图 1-143　选择源映像文件

(4) 从源映像文件中选择需要还原的分区，单击"OK"按钮，如图 1-144 所示。

(5) 选择要还原映像的目标硬盘，单击"OK"按钮，如图 1-145 所示。

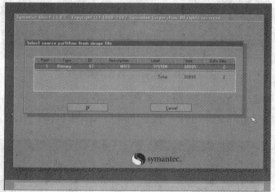

图 1-144　选择源分区

图 1-145　选择目标硬盘

(6) 选择要还原映像文件的目标分区 1(即 C 分区)，单击"OK"按钮，如图 1-146 所示。(注意目标分区一定不能选错！)

(7) Ghost 询问是否继续还原分区，单击"Yes"按钮，如图 1-147 所示。

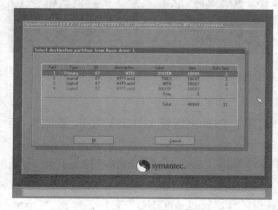

图 1-146　选择目标分区

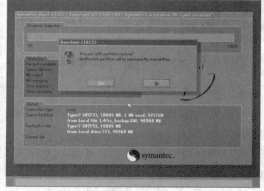

图 1-147　询问是否继续还原分区

(8) 还原操作完成后，单击"Continue"按钮，留在 Ghost 程序中，继续完成其他操作；

单击"Reset Computer"按钮重启计算机，如图 1-148 所示。

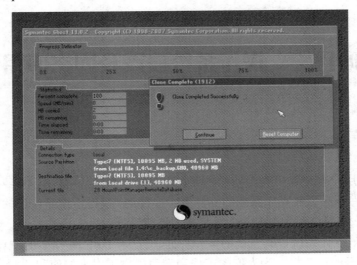

图 1-148　完成还原操作

项目二　　操作系统设置及网络应用

学习目标

　　操作系统是用户与计算机间沟通的桥梁，没有操作系统，用户就不能对计算机进行操作。所有应用软件都必须在操作系统的支持下才能使用，操作系统是应用软件的支撑平台。Windows 是 Microsoft 公司为 IBM PC 及其兼容机所设计的一种操作系统，也称"视窗操作系统"。Windows 操作系统以其直观的操作界面、强大的功能使众多的计算机用户能够方便快捷地使用自己的计算机，为人们的工作和学习提供了很大的便利。

　　Windows 7 是 Microsoft 公司于 2009 年正式发布的操作系统，其核心为 Windows NT 6.1，采用 Windows NT/2000 的核心技术，运行可靠、稳定且速度快，尤其是在计算机安全性方面有更强的保障。根据用户的不同，中文版 Windows 7 可分为家庭版、专业版、企业版和旗舰版。本项目主要介绍功能完善、应用广泛的中文 Windows 7 旗舰版的使用，具体包括配置 TCP/IP 协议；使用搜索引擎、在线音乐、街景地图、网上购物等的方法；收发电子邮件；下载并安装迅雷等下载工具；使用微信、FTP 等软件。

本项目知识点

　　(1) Windows 操作系统桌面的设置。

　　(2) Windows 操作系统工作环境的设置。

　　(3) Windows 操作系统的窗口与对话框的区别，并能熟练操作窗口与对话框。

　　(4) Windows 操作系统资源管理器的操作。

　　(5) Windows 操作系统文档管理的操作。

　　(6) Windows 操作系统常用附件的应用。

　　(7) TCP/IP 协议：此协议是构建 Internet 的基础协议、Internet 国际互联网络的基础。

　　(8) WWW 服务：Web 服务的客户端浏览程序。它向万维网服务器发出各种请求，并对服务器发来的超文本信息和各种多媒体数据格式进行解释、显示和播放。

　　(9) 搜索引擎：用特定的计算机程序搜集互联网信息，对信息进行组织和处理，将处理后的信息显示给用户，是为用户提供检索服务的系统。

　　(10) 下载文件：通过网络传输文件，把互联网或其他电子计算机上的信息保存到本地电脑上的一种网络活动。

　　(11) 即时通信：这是目前 Internet 流行的通信方式之一。ISP(因特网服务提供商)提供了越来越多的通信服务功能，其中就包括多种基于 C/S 架构的即时通信工具。

重点与难点

(1) Windows 操作系统的安装与维护。

(2) PC 硬件和常用软件的安装与调试，网络、辅助存储器、显示器、键盘、打印机等常用外部设备的使用与维护。

(3) 文件管理及操作。

(4) IP 地址的配置。

(5) 浏览器的使用。

(6) 电子邮件的收发。

(7) 下载软件的使用。

(8) 微信软件的应用。

案例一 设置工作环境

案例情境

小李是一名应届大学毕业生，刚应聘到酒店客户部当办公室文员，酒店的计算机使用的是 Windows 7 操作系统，小李需要对计算机进行工作环境设置以便于操作，从而提高工作效率。

任务 1 Windows 操作系统的基本操作

1. 操作内容

(1) Windows 操作系统的桌面设置。

(2) Windows 操作系统的快捷键使用。

(3) 操作系统桌面图标的设置。

(4) 操作系统"开始"菜单和任务栏的使用。

(5) 操作系统窗口及对话框的使用。

(6) 操作系统菜单的使用。

2. 操作步骤

(1) 设置桌面上的图标自动排列，再按"修改日期"对桌面图标重新排序，观察图标顺序的变化。

在桌面无图标处右击鼠标，打开快捷菜单，鼠标移至"查看"，显示下一级菜单，如图 2-1 所示。单击选择"自动排列图标"，则桌面上的图标自动排列。再在桌面右击鼠标，打开快捷菜单，单击"排序方式"下的"修改日期"，则系统对桌面图标按修改日期重新排序，观察图标顺序的变化。

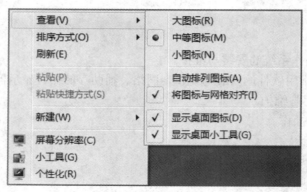

图 2-1　排列桌面图标

(2) 为"桌面小工具"建立桌面快捷方式。

单击"开始"菜单，单击"所有程序"，在所有程序列表中找到"桌面小工具库"，右击此项，打开快捷菜单，选择"发送到"下级菜单中的"桌面快捷方式"，如图 2-2 所示，即在桌面上出现"桌面小工具"快捷图标。

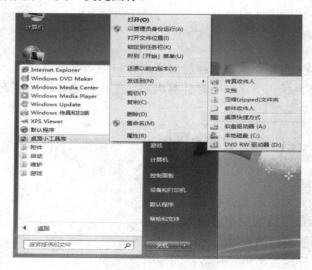

图 2-2　设置桌面快捷方式

(3) 打开"计算机"窗口，观察该窗口的组成，然后对该窗口进行最大化、最小化和还原操作，并通过边框调整此窗口的大小。

双击桌面上的"计算机"图标，打开"计算机"窗口，如图 2-3 所示。观察该窗口的组成。单击窗口标题栏上的"最大化"按钮 ，将窗口最大化。窗口最大化按钮变为还原按钮 。单击还原按钮，窗口恢复到最大化之前窗口的大小。单击"最小化"按钮 ，窗口缩为一个图标 显示在任务栏上。单击任务栏上相应的图标，则重新显示该窗口。要调整窗口的高度，则将鼠标指向窗口的上边框或下边框，当鼠标指针变为垂直的双箭头 ↕ 时，单击边框，然后将边框向上或向下拖动。要调整窗口宽度，则鼠标指向窗口的左边框或右边框，当指针变为水平的双箭头↔时，单击边框，然后将边框向左或向右拖动。若要同时改变高度和宽度，则将鼠标指向窗口的任何一个角，当鼠标指针变为斜向的双向箭头↖时，单击边框，然后向任意方向拖动边框。

图 2-3 "计算机"窗口

(4) 打开"网络"和"回收站"窗口。在打开的各窗口间切换。

双击桌面上的"网络"图标，打开"网络"窗口；双击桌面上的"回收站"图标，打开"回收站"窗口。按住 Windows 徽标键 🪟 + Tab 组合键，进入三维窗口切换模式，如图 2-4 所示。按住 Windows 徽标键，按 Tab 键在窗口间向前循环切换，按 Shift + Tab 组合键在窗口间向后循环切换，或松开按键，切换至最前面的窗口；或者在某个窗口中单击即可切换至该窗口。

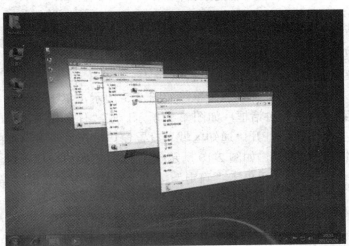

图 2-4 三维窗口切换模式

(5) 设置"开始"菜单中显示最近打开过的程序数目为 10，显示在跳转列表中的最近使用的项目数为 5。

在任务栏上右击鼠标，打开快捷菜单，如图 2-5 所示。单击"属性"，打开"任务栏和「开始」菜单属性"对话框，单击"「开始」菜单"选项卡，如图 2-6 所示。单击"自定义"按钮，打开"自定义「开始」菜单"对话框，如图 2-7 所示。在此对话框下方"「开始」菜单大小"处，设置"要显示的最近打开过的程序的数目"为 10，设置"要显示在跳转列表中

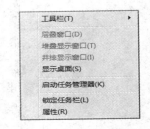

图 2-5 任务栏右键快捷菜单

的最近使用的项目数"为 5。

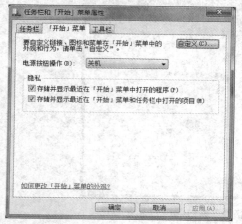

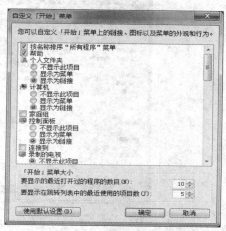

图 2-6　"任务栏和「开始」菜单属性"对话框　　　图 2-7　"自定义「开始」菜单"对话框

(6) 将任务栏移至桌面的顶部。

在任务栏上右击鼠标,打开快捷菜单,取消选定
"锁定任务栏"。将鼠标指针指向任务栏,然后按住左
键将任务栏拖动到桌面的顶部,松开鼠标。

(7) 设置桌面图标显示在任务栏的工具栏上。

在任务栏上右击鼠标,打开快捷菜单,指向"工
具栏"项,显示"工具栏"下一级菜单,如图 2-8 所示。
单击"桌面",桌面图标即显示在任务栏的工具栏上。

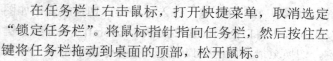

图 2-8　"工具栏"子菜单

(8) 在任务栏的通知区域显示音量图标。

在任务栏上右击鼠标,打开快捷菜单,如图 2-5 所示,单击"属性"项,打开"任
务栏和「开始」菜单属性"对话框,如图 2-9 所示。在"任务栏"选项卡中的"通知区
域"单击"自定义"按钮,打开"通知区域"设置窗口。在"音量"项的"行为"下拉
框中选择"显示图标和通知",如图 2-10 所示(注:这时"始终在任务栏上显示所有图标
和通知"复选框未勾选),然后单击"确定"按钮,通知区域即会显示音量图标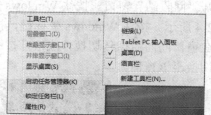,如
图 2-11 所示。

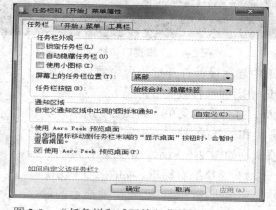

图 2-9　"任务栏和「开始」菜单属性"对话框

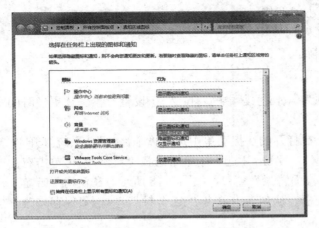

图 2-10 "通知区域"设置窗口

图 2-11 通知区域

(9) 将系统时间改为当前正确的时间。

在任务栏右侧的时间上单击，打开时间和日期显示窗口，如图 2-12 所示。单击"更改日期和时间设置"，打开"日期和时间"对话框，如图 2-13 所示。单击"更改日期和时间"按钮，打开"日期和时间设置"对话框，如图 2-14 所示。在此对话框设置正确的时间和日期，单击"确定"按钮，完成设置。

图 2-12 显示日期和时间

图 2-13 "日期和时间"对话框

图 2-14 "日期和时间设置"对话框

任务 2 设置个性化的 Windows 操作系统

1. 操作内容

(1) 主题、桌面背景及屏幕保护程序的设置。

(2) 系统声音和电源的设置。

(3) 显示器分辨率及字体大小的调整。

(4) 鼠标形状的修改。

(5) 桌面小工具的添加、删除。

2. 操作步骤

(1) 设置 Windows 桌面主题为 Aero 主题中的"自然",设置背景图片更换时间间隔为 15 分钟。

在桌面空白部分右击鼠标,在打开的快捷菜单中选择"个性化",系统打开"个性化"窗口,如图 2-15 所示。在右侧窗口"Aero 主题"中单击选择"自然",再单击右侧窗口下方的"桌面背景"选项,打开"桌面背景"窗口,如图 2-16 所示。在窗口下方单击"更改图片时间间隔"下方的下拉列表框,从列表中单击"15 分钟",单击"保存修改"按钮,返回"个性化"窗口。

图 2-15　"个性化"窗口

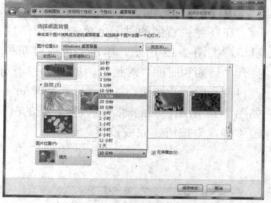

图 2-16　"桌面背景"窗口

(2) 设置屏幕保护为"三维文字",文本为"正德职业技术学院",楷体、加粗、高分辨率,摇摆式快速旋转。

单击"个性化"窗口下方的"屏幕保护程序"选项,打开"屏幕保护程序设置"对话框,单击"屏幕保护程序"下方的下拉列表框,单击"三维文字",如图 2-17 所示。

单击"设置"按钮,打开"三维文字设置"对话框,在"自定义文字"框中输入"正德职业技术学院",将"分辨率"滑钮拖动到"高"。将"动态"设置中的"旋转类型"选择为"摇摆式","旋转速度"滑钮拖动到"快",如图 2-18 所示。

单击"选择字体"按钮,打开"字体"对话框,在"字体"列表中单击"楷体","字形"列表中选择"粗体",如图 2-19 所示,单击"确定"按钮,

图 2-17　"屏幕保护程序设置"对话框

返回"三维文字设置"对话框。单击"确定"按钮，返回"个性化"窗口。

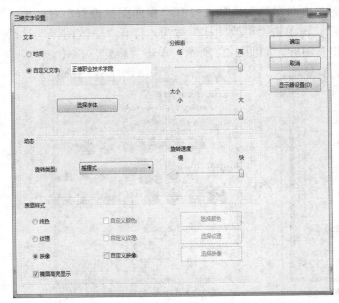

图 2-18 "三维文字设置"对话框   图 2-19 "字体"对话框

(3) 设置在 Windows 系统打开程序时的声音为"Windows 气球.wav"。

在"个性化"窗口下方单击"声音"选项，打开"声音"对话框，显示"声音"选项卡。在"程序事件"列表中单击"打开程序"事件，在"声音"下拉列表中选择"Windows 气球"，如图 2-20 所示，最后单击"确定"按钮。

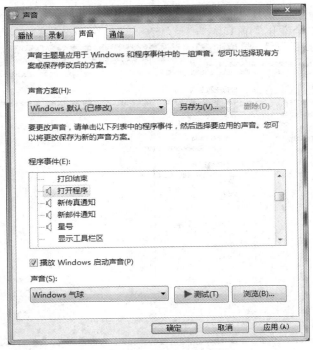

图 2-20 "声音"对话框

(4) 将桌面的"计算机"图标改为"imageres.all"。

在"个性化"窗口左侧单击"更改桌面图标"选项，打开"桌面图标设置"对话框，单击"计算机"图标，如图 2-21 所示。再单击"更改图标"按钮，打开"更改图标"对话框，在图标列表中选择"imageres.dll"图标，如图 2-22 所示，单击"确定"按钮。

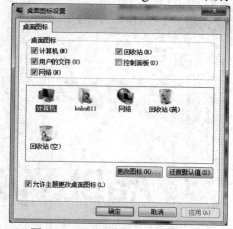

图 2-21　"桌面图标设置"对话框　　　　　　　图 2-22　"更改图标"对话框

(5) 设置系统在待机 30 分钟后关闭显示器。

在"个性化"窗口单击窗口下方的"屏幕保护程序"选项，打开"屏幕保护程序设置"对话框，如图 2-17 所示。单击窗口下方的"更改电源设置"选项，打开"电源选项"窗口，如图 2-23 所示。在窗口左侧单击"选择关闭显示器的时间"选项，打开"编辑计划设置"窗口，如图 2-24 所示。在"关闭显示器"项右侧的下拉列表中单击"30 分钟"，单击"保存修改"按钮。关闭此窗口，即设置系统在待机 30 分钟后关闭显示器。关闭窗口，单击"确定"，再关闭"个性化"窗口。

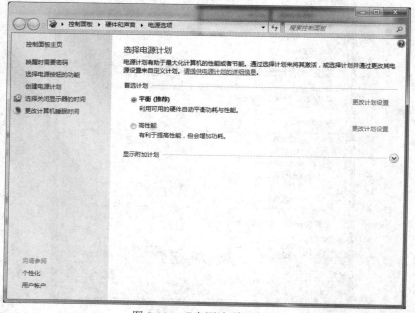

图 2-23　"电源选项"窗口

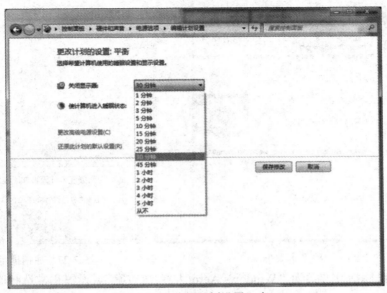

图 2-24　"编辑计划设置"窗口

（6）设置显示器的分辨率为 1024×768，设置桌面上的文本以中等 125%显示。

在桌面空白部分右击鼠标，打开快捷菜单，单击"屏幕分辨率"，打开"屏幕分辨率"窗口。在"分辨率"项后的下拉列表中将分辨率调至 1024×768，如图 2-25 所示。在当前窗口单击下方的"放大或缩小文本和其他项目"，打开"显示"相关设置窗口，如图 2-26 所示。单击"中等-125%"项，再单击"应用"按钮，系统会弹出提示对话框，如图 2-27 所示，单击"稍后注销"，即可关闭显示窗口。

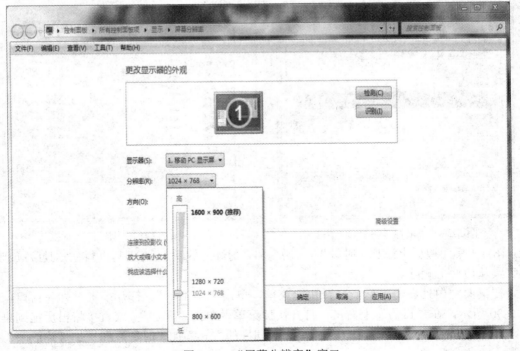

图 2-25　"屏幕分辨率"窗口

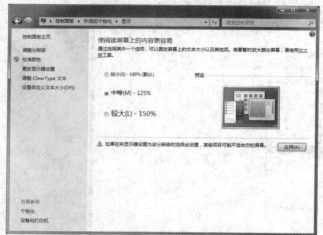

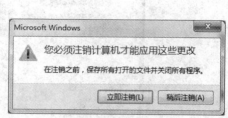

图 2-26 调整文本大小窗口 　　　　　　　　图 2-27 注销提示窗口

(7) 设置鼠标指针方案为"Windows Aero(大)系统方案"，设置正常选择时的鼠标指针为"aero_arrow_xl.cur"。

在"个性化"窗口左侧，单击"更改鼠标指针"选项，打开"鼠标 属性"对话框。在"方案"下拉列表中单击"Windows Aero(大)系统方案"，如图 2-28 所示，即设置了鼠标指针方案。在"自定义"列表中单击"正常选择"，然后单击下方的"浏览"按钮，打开"浏览"对话框。在文件列表框中单击"aero_arrow_xl.cur"文件，如图 2-29 所示。单击"打开"按钮，设置好"正常选择"指针。单击"确定"按钮，关闭"鼠标 属性"对话框，返回"个性化"窗口。

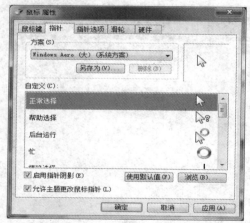

图 2-28 "鼠标 属性"对话框 　　　　　　　图 2-29 "浏览"对话框

(8) 在桌面边栏上添加"时钟""日历"和"幻灯片放映"小工具，再将"幻灯片放映"小工具从边栏上删除。

在桌面空白处右击鼠标，打开快捷菜单，单击"小工具"，打开小工具列表窗口，如图 2-30 所示。在"日历"上右击，打开快捷菜单，单击"添加"；或直接将日历拖到桌面上，即在桌面的右侧显示"日历"工具。用同样的方式添加"时钟"和"幻灯片放映"小工具，关闭窗口。

在桌面上，鼠标指向"幻灯片放映"小工具，显示出菜单，如图 2-31 所示，单击"关闭"按钮，即将"幻灯片放映"小工具从边栏上删除。

图 2-30 小工具列表窗口

图 2-31 "幻灯片放映"小工具

任务3 创建操作系统新账户

1. 操作内容

(1) 打开控制面板。

(2) 创建和删除账户。

(3) 更改账户的密码、图片。

2. 操作步骤

(1) 在 Windows 操作系统中，创建一个名为"student"的标准账户，密码为"zdxy"，并更改其图片。

① 打开"控制面板"窗口。单击"开始"按钮，单击"控制面板"命令，打开"控制面板"窗口，如图 2-32 所示。

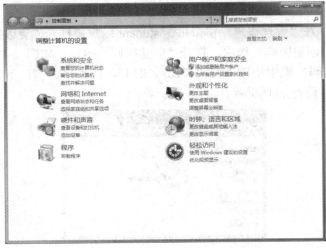

图 2-32 "控制面板"窗口

　　② 打开"创建新账户"窗口。在"用户账户和家庭安全"选项下单击"添加或删除用户账户",打开"管理账户"窗口,如图 2-33 所示。单击"创建一个新账户"选项,系统打开"创建新账户"窗口,如图 2-34 所示。

 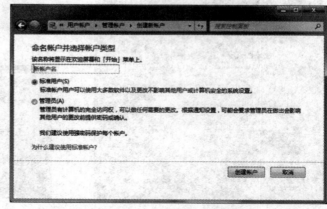

图 2-33　"管理账户"窗口　　　　　　　　　　图 2-34　"创建新账户"窗口

　　③ 创建新账户。在"新账户名"框中输入"student",单击选择"标准用户",单击"创建账户"按钮即创建了名为"student"的账户,如图 2-35 所示。

图 2-35　创建新账户成功

　　④ 设置密码。在"管理账户"窗口单击 student 账户,打开"更改账户"窗口,如图 2-36 所示。单击"创建密码"选项,打开"创建密码"窗口,如图 2-37 所示。在"新密码"和"确认新密码"框中均输入密码"zdxy1234",然后单击窗口下方的"创建密码"按钮,即完成创建(设置)密码的操作。

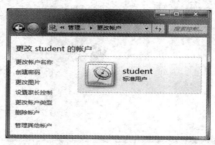

图 2-36　"更改账户"窗口

图 2-37　"创建密码"窗口

　　⑤ 更改账户图片。在"更改账户"窗口中单击"更改图片"选项，打开"选择图片"窗口，如图 2-38 所示。单击选择一张图片，然后单击"更改图片"按钮，返回"更改账户"窗口。

图 2-38　"选择图片"窗口

（2）启用 Guest 来宾访问账户。

　　在"更改账户"窗口，单击"管理其他账户"选项，打开"管理账户"窗口。单击"Guest"账户，打开"启用来宾账户"窗口，如图 2-39 所示。单击"启用"按钮，即可启用来宾账户 Guest。

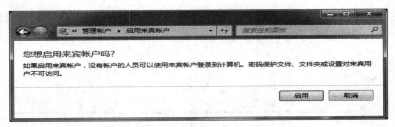

图 2-39　"启用来宾账户"窗口

案例二　管理计算机资源

案例情境

　　小李在完成了对计算机工作环境的设置之后，逐渐熟悉了 Windows 操作系统的基本功能。在接下来的工作中，小李要使用 Windows 操作系统管理计算机的文件、文件夹、程序、磁盘等软硬件资源，并为计算机添加打印机。

任务 1　利用资源管理器管理文件和文件夹

1. 操作内容

(1) Windows 操作系统资源管理器的启动。

(2) Windows 操作系统文件和文件夹。

(3) 文件与文件夹属性的查看和设置。

(4) 文件或文件夹的选择、复制、移动和删除。

(5) 计算机与库的使用。

(6) 文件的搜索。

2. 操作步骤

(1) 启动资源管理器，浏览"库→图片→图片实例"下的图片。图片分别以"超大图标""大图标""小图标""列表""详细信息""平铺""内容"等视图方式显示。

　　右击 Windows 操作系统的"开始"菜单按钮，打开快捷菜单，如图 2-40 所示。

图 2-40　右击"开始"按钮快捷菜单

　　单击"打开 Windows 资源管理器"命令，打开 Windows 资源管理器窗口，如图 2-41 所示。

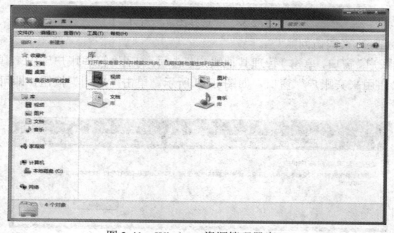

图 2-41　Windows 资源管理器窗口

在窗口左侧的导航窗格中单击"库"下方的"图片"。在右侧窗口中双击"示例图片"，即在右侧窗格中显示该文件夹中的图片文件，如图 2-42 所示。

单击工具栏上的视图按钮，可以在各种视图方式间切换；也可以单击其右侧的箭头，打开视图列表菜单，如图 2-43 所示，拖动左侧的滑动钮调至合适的视图方式。

图 2-42 示例图片(以大图标显示) 　　　　图 2-43 视图方式菜单

(2) 在"详细信息"视图方式下，将示例图片文件分别以名称、大小、类型、修改时间等方式进行排序。

在 Windows 资源管理器的工具栏上，单击视图按钮右侧的箭头。在视图列表中单击"详细信息"，这时窗口如图 2-44 所示。分别在右侧窗格的列标题"名称""日期""大小""分级""类型""创建日期""尺寸"上单击，可按单击项对文件进行排序(升序或降序)。再次在相同项上单击，则改变排序方式，由升序变为降序，或由降序变为升序。

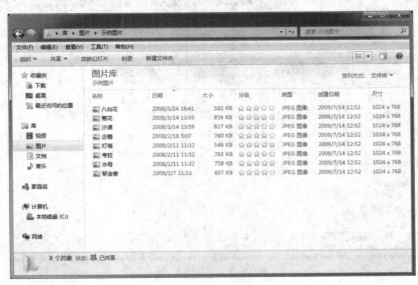

图 2-44 详细信息方式显示文件

(3) 显示 C 盘的已用空间和可用空间。将 C 盘根目录下的所有文件以修改日期的降序方式排列。

在资源管理器窗口左侧的"导航窗格"中单击"计算机",右侧窗格中显示"计算机"文件夹内容,如图 2-45 所示。

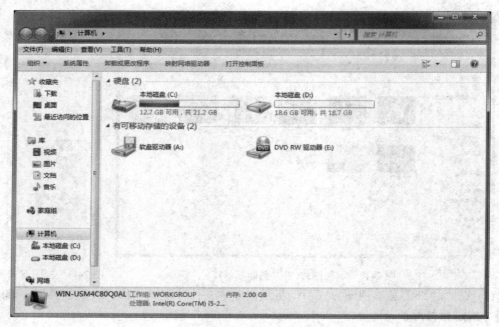

图 2-45 　"计算机"文件夹

在右侧窗格中单击"本地磁盘(C:)",即会在当前窗口下方显示磁盘 C 的相关信息,如图 2-46 所示。

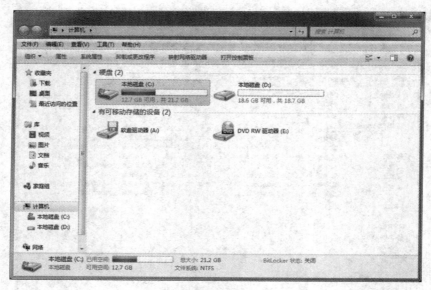

图 2-46 　窗口下方显示 C 盘信息

(4) 在资源管理器中设置显示隐藏文件和系统文件,并显示文件的扩展名。

在资源管理器窗口中的"工具"菜单中单击"文件夹选项"，打开"文件夹选项"对话框，单击"查看"选项卡。在"高级设置"列表中选择"显示隐藏文件、文件夹和驱动器"，并取消勾选"隐藏已知文件类型的扩展名"，如图 2-47 所示，单击"确定"按钮。

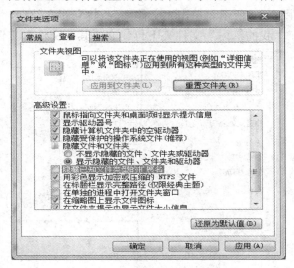

图 2-47　"查看"选项卡

(5) 在资源管理器窗口设置显示"预览窗口"。

单击资源管理器工具栏右侧的"预览窗格"按钮 ，即显示预览窗格。这时在窗口中单击某些文件，可在预览窗格中看到文件的缩览图，如图 2-48 所示。

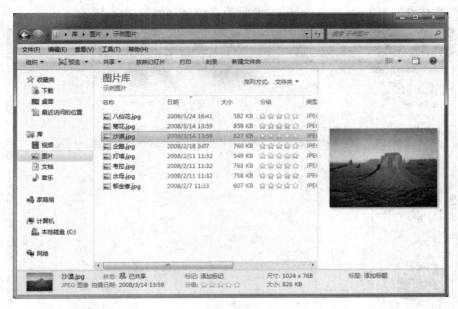

图 2-48　显示预览窗格

(6) 在 D 盘的根文件夹下创建"我的练习"和"我的图片"文件夹，在"我的练习"文件夹下再分别创建"我的文档"和"其他文件"文件夹。

在资源管理器的导航窗格中单击 D 盘，进入 D 盘根文件夹。在"工具栏"上单击"新建文件夹"按钮,建立一个名为"新建文件夹"的文件夹,输入点定位到文件名称框中,直接输入文件夹名"我的练习"。用同样的方法建立"我的图片"文件夹。双击"我的练习"文件夹,进入该文件夹,在空白处右击鼠标,打开快捷菜单,鼠标移至"新建"选项,显示下一级菜单,如图 2-49 所示。单击"文件夹",建立新文件夹,并输入名称"我的文档"。用同样的方法在"我的练习"文件夹下再建立"其他文件"文件夹。

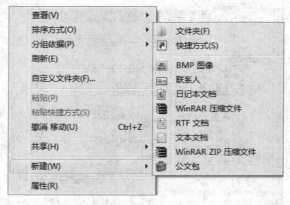

图 2-49 "新建"快捷菜单

(7) 在"我的练习"文件夹下创建名为"练习.txt"的空文本文件。查看"练习.txt"的属性,并设置该文件为只读文件。

在"我的练习"文件夹列表空白处右击鼠标,打开快捷菜单,鼠标移至"新建"选项,显示下一级菜单,如图 2-49 所示。单击"文本文档",即创建一个新建文本文档文件,直接输入文件名"练习",扩展名为 .txt,此时的窗口显示如图 2-50 所示。

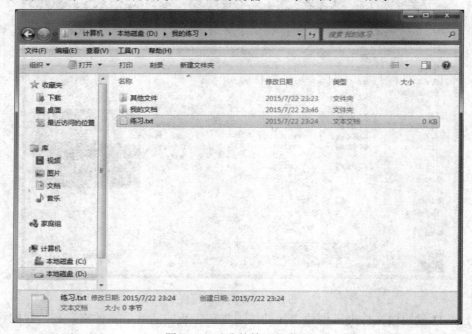

图 2-50 "我的练习"窗口

右击"练习.txt"文件,单击"属性",打开"练习.txt 属性"对话框,勾选"只读"复选框，如图 2-51 所示，单击"确定"按钮。

图 2-51 "练习.txt 属性"对话框

提示：文件的扩展名说明文件的类型，用户不能随意改变文件的扩展名，否则文件不能正常打开。

(8) 将 C 盘中的 WinRAR.chm 文件复制到此"我的文档"目录中。从"示例图片"文件夹中复制三个图片到"我的图片"文件夹。

在"资源管理器"的导航窗格中单击"计算机"下的 C 盘，然后在搜索框中输入"WinRAR.chm"，按回车键，则系统在 C 盘搜索所有符合条件的文件，结果如图 2-52 所示。右击搜索结果，单击"复制"。在左侧导航窗格中单击"计算机"，单击 D 盘，在右窗格中双击打开"我的练习"文件夹。右击"我的文档"文件夹，打开快捷菜单，单击"粘贴"即复制成功。

图 2-52 搜索结果

在左侧导航窗格中单击"库"下的"图片"，在右窗格中双击打开"示例图片"文件夹，选择三个图片文件，按 Ctrl + C 组合键执行复制。在导航窗格中，单击"计算机"下的 D 盘，双击打开右侧窗格中的"我的图片"文件夹，按 Ctrl + V 组合键执行粘贴，完成文件的复制。

提示： 计算机 C 盘一般存放着操作系统以及计算机上所安装的应用程序的相关文件，用户不可随意将 C 盘的文件删除或移动，否则可能会使计算机操作系统或应用程序不能正常启动或使用。

(9) 将"我的图片"文件夹移至"我的练习"文件夹下，并改名为"My Picture"。删除"My Picture"文件夹，再将其还原。

按住鼠标左键，拖动"我的图片"文件夹至"我的练习"文件夹图标上，当提示"移动到我的练习"时，松开鼠标左键即移动成功。

双击打开"我的练习"文件夹，右击"我的图片"文件夹，在快捷菜单中单击"重命名"，出现文件名框，输入新名称"My Picture"，按回车键完成重命名操作。

右击"My Picture"文件夹，打开快捷菜单，单击"删除"，单击"是"，完成删除操作，将文件夹放入回收站。

双击打开桌面上的"回收站"，右击"My Picture"文件夹，打开快捷菜单。单击"还原"，即将文件夹"My Picture"还原至删除前的位置。完成还原操作，关闭"回收站"窗口。

(10) 彻底删除"其他文件"文件夹。

在资源管理器窗口中，单击选择"其他文件"文件夹，按 Del(ete)删除键，系统弹出删除提示对话框，单击"是"按钮。双击打开桌面上的"回收站"，右击"其他文件"文件夹，打开快捷菜单，单击"删除"，即将文件夹"其他文件"彻底删除。

(11) 建立"MINE"库，并将"我的文档"中的文件添加到该库中。

在资源管理器窗口的导航窗格中右击"库"，打开快捷菜单，单击"新建"下一级菜单中的"库"选项，如图 2-53 所示。

在"新建库"的名称框中输入"MINE"。在资源管理器窗口中单击"计算机"下的 D 盘，在 D 盘根文件夹中双击打开"我的练习"文件夹，右击"我的文档"文件夹，打开快捷菜单，单击"包含到库中"下的"MINE"选项，如图 2-54 所示，即可实现将文件夹"我的文档"添加到库"MINE"中的操作。

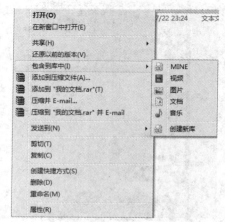

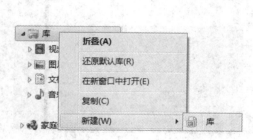

图 2-53　新建库菜单　　　　　　　图 2-54　"包含到库中"菜单

(12) 设置删除文件时，不将文件移到回收站中，而立即删除，不显示删除确认对话框。

在桌面上右击"回收站",打开快捷菜单,单击"属性"。打开"回收站属性"对话框,选择"不将文件移到回收站中。移除文件后立即将其删除。"选项,不选择"显示删除确认对话框"复选框,如图 2-55 所示。单击"确定"按钮完成操作。

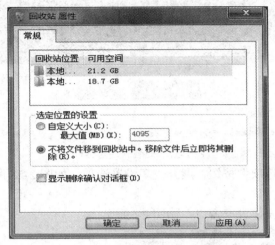

图 2-55 "回收站属性"对话框

任务2 程序管理

1. 操作内容
(1) 安装与删除程序。
(2) 启动和退出程序。
(3) 创建快捷方式。
(4) 添加和删除输入法。

2. 操作步骤
(1) 在 Windows 操作系统中,安装腾讯 QQ 软件。
① 双击腾讯 QQ 软件的安装程序文件(QQ.exe),系统会弹出"用户账户控制"对话框,如图 2-56 所示。

图 2-56 "用户账户控制"对话框

② 单击"是"按钮,开始安装程序,完成后系统会弹出安装软件对话框,如图 2-57 所示。

图 2-57 安装软件对话框

③ 单击"自定义选项"按钮，展开更多设置选项，如图 2-58 所示。用户可根据需要对安装程序进行设置。

④ 系统弹出软件安装进度窗口，如图 2-59 所示。

图 2-58 自定义安装界面

图 2-59 软件安装进度窗口

⑤ 系统弹出推荐安装软件对话框，如图 2-60 所示，用户可根据需要选择安装或不安装。本例暂不安装，取消勾选复选框，单击"完成安装"按钮。

图 2-60 选择安装其他软件

⑥ 完成软件安装，系统弹出腾讯 QQ 登录界面，如图 2-61 所示。在"开始"菜单中可看到"腾讯 QQ"项，即为 QQ 软件。

图 2-61 腾讯 QQ 登录界面

(2) 删除桌面上腾讯 QQ 的快捷方式。

腾讯 QQ 安装程序会自动在桌面上建立软件的快捷方式。将桌面上的腾讯 QQ 的快捷方式图标拖入回收站，即可删除该快捷方式。

(3) 在桌面上创建腾讯 QQ 的快捷方式。

单击"开始"菜单按钮，找到"腾讯 QQ"图标，然后直接将其拖到桌面上，即可建立"腾讯 QQ"快捷方式。启动 QQ 时双击桌面上的 QQ 快捷方式，或单击"开始"菜单中的"腾讯 QQ"图标，都可以启动软件。

(4) 从当前操作系统中删除腾讯 QQ 程序。

① 利用软件自身所带的卸载程序。在"开始"菜单中单击"腾讯 QQ"下面的"卸载腾讯 QQ"菜单项，如图 2-62 所示。

② 系统弹出"用户账户控制"对话框，如图 2-63 所示，单击"是"按钮，根据提示操作，即可删除电脑中安装的腾讯 QQ 软件。

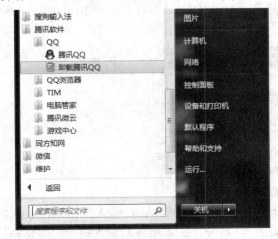

图 2-62 "卸载腾讯 QQ"菜单项

图 2-63 "用户账户控制"对话框

③ 单击"开始→控制面板→程序→卸载程序"菜单命令，系统即打开"卸载或更改程序"窗口，如图 2-64 所示。

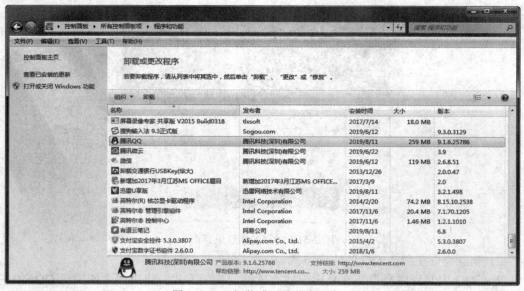

图 2-64　"卸载或更改程序"窗口

④ 在程序列表中找到腾讯 QQ 软件，单击选择该项。然后单击"卸载／更改"按钮，弹出确认卸载对话框，如图 2-65 所示。单击"是"按钮，系统开始卸载腾讯 QQ 的相关文件，如图 2-66 所示。

图 2-65　确认卸载对话框

图 2-66　软件卸载进度对话框

⑤ 卸载完成后单击"确定"按钮，即可完成腾讯 QQ 软件卸载的操作，如图 2-67 所示。

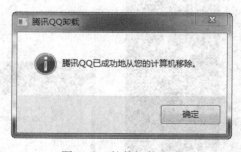

图 2-67　软件卸载完成

(5) 为系统输入法列表添加"简体中文全拼"和"微软拼音 ABC 输入风格"输入法。

① 右击任务栏上的"语言栏"，单击"设置"，打开"文本服务和输入语言"对话框，如图 2-68 所示。在"已安装服务"下方的列表框中显示了已安装的输入法。

② 单击"添加"按钮，打开"添加输入语言"对话框。拖动垂直滚动条，找到需要添加的输入法，单击其前面的复选框，本例选择"简体中文全拼"和"中文(简体)-微软拼音 ABC 输入风格"，如图 2-69 所示。

 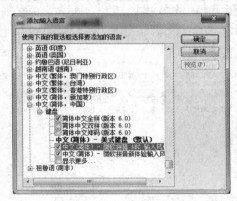

图 2-68　"文本服务和输入语言"对话框　　　　图 2-69　"添加输入语言"对话框

③ 单击"确定"按钮，返回"文本服务和输入语言"对话框，单击"确定"按钮，完成输入法的添加，如图 2-70 所示。

图 2-70　完成输入法的添加

(6) 删除输入法列表中的"简体中文全拼"输入法。

右击任务栏上的"语言栏"，单击"设置"，打开"文本服务和输入语言"对话框，如图 2-70 所示。在"已安装服务"下方的列表框中单击"简体中文全拼"输入法，单击"删除"按钮，即可删除全拼输入法。

(7) 设置切换到"中文(简体)-微软拼音 ABC 输入风格"的键盘快捷键为 Ctrl + Shift + 1。

① 右击任务栏上的"语言栏"，单击"设置"，打开"文本服务和输入语言"对话框，单击"高级键设置"选项卡。在"输入语言的热键"列表中单击选择"中文(简体)-微软拼

音 ABC",如图 2-71 所示。

　　② 单击"更改按键顺序"按钮,打开"更改按键顺序"对话框,如图 2-72 所示,勾选"启用按键顺序"复选框,在右边的下拉列表中选择数字"1",单击"确定"按钮返回到"文本服务和输入语言"对话框,再单击"确定"按钮,完成设置。

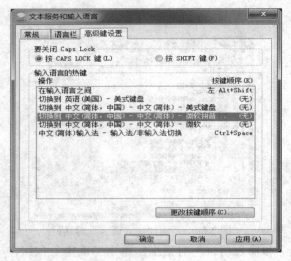

图 2-71　"高级键设置"选项卡　　　　　　图 2-72　"更改按键顺序"对话框

任务 3　磁盘管理

1. 操作内容

(1) 清理磁盘。

(2) 整理磁盘碎片。

(3) 建立计划任务。

2. 操作步骤

(1) 清理 C 盘下的回收站文件和 Internet 临时文件。

　　① 启动磁盘清理。单击"开始"按钮,单击"所有程序→附件→系统工具→磁盘清理"命令,弹出"磁盘清理:驱动器选择"对话框,如图 2-73 所示。

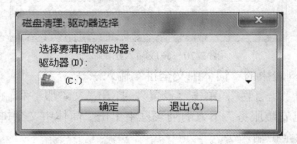

图 2-73　"磁盘清理:驱动器选择"对话框

　　② 选择要清理的磁盘。在驱动器的下拉列表中选择要清理的驱动器 C,单击"确定"按钮,系统对 C 盘进行扫描,然后弹出"磁盘清理"对话框,如图 2-74 所示。

③ 选择要清理的文件。在"磁盘清理"对话框"要删除的文件"列表中选择"Internet 临时文件""回收站"复选框，如图 2-75 所示。然后单击"确定"按钮，系统会弹出一个对话框要求用户确认，单击"是"按钮，选择的文件即会被删除。

图 2-74 "磁盘清理"对话框   图 2-75 选择要删除的文件

(2) 对本地驱动器 C 进行磁盘碎片整理。

① 单击"开始"按钮，选择"所有程序→附件→系统工具→磁盘碎片整理程序"菜单命令，弹出"磁盘碎片整理程序"对话框，如图 2-76 所示。

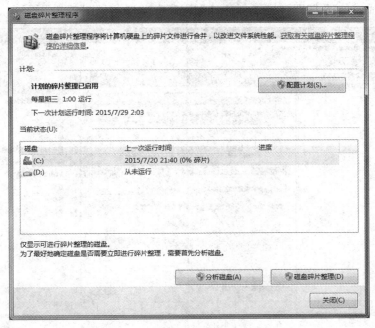

图 2-76 "磁盘碎片整理程序"对话框

② 在磁盘列表框中单击要整理的磁盘 C，然后单击"分析磁盘"按钮，程序即会对 C 盘进行分析碎片情况。分析结束后，"上一次运行时间"列中会显示出碎片情况，如图 2-77

所示。根据碎片情况用户可以决定是否需要整理。

③ 用户也可直接单击"磁盘碎片整理"按钮，开始对磁盘 C 进行碎片整理，如图 2-78 所示的对话框中显示了碎片整理的进程。

 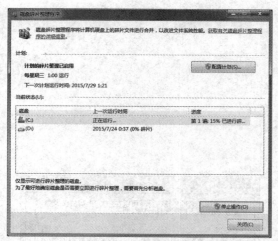

图 2-77　显示磁盘碎片情况　　　　　　　　图 2-78　磁盘碎片整理进度

④ 磁盘碎片整理完后，碎片为 0%，单击"关闭"按钮关闭对话框。

(3) 建立名为"我的磁盘整理"的磁盘碎片整理计划任务，要求每周一晚上 9 点开始整理 C 盘。

① 启动任务计划。单击"开始"按钮，选择"所有程序→附件→系统工具→任务计划程序"菜单命令，系统即弹出"任务计划程序"窗口，如图 2-79 所示。

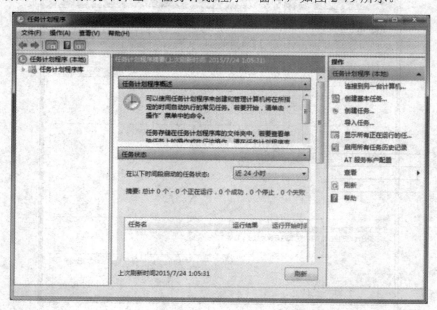

图 2-79　"任务计划程序"窗口

② 在窗口右侧的"操作"窗格中单击"创建基本任务"，打开"创建基本任务"对话框，如图 2-80 所示，在名称框中输入"我的磁盘清理"，单击"下一步"按钮。

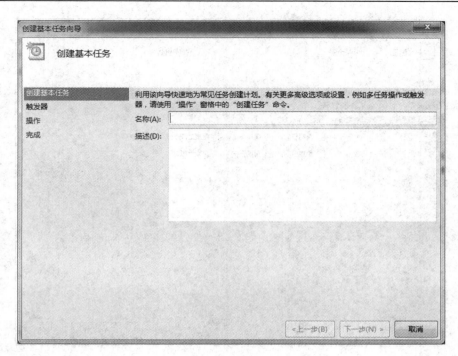

图 2-80 "创建基本任务"对话框

③ 系统打开"任务触发器"对话框,在右边窗格中单击选择"每周",如图 2-81 所示,然后单击"下一步"按钮。

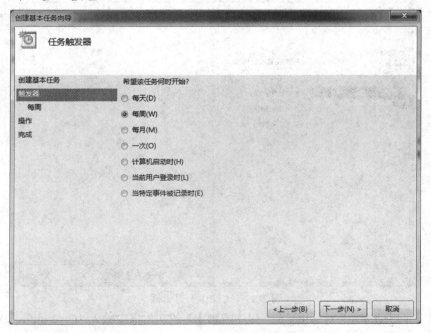

图 2-81 "任务触发器"对话框

④ 在弹出的对话框中输入起始时间为 21:00,并选择"星期一"项,如图 2-82 所示,然后单击"下一步"按钮。

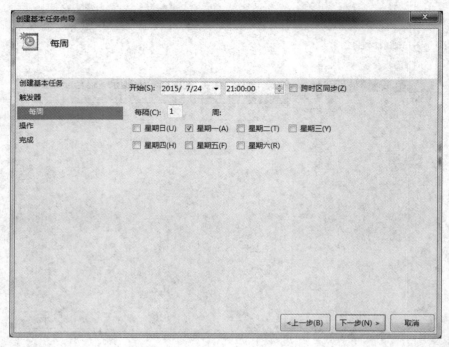

图 2-82　"每周"对话框

⑤ 打开"操作"对话框，选择"启动程序"，如图 2-83 所示。单击"下一步"按钮。

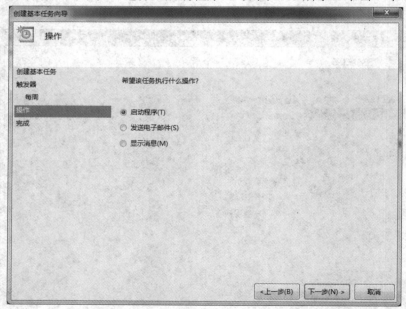

图 2-83　"操作"对话框

⑥ 打开"启动程序"对话框，在"程序或脚本"的文本框中输入"C:\Windows\System32\Defrag.exe"；或单击"浏览"按钮，在 C:\Windows\System32 文件夹中双击 Defrag.exe(磁盘整理程序)，在"添加参数"项文本框中输入"C:"，如图 2-84 所示，单击"下一步"按钮。

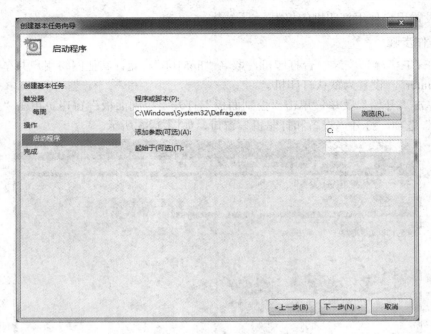

图 2-84　"启动程序"对话框

⑦ 打开"摘要"对话框，如图 2-85 所示。单击"完成"按钮，即可完成任务计划设置。

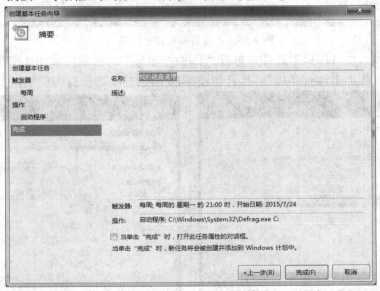

图 2-85　"摘要"对话框

任务 4　打印机的安装、设置和使用

1. 操作内容

(1) 添加打印机。

(2) 设置默认打印机和共享打印机。

(3) 设置用户使用打印机的权限。

2. 操作步骤

(1) 在 LTP1 端口安装一台打印机，取名"hp5100"，允许其他网络用户共享，共享名为"myprinter"，设置为默认打印机。

① 单击"开始"菜单，单击"控制面板"打开"控制面板"窗口。单击"查看设备和打印机"选项，打开"设备和打印机"窗口，如图 2-86 所示。

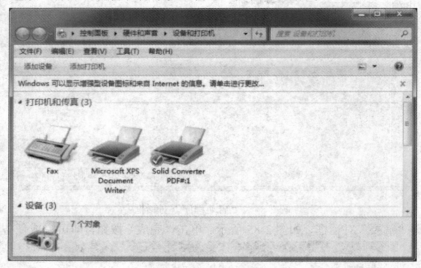

图 2-86　"设备和打印机"窗口

② 单击"添加打印机"选项，打开"添加打印机"对话框，如图 2-87 所示。

③ 单击"添加本地打印机"，打开如图 2-88 所示的"选择打印机端口"对话框。

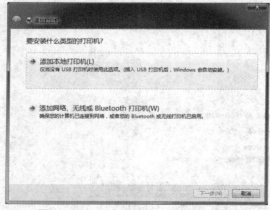

图 2-87　"添加打印机"对话框

图 2-88　"选择打印机端口"对话框

④ 选择"使用现有端口：LTP1"，单击"下一步"按钮，打开"安装打印机驱动程序"对话框。在"厂商"列表中单击选择"HP"，在"打印机"列表中单击选择"hp deskjet 5100"，如图 2-89 所示。单击"下一步"按钮，打开"键入打印机名称"对话框。

⑤ 在打印机名称框中输入"hp5100"，如图 2-90 所示。单击"下一步"按钮，系统开始安装打印机。安装完成，打开"打印机共享"对话框。

图 2-89　"安装打印机驱动程序"对话框　　　　图 2-90　"键入打印机名称"对话框

⑥ 在"打印机共享"对话框中设置"共享名称"为"myprinter",如图 2-91 所示。

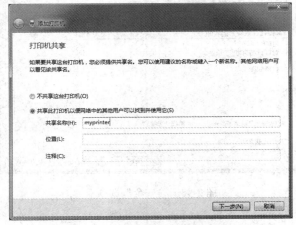

图 2-91　"打印机共享"对话框

⑦ 单击"下一步"按钮,打开成功添加打印机对话框,如图 2-92 所示。选择"设置为默认打印机",单击"完成"按钮,即可完成对打印机的安装。

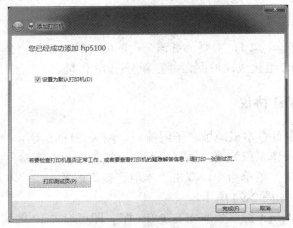

图 2-92　成功添加打印机对话框

(2) 设置允许 Administrators 用户对打印机 hp5100 享有打印、管理此打印机、管理文档权限。

在"设备和打印机"窗口中右击"hp5100"打印机图标，在打开的快捷菜单中单击"打印机属性"命令。系统打开"hp5100 属性"对话框，单击"安全"选项卡。在"组或用户名称"列表中选择"Administrators"用户，然后在下面相应的"Administrators 权限"列表框中勾选"打印""管理此打印机""管理文档"权限，如图 2-93 所示。单击"确定"按钮，完成设置。

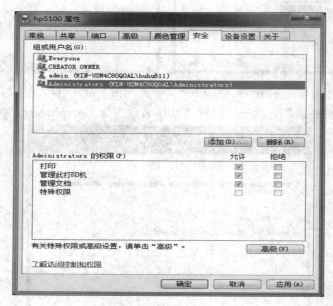

图 2-93　"安全"选项卡

案例三　配置 TCP/IP 协议

案例情境

小王同学在软件公司实习，主要负责该公司的网络管理工作。公司主管要求小王同学将办公室内的 20 台 PC 组建成局域网，并重新分配 IP 地址。

任务 1　配置 TCP/IP 协议

使用 ipconfig 命令查看本机地址、子网掩码、网关、DNS 等。

(1) 以 Windows 操作系统为例，选择"开始→控制面板→查看网络状态和任务→更改适配器设置→本地连接"菜单命令，双击"本地连接"或者右击"本地连接"打开"本地连接 属性"对话框，如图 2-94 所示。

(2) 鼠标双击"Internet 协议版本 4(TCP/IPv4)"，即可设置 IP 地址、子网掩码、默认网关、DNS 服务器地址等(以下 IP 地址不特别说明，均指 IPv4 地址)，如图 2-95 所示。

 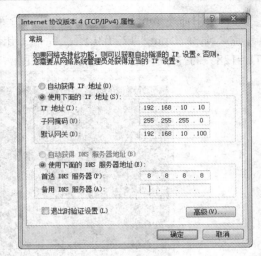

图 2-94　"本地连接 属性"对话框　　　　　　图 2-95　配置 IP 地址

提示：IP 地址、子网掩码、网关由网络管理员分配或由 ISP 提供。而网络使用 DHCP 服务器动态指定 IP 地址时，则用"自动获得 IP 地址"。(上述步骤在实验时，可能会出现 IP 冲突等情况，请实验指导教师注意。)

任务 2　网络测试

(1) 利用 ipconfig/all 命令，查询与本机 IP 地址相关的全部信息。

① 在任务栏上单击"开始→搜索程序和文件"，在"搜索程序和文件"搜索框中输入"cmd"后按回车键进入 DOS 环境，如图 2-96 所示。

图 2-96　运行命令

② 在 DOS 命令窗口中输入"ipconfig/all"，可查询与本机 IP 地址相关的全部信息，如图 2-97 所示。

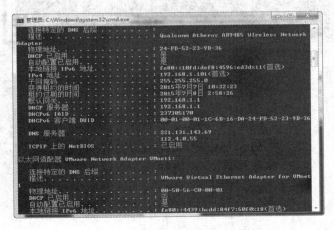

图 2-97　显示本地网络 IP 信息

(2) 使用命令 ping 127.0.0.1，测试能否连通。

输入命令"ping 127.0.0.1"，屏幕上出现"Reply from 127.0.0.1bytes=32 time<1ms TTL=128"的提示，说明本机网络设置正常，如图 2-98 所示。(注意 ping 后面要有空格！)

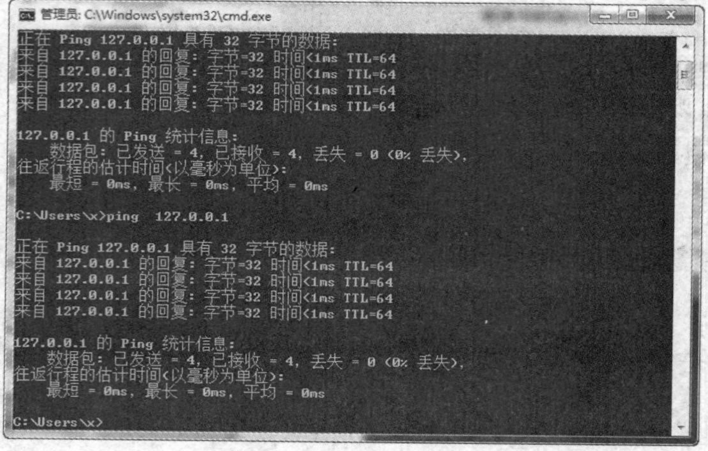

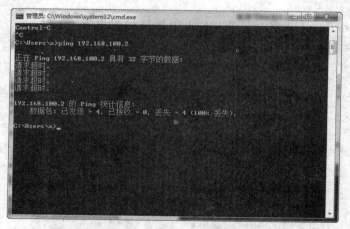

图 2-98　测试网络连通性

(3) 局域网组建后，使用 ping 命令测试与网关能否进行通信。

假定网关为 192.168.100.1，输入命令 ping 192.168.100.2，测试本机能否与网关正确连接，如图 2-98 所示。

图 2-99　测试网关的连通

与图 2-98 对比，发现在 DOS 窗口中有"请求超时。"这样的提示，初步判定从本机到网关暂时连接不上。

案例四　应用 WWW 服务

案例情境

正德学院 305 宿舍的同学都是大一新生，刚入校几位同学就打算购买一些 IT 产品，包括蓝牙音箱、路由器等。经过与实体店的比较，同学们计划在互联网上购买上述产品。在购置完上述产品后，几位同学将会借助笔记本电脑之类的 IT 设备来丰富自己的业余生活。

任务1　IE 浏览器的使用

(1) 将 IE 浏览器的主页设为 http://www.xiaomi.cn/。

① 启动 IE 浏览器(以下以 IE 11 为例)。单击"开始"上方的 IE 图标，弹出 IE 浏览器窗口。如果浏览器中的主页没有设置，则界面如图 2-100 所示。

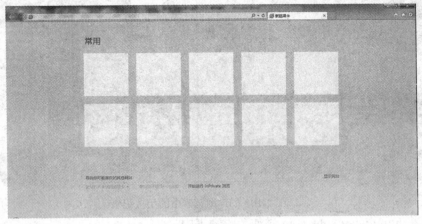

图 2-100　IE 浏览器界面

② 在 IE 浏览器中单击"工具"栏下拉菜单，选择"Internet 选项"。在"常规"选项卡中设置主页地址为 http://www.xiaomi.cn/，单击"确定"按钮，如图 2-101 所示。

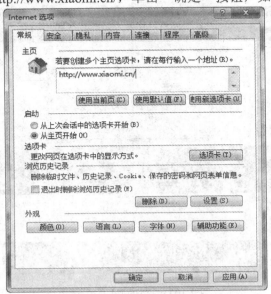

图 2-101　设置浏览器主页

(2) 查阅网站的访问记录。

单击地址栏左侧的"返回"或"前进"箭头，可浏览曾经访问过的网页。在 IE 窗口的左窗格中有历史记录，通过其可访问浏览过的网页，如图 2-102 所示。按 Ctrl + H 组合键在 IE 右侧单击"今天"即可查阅访问历史记录，回访当天已浏览的网页(若按下 Ctrl + Shift + H 组合键，则在 IE 左侧会出现访问历史记录)。

图 2-102　IE 浏览器中的历史记录

(3) 将 http://www.sohu.com 添加至收藏夹中。

当需要把某个网页收藏时，可在网页的浏览区域单击右键选择"添加到收藏夹"，单击"添加"按钮，如图 2-103 所示。

图 2-103　添加网站至收藏夹

(4) 设置网页文字的大小为"中"。

在 IE 浏览器中单击"查看"下拉菜单，选择"文字大小→中(M)"菜单命令，即可将网页的文字大小设置为"中"，如图 2-104 所示。

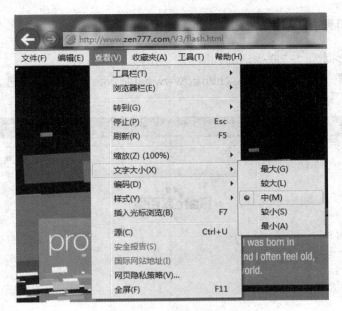

图 2-104　设置网页文字大小

(5) 删除浏览器的浏览历史记录。

在 IE 浏览器中单击"工具"栏下拉菜单，选择"Internet 选项"。其中，"常规"选项卡可以设置主页，也可以删除浏览记录或设置网页保存在历史记录中的天数。另外，在"常规"选项卡中还可以设定浏览器颜色、语言、字体、辅助功能等，如图 2-105 所示。

(6) 设置 Internet 的安全级别为"中-高"。

单击"安全"选项卡，单击"Internet"区域图标，如图 2-106 所示，根据自己的情况选择安全级别、添加可信任站点、设置受限制站点等。注意对话框中的提示。

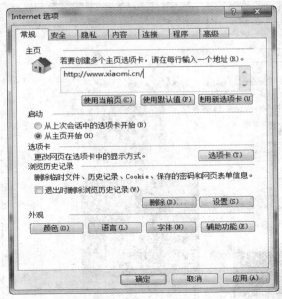

图 2-105　Internet 选项—常规

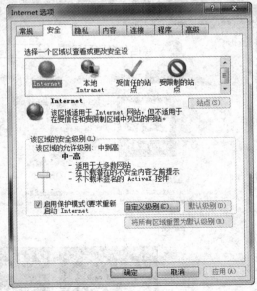

图 2-106　Internet 选项—安全

任务 2　搜索引擎的应用

(1) 搜索关键词为"三联生活周刊微信"的网页，并查看。

① 在 IE 浏览器地址栏中输入"https://www.baidu.com"，按回车键进入百度网站首页，如图 2-107 所示。

图 2-107　百度网站首页

② 在搜索文本框中输入关键词"三联生活周刊微信"，按回车键或单击"百度一下"按钮，即可搜索到非常多的记录。单击其中一条，显示三联生活周刊公众账号等信息，如图 2-108 所示。

图 2-108　搜索关键词后的页面

(2) 利用百度高级搜索，查找包含关键词"黄仁宇""万历十五年"且为 PDF 格式的网页。

① 单击百度网站首页右上角的"设置→高级搜索"，可以进行精确搜索，如图 2-109 所示。

图 2-109　高级搜索界面

② 给出不同的搜索条件，可以进行更加精确的搜索，如图 2-110 所示。

图 2-110　高级搜索页面

任务 3　网上购物

借助京东网站选购一款无线路由器，对比各产品的异同点。

(1) 在 IE 地址栏中输入"https://www.jd.com"，在搜索文本框中输入想要购买的商品，例如"路由器"，如图 2-111 所示。

图 2-111　电商网站搜索框

(2) 单击"搜索"按钮；会出现如图 2-112 所示的页面。单击每件商品的图片或图片下方的链接，再按照该网站的要求一步步单击下去，即可完成网上商品的交易。具体操作方法可参阅该网站页面右上侧"客户服务→帮助中心"中的内容。如果是第一次购物，可单击"帮助中心"页面中的"新手指南"，此页面会有相关问题的解答。

图 2-112　搜索商品后的页面

任务 4　在线听音乐

借助网站播放在线音乐，试播放音乐《中阮》。

(1) 在 IE 浏览器地址栏中输入"https://www.sogou.com"，进入搜狗网站首页，单击"音乐"，如图 2-113 所示。

新闻　**网页**　微信　问问　图片　视频　**音乐**　地图　购物　更多>>

搜狗搜索

输入法　浏览器　网址导航

图 2-113　搜狗网站首页

(2) 进入"音乐"搜索页面，在搜索框中输入待搜索的曲目，例如"中阮"，如图 2-114 所示。

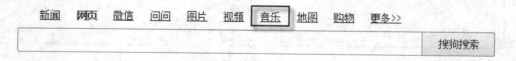

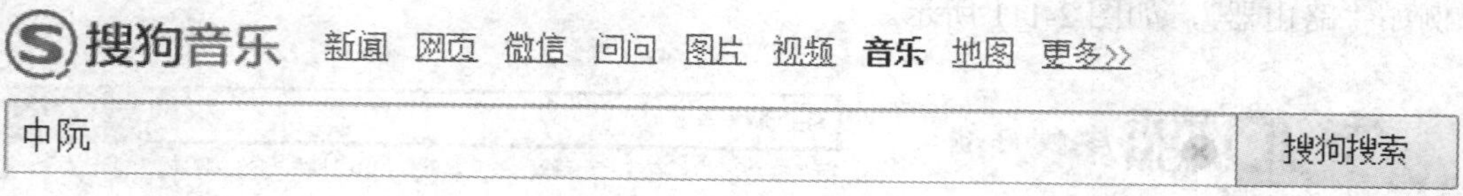

图 2-114　"音乐"搜索页面

(3) 单击"搜狗搜索"按钮或直接按回车键，即出现如图 2-115 所示页面。

图 2-115　"音乐"搜索后的页面

　　选取想听的曲目，单击曲目列表左侧的复选框，再单击页面下方的"播放选中曲目"，或直接单击右侧的播放按钮，即可收听在线音乐，如图 2-116 所示。

图 2-116　音乐播放页面

任务 5　在线看地图

　　利用腾讯全景地图在线查看南京市颐和路附近的街景信息。

进入腾讯地图首页 https://map.qq.com，在长文本框中输入地名"颐和路"，单击右侧的"放大镜"或按回车键，搜索到相关的地图信息。单击"街景"，再单击蓝色道路，即可进入街景地图，如图 2-117 所示。

图 2-117　街景地图

图 2-117 是与关键词"颐和路"有关的信息显示页面。页面右下侧是缩略地图信息，这里的地图可放大亦可缩小。利用腾讯地图还可以查看地形图、卫星图，测量出发地到目的地的距离，查询公交路线等。由此可见，网上地图的功能十分强大。

案例五　应用电子邮件

案例情境

015008 班的五位同学完成了随堂作业，而他们的指导老师因公事出差课后暂时离开学校。指导老师要求这五位同学将随堂作业以电子邮件的形式发给她。指导教师将依据几位同学发来的作业，给出平时成绩。

任务　收发电子邮件

电子邮件又称 E-mail。收发电子邮件要用到电子邮箱，用户可以向 ISP(互联网服务供应商)或门户网站等申请注册。每个电子邮箱都有一个唯一的邮件地址，发邮件时必须指明接收方的电子邮箱地址。如用户在新浪的邮箱名是 zdxy123456，则电子邮箱地址是 zdxy123456@sina.com。

(1) 申请免费电子邮箱。

① 启动 IE 浏览器，在地址栏中输入"https://mail.sina.com.cn"，如图 2-118 所示。

图 2-118 邮箱登录页面

② 单击"免费邮箱登录→注册",可见到如图 2-119 所示的页面,依次输入邮箱地址、密码(密码按要求输入,若密码过于简单,将导致注册无法通过)、验证码等,最后单击"立即注册"按钮。

图 2-119 注册免费电子邮箱

假设此次注册的邮箱地址为 zdxy123456,密码为 12345678,则电子邮箱的地址为 zdxy123456@sina.com。邮箱注册成功后,即可使用该邮箱,收发电子邮件。

(2) 收发电子邮件。

① 在 IE 浏览器地址栏中输入"https://mail.sina.com.cn",按回车键进入新浪邮箱界面。

　　② 在"免费邮箱登录"栏中输入邮箱名或手机号、登录密码，单击"登录"按钮转入电子邮件管理界面(也可用微博账号登录)，如图 2-120 所示。

图 2-120　电子邮箱管理界面

　　③ 发送邮件。单击左侧窗口中的"写信"，在"收件人"地址栏中输入收信人的电子邮箱地址。若同时有多个收件人，则邮箱地址间用"，"号隔开。在"主题"栏输入邮件的标题，在"正文"中书写邮件的内容。若有图片及其他文件要发送，则单击"添加附件"，选择待发送的文件即可，如图 2-121 所示。

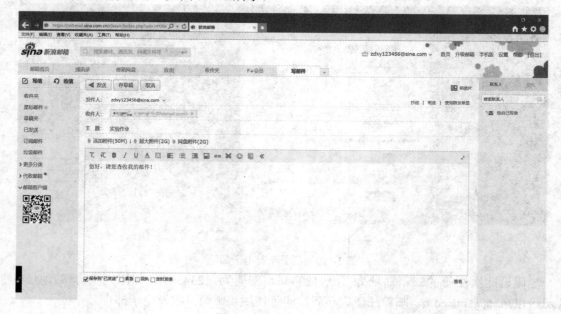

图 2-121　发送电子邮件

　　④ 点击"发送"按钮，邮件立即会被发送。单击"收信"按钮，可查询最新邮件。

案例六　使用网络工具软件

案例情境

　　罗同学是位电脑发烧友，出于好奇心，他很想了解藏在 CPU 中的奥秘。于是他决定下载 CPU-Z 检测软件，仔细查阅 CPU 类别、名称、核心频率、BIOS 种类等参数，较为系统的学习下 CPU 的相关知识。

　　下载并使用 CPU-Z 软件后，罗同学觉得这款软件挺实用。他想把自己的体验与大家共享。这次他选择微信电脑版，借助微信与他的朋友们交流经验，并共享资源。

任务　文件下载工具的使用方法

　　借助 IE 浏览器下载迅雷软件。

　　(1) 安装迅雷软件。

　　登录迅雷官方网站 https://www.xunlei.com，选择本地下载迅雷软件。下载完成后，双击 Thunder.exe 文件(若下载的是打包文件则需解压缩)，按提示步骤安装迅雷软件。

　　(2) 使用迅雷下载各类软件。

　　利用前述的任意一种搜索引擎，搜索软件 CPU-Z，如图 2-122 所示。

图 2-122　CPU-Z 的搜索页面

　　(3) 单击第 1 条检索记录，单击 CPU-Z 图标，打开相应页面。从"高速下载"或"普通下载"两个按钮接中任选一个进行单击，或者右击弹出快捷菜单选择"使用迅雷下载"，进入下载页面，如图 2-123 所示。

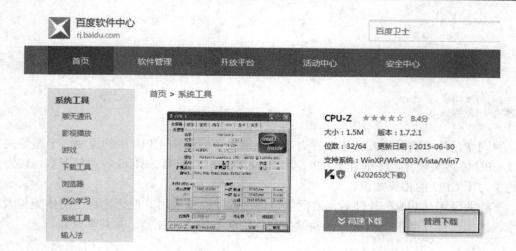

图 2-123　使用迅雷下载文件

（4）接下来会弹出下载任务对话框，如图 2-124 所示。可先改变存储路径，然后单击"立即下载"或"空闲下载"按钮进入下载状态。CPU-Z 下载文件的界面如图 2-125 所示。

图 2-124　下载任务对话框

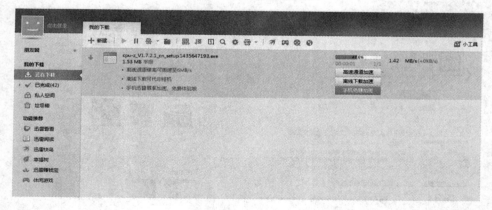

图 2-125　软件下载中

任务 2　使用即时通信工具

使用微信电脑版即时通信工具。

　　微信是时下流行的一款跨平台的通信工具。它有移动终端、网页、Windows 等版本，可发送语音、文字、图片、文件等信息，使用方便，得到很多用户尤其是青年群体的认可。在申请并获得一个微信号后，即可在电脑中使用微信。首先下载"微信 For Windows"或"微信电脑版"，下载微信软件后安装。打开手机等移动终端的微信，扫描微信电脑版中的二维码，再单击微信电脑版中的"登录"，即可在微信电脑版中联系自己的微信好友了。登录微信电脑版后的界面，如图 2-126 所示。

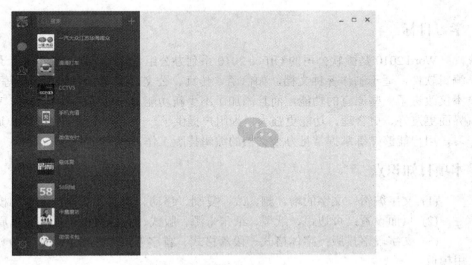

图 2-126　电脑微信登录界面

　　单击左侧需要联系的用户微信号，进入聊天状态界面，即可与对方联系，包括传递文件给对方，如图 2-127 所示。

图 2-127　微信电脑版聊天界面

项目三　文字处理

学习目标

Word 2010 是微软公司的 Office 2010 系列办公组件之一，是目前世界上最流行的文字编辑软件，适于制作各种文档，如信函、传真、公文、报刊、书刊、简历等。Word 2010 不仅改进了一些原有的功能，而且添加了不少新功能。与以前的版本相比，Word 2010 的界面更友好、更合理，功能更强大，为用户提供了一个智能化的工作环境。通过本项目学习，用户能够熟练掌握常见办公文档的编辑排版工作。

本项目知识点

(1) 文字编辑：文字的增、删、改、复制、移动、查找和替换；文本的校对。

(2) 页面设置：页边距、纸型、纸张来源、版式、文档网格、页码、页眉、页脚。

(3) 文字段落排版：字体格式、段落格式、首字下沉、边框和底纹、分栏、背景、应用模板。

(4) 高级排版：绘制图形、图文混排、艺术字、文本框、域、其他对象插入及格式设置。

(5) 表格处理：表格插入、表格编辑、表格计算。

(6) 邮件合并：主文档创建、添加数据源。

(7) 文档创建：文档的创建、保存、打印和保护。

重点与难点

(1) 文本的增加、删除、修改、复制、移动、查找和替换等编辑工作。

(2) 文字、段落及页面的排版操作。

(3) 文字、段落及页面格式的设定。

(4) 图片、艺术字、文本框、自选图形等对象的使用及格式的设定。

(5) 表格的处理。

(6) 邮件合并。

(7) 粘贴和选择性粘贴的使用。

案例一　制作简易电子文档

案例情境

学院图书馆管理员需要利用 Word 2010 文字处理软件制作一份有关中国传统文化知识

宣传的电子文档，他首先在新的文档中进行内容录入，并对录入的内容及文档页面进行格式设置，如图 3-1 所示，最后打印输出或保存至指定的文件目录下。

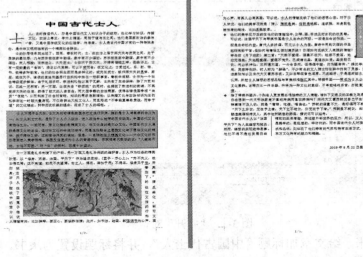

图 3-1 样张

案例素材

...\考生文件夹\ED1.docx

...\考生文件夹\士人.jpg

任务 制作"中国古代士人"电子文档

打开素材文档并对其进行图文混排。

(1) 启动 Word 2010，打开"ED1.docx"文档。

① 选择"开始→所有程序"菜单命令，单击菜单中的"Microsoft Office"，在其下级菜单中单击"Microsoft Word 2010"，启动 Word 2010，如图 3-2 所示。

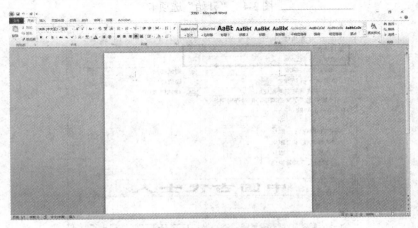

图 3-2 启动 Word 2010

② 单击"文件"选项卡中的"打开"命令，在弹出的对话框中找到素材所在的考生文件夹，然后单击"ED1.docx"，如图3-3所示，最后单击"打开"按钮即可。

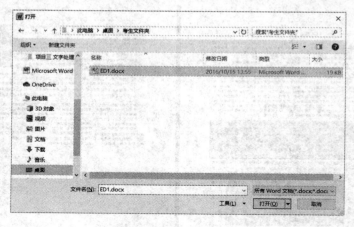

图 3-3 "打开"对话框

(2) 参考样张，给文章加标题"中国古代士人"，并将标题设置为隶书、加粗、一号字居中对齐，字符缩放为120%。

将插入点定位在文档的首部，单击键盘上的 Enter(回车)键，在文档首部空出一行，录入"中国古代士人"，选中"中国古代士人"，在"开始"选项卡上的字体组中修改字体为隶书、加粗、一号，并在段落组中单击"居中"按钮，如图3-4所示，然后右击"中国古代士人"(此时处于选中状态)，在弹出的快捷菜单中单击"字体"命令，弹出"字体"对话框，单击"高级"选项卡，在"缩放"后面的文本框中输入"120%"，如图3-5所示，最后单击"确定"按钮即可。

图 3-4 "开始"选项卡

图 3-5 "字体"对话框—"高级"选项卡

(3) 将正文第一段首字下沉 3 行，据正文 0.3 厘米，首字为楷体、蓝色。

① 选中正文第一段首字"士"，单击"插入"选项卡文本组中的"首字下沉"，然后单击"首字下沉选项"，在弹出的对话框中单击"下沉"，并设置字体为楷体、下沉行数为3、距正文为 0.3 厘米，如图 3-6 所示，最后单击"确定"按钮即可。

② 选中首字"士"，在"开始"选项卡上的字体组中修改字体颜色为蓝色，如图 3-7 所示。

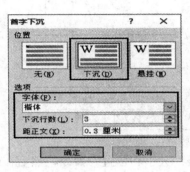

图 3-6 "首字下沉"对话框

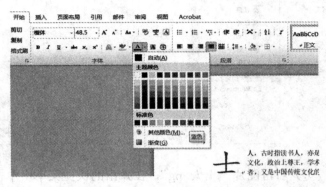

图 3-7 设置字体颜色

(4) 正文其余各段首行缩进 2 个字符。

选中除正文第一段以外的所有段落，右击选中的部分，在弹出的快捷菜单中选择"段落"命令，弹出"段落"设置对话框，在"特殊格式"中选择首行缩进、2 字符，如图 3-8 所示，最后单击"确定"按钮即可。

图 3-8 "段落"对话框

(5) 参考样张，在正文适当的位置插入图片"士人.jpg"，设置环绕方式为四周型环绕。

① 将插入点置于文章第一页适当的位置，然后单击"插入"选项卡插图组中的"图片"。在弹出的对话框中找到素材所在的考生文件夹，然后单击"士人.jpg"，如图 3-9 所示，最后单击"插入"按钮即可。

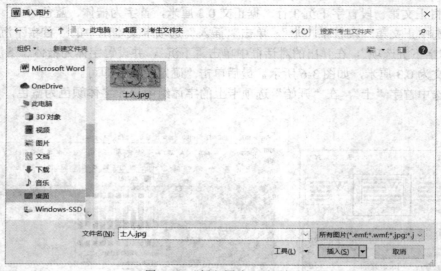

图 3-9 "插入图片"对话框

② 右击图片"士人.jpg",在弹出的快捷菜单中单击"大小和位置"命令,然后在弹出的"布局"对话框中单击"文字环绕"选项卡,选择"四周型",如图 3-10 所示,最后单击"确定"按钮即可。

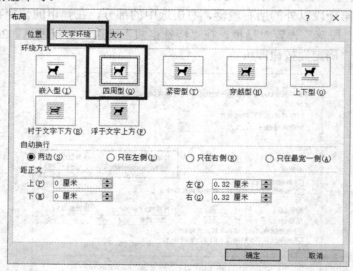

图 3-10 "布局"对话框

(6) 参照样张,将正文(不含标题)中的所有"士人"设置为红色、加粗、加着重号。

单击"开始"选项卡编辑组中的"替换"命令,弹出"查找和替换"对话框,在"查找内容"和"替换为"中均录入"士人"如图 3-11 所示。单击"更多"按钮选中"替换为"中的"士人",单击"格式"按钮,选择"字体"命令,在弹出的"替换字体"对话框中设置红色、加粗、加着重号,如图 3-12 所示。单击"确定"按钮返回"查找和替换"对话框,如图 3-13 所示,最后单击"全部替换"按钮完成文中所有"士人"的替换。

提示: 就本案例而言,当用户单击"全部替换"按钮后,会造成文档的正文及标题中相应的文字被替换成题目要求的格式。而在实际应用中,往往用户只希望替换正文中相应的文字，而不希望替换标题中相应的文字，这该怎么办呢？我们可以使用"格式刷"快速的恢复标题中被替换文字的格式。(格式刷使用方法：先选中标题中的"中国"，然后单击"开始"选项卡中的"格式刷"，此时光标旁会出现一把刷子，拖动鼠标选中标题中的"士人"即可将它恢复为原来的格式。)

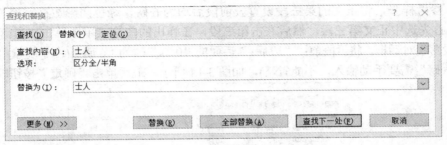

图 3-11 "查找和替换"对话框

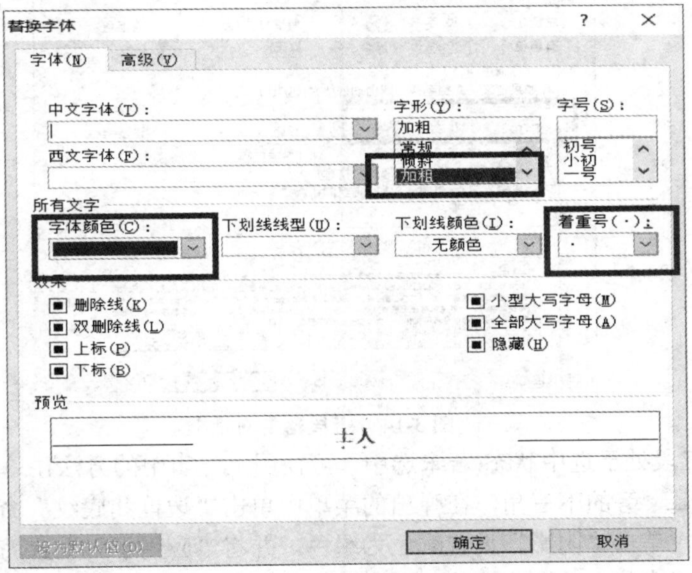

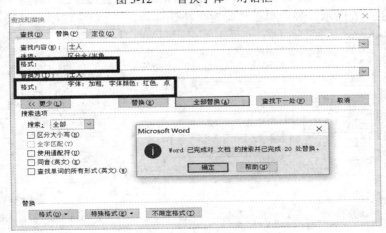

图 3-12 "替换字体"对话框

图 3-13 "查找和替换"对话框

提示：图 3-13 中的"查找内容"和"替换为"下方均有"格式："，正确的设置应该是"查找内容"下方的"格式："为空，"替换为"下方的"格式："对应题目的要求。若遇到格式设置颠倒或者设置错误，可直接使用此对话框下方的"不限定格式"按钮取消已设定的格式，然后按照题目要求重新设置。

(7) 参考样张，将正文的第三段设置段前段后均为 6 磅、绿色阴影边框、橙色底纹。

① 首先选中正文第三段，然后右击第三段，在弹出的快捷菜单中单击"段落"命令，弹出"段落"对话框，将"段前:""段后:"后面的"0 行"改为"6 磅"(由于度量单位更换，这里的"磅"需要手动输入，不能省略)，如图 3-14 所示，最后单击"确定"按钮即可。

图 3-14　"段落"对话框

② 确保第三段处于选中状态(若未选中，可使用上一步中的方法)，单击"开始"选项卡中下框线按钮 旁的下三角，在弹出的菜单中单击"边框和底纹"命令，弹出"边框和底纹"对话框，单击"阴影"设置颜色为绿色，并将"应用于"设置为段落，如图 3-15所示。然后单击"底纹"选项卡，将"填充"中的颜色设置为橙色，并将"应用于"设置为段落，如图 3-16 所示。最后单击"确定"按钮即可。

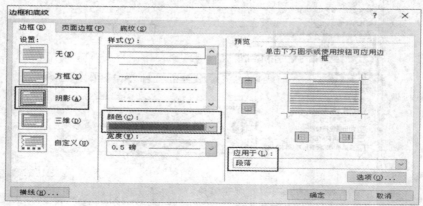

图 3-15　"边框和底纹"对话框—"边框"选项卡

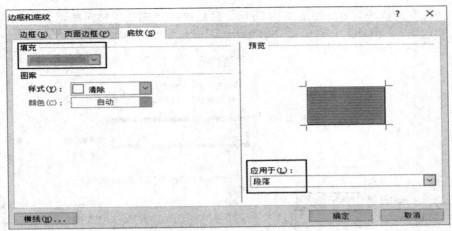

图 3-16　"边框和底纹"对话框—"底纹"选项卡

（8）参照样张，将正文最后一段分为偏左两栏，栏间加分隔线。

首先将插入点定位到文档的末尾，单击键盘上的 Enter 键，然后选中正文最后一段，单击"页面布局"选项卡中的"分栏"命令，在弹出的菜单中单击"更多分栏"，弹出"分栏"对话框，单击"左"并勾选"分隔线"，如图 3-17 所示，最后单击"确定"按钮即可。

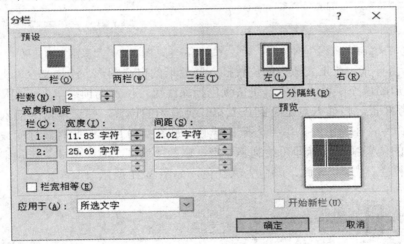

图 3-17　"分栏"对话框

提示：给文档的最后一段分栏，需要先将插入点定位到文档的末尾，单击键盘的回车键，然后再进行分栏操作，才能达到分栏效果。

（9）参考样张，为正文倒数第二段和倒数第三段添加蓝色的"◆"项目符号。

选中正文倒数第二段和倒数第三段，右击选中的内容，在弹出的快捷菜单中单击"项目符号"子菜单中的菱形符号"◆"，此时文档中项目符号的颜色为默认的黑色。再次右击选中的内容，在弹出的快捷菜单中单击"项目符号"子菜单中的"定义新项目符号"，在弹出的对话框中单击"字体"按钮，将颜色设置为蓝色，单击"确定"按钮返回如图 3-18 所示的对话框，最后单击"确定"按钮即可。

为了使排版效果更好，需要去除左侧缩进。选中正文倒数第二段和倒数第三段，右击选中的内容，在弹出的快捷菜单中单击"段落"命令，弹出"段落"对话框，将"缩进"

中的"左侧："的值改为 0，如图 3-19 所示，最后单击"确定"按钮即可。

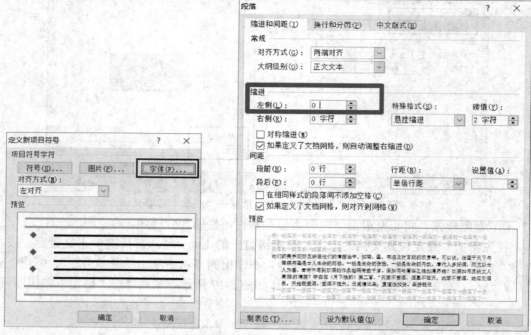

图 3-18　"定义新项目符号"对话框　　　　图 3-19　"段落"对话框

（10）参考样张，在正文适当的位置插入竖卷形的自选图形，添加文字"士人美学观"，设置自选图形的填充颜色为橙色、线条颜色为深红色，位置为顶端居右、四周型环绕。

① 参考样张，将插入点定位到正文第二页适当的位置，然后单击"插入"选项卡中的"形状"命令，在弹出的菜单中选择竖卷形，如图 3-20 所示。此时鼠标变成"十"形状，在文中适当的位置拖动鼠标即可绘制竖卷形，修改"绘图工具—格式"选项卡的"形状填充"颜色为橙色、"形状轮廓"颜色为深红色，如图 3-21 所示。

图 3-20　插入形状

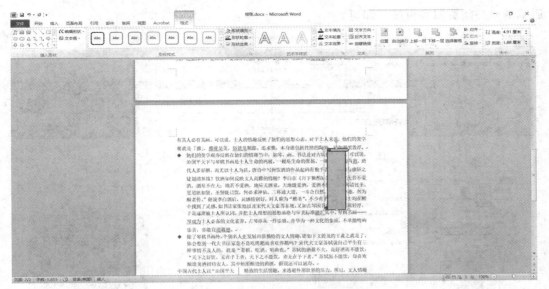

图 3-21 "绘图工具—格式"选项卡

② 单击竖卷形图形，修改"绘图工具—格式"选项卡的"位置"为顶端居右、四周型文字环绕，如图 3-22 所示。

③ 右击竖卷形图形，在弹出的快捷菜单中单击"编辑文字"命令，录入"士人美学观"。

④ 参考样张，拖动竖卷形图形四周的句柄，调整形状的大小及位置，使得文字单列竖排显示。

图 3-22 "绘图工具—格式"选项卡—"位置"

(11) 参照样张，为文档奇数页添加页眉"士人"，为文档偶数页添加页眉"自己的学号＋姓名"，页脚处插入页码"X/Y"，均居中显示。

单击"插入"选项卡中的"页眉"，选择"编辑页眉"，在"页眉和页脚工具—设计"选项卡中勾选"奇偶页不同"，如图 3-23 所示，然后分别在奇数页页眉处录入"士人"，偶数页页眉处录入"19140100＋高兴"；转至页脚处(注意：两处页脚均要插入)，单击"页码"命令中的"当前位置"，选择"X/Y"，如图 3-24 所示，并将页眉页脚均设为居中显示，最后单击"关闭页眉和页脚"即可。

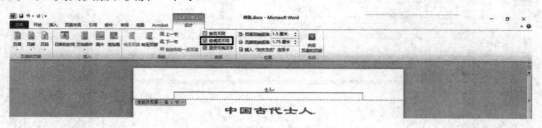

图 3-23 "页眉和页脚工具—设计"选项卡

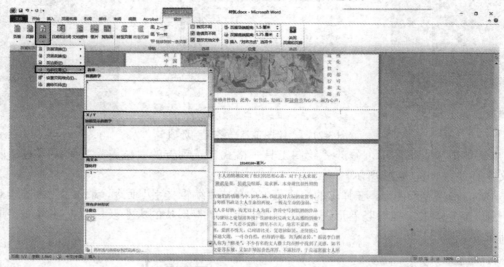

图 3-24 插入页码

(12) 在正文的最后插入当前系统日期，保持自动更新，右对齐。

参考样张，将插入点定位到文档的末尾，单击键盘上的回车键，另起一段。单击"插入"选项卡上文本组中的"日期和时间"，在弹出的对话框中选择一种日期格式(本案例使用"××××年××月××日")，然后勾选"自动更新"，如图 3-25 所示，单击"确定"按钮即可；然后单击功能区"开始"选项卡上段落组中"右对齐"按钮，使得日期靠右显示。

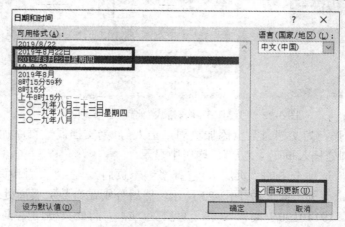

图 3-25 "日期和时间"对话框

(13) 将编辑好的文件以文件名：DONE_1，文件类型：Word 文档(*.docx)保存到考生文件夹。

单击"文件"菜单中的"另存为"命令，在弹出的对话框中，将保存位置定位到"考生文件夹"，修改"文件名"为 DONE_1，修改"保存类型"为 Word 文档(*.docx)，如图 3-26 所示，最后单击"保存"按钮即可。

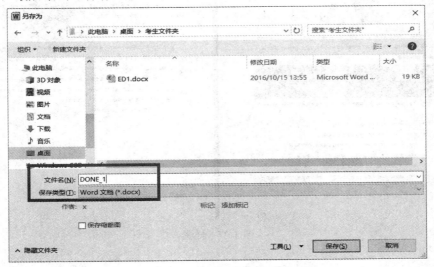

图 3-26　"另存为"对话框

同步练习

调入考生文件夹中的 ED2.docx 文档，参考样张(见图 3-27)按照下列要求操作：

(1) 参考样张，给文章加标题"2010 上海世博会吉祥物"，并将标题设置为楷体、加粗、二号字居中对齐。

(2) 在正文第一段之前插入图片"海宝.jpg"，居中显示，高度 8 厘米，宽度 7 厘米。

(3) 参考样张，在正文第二段、第十一段、第十三段文字的前后插入"◆"符号，设置字体为黑体、四号字。

(4) 设置正文其余各段首行缩进 2 字符，1.8 倍行距。

(5) 参考样张，将正文(不含标题)中的所有"吉祥物"设置为蓝色、加粗。

(6) 参考样张，为正文第三段添加橙色阴影边框、浅蓝色底纹。

(7) 参考样张，为正文的第四段至第九段添加红色"●"项目符号。

(8) 参考样张，为文档奇数页添加页眉"吉祥物"，为文档偶数页添加页眉"海宝"，页脚处插入页码"X/Y"，居中显示。

(9) 参考样张，在正文中插入云形标注自选图形，设置其填充色为橙色，环绕方式为紧密型，并添加文字"上善若水，海纳百川"，字体格式为蓝色、四号、加粗。

(10) 参考样张，将正文第十二段设置为等宽两栏，栏间加分隔线。

(11) 将编辑好的文件以文件名：DONE_2，文件类型：Word 文档(*.docx)保存到考生文件夹。

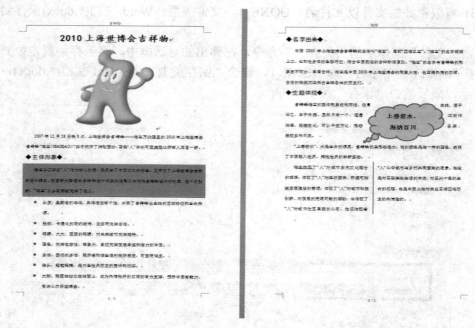

图 3-27　样张

案例二　制作宣传单

案例情境

　　学院学生处李老师需要利用 Word 2010 文字处理软件制作一份有水力发电的知识普及单页，如图 3-28 所示，首先在新的文档中进行内容录入及格式设定，然后对文档页面进行美化，最后打印输出或批量印刷。

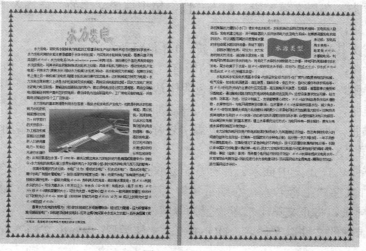

图 3-28　样张

案例素材

...\考生文件夹\ ED3.docx
...\考生文件夹\水电.jpg

任务 制作水力发电知识普及单页

打开素材文档，设置文本及段落格式；插入图片，进行图文混排。

(1) 启动 Word 2010，打开"ED3.docx"文档。

① 选择"开始→所有程序"菜单命令，单击菜单中的"Microsoft Office"，在其下级菜单中单击"Microsoft Word 2010"，启动 Word 2010。

② 单击"文件"选项卡中的"打开"命令，在弹出的对话框中找到素材所在的考生文件夹，然后单击"ED3.docx"，最后单击"打开"按钮即可。

(2) 设置页面，纸张自定义大小(宽度 20 厘米，高度 28 厘米)，上下页边距为 2.5 厘米，左右页边距为 3 厘米，每页可显示 44 行，每行 40 个字符。

① 单击功能区"页面布局"选项卡中"纸张大小"命令，在弹出的菜单中选择"其他页面大小"，弹出如图 3-29 所示的对话框，在"宽度"后面的文本框中输入"20"，在"高度"后面的文本框中输入"28"。

② 单击"页面设置"对话框中的"页边距"选项卡，设置上下页边距为 2.5 厘米，左右页边距为 3 厘米，如图 3-30 所示。

 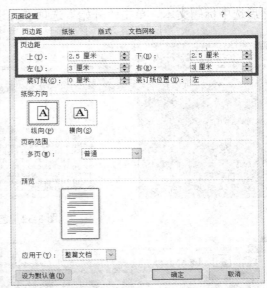

图 3-29 "页面设置"对话框—"纸张"选项卡　图 3-30 "页面设置"对话框—"页边距"选项卡

③ 单击"页面设置"对话框中的"文档网格"选项卡，选择"指定行和字符网格"，设置"每页"为 44 行，"每行"为 40 个字符，如图 3-31 所示，最后单击"确定"按钮即可。

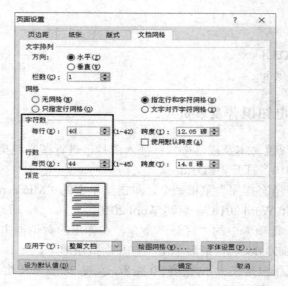

图 3-31 　"页面设置"对话框—"文档网格"选项卡

(3) 参考样张，添加艺术字标题"水力发电"，采用第 5 行第 4 列样式，字体为隶书，形状为双波形 2，阴影样式为外部一向左偏移，嵌入到文本行中，居中。

操作步骤：

① 将插入点定位到文档第一行行首，单击"插入"选项卡上文本组中的"艺术字"，在弹出的下拉菜单中单击第 5 行第 4 列的样式，如图 3-32 所示，手动输入"水力发电"，然后选中标题文本，单击"开始"选项卡，设置字体为隶书，如图 3-33 所示。

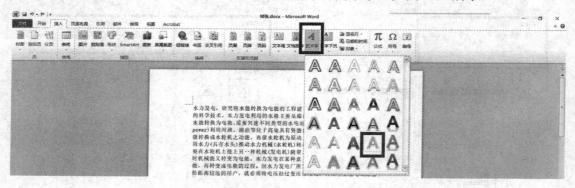

图 3-32 　艺术字样式

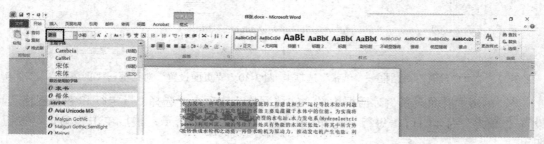

图 3-33 　修改艺术字字体

② 单击"绘图工具—格式"选项卡，单击"文本效果"命令，选择"转换"，在"弯曲"中选择双波形 2，如图 3-34 所示。

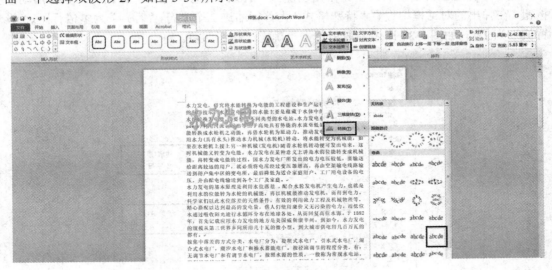

图 3-34 设置艺术字的形状

③ 单击"文本效果"命令，选择"阴影"，在"外部"中选择向左偏移，如图 3-35 所示。

图 3-35 设置艺术字阴影

④ 单击"位置"命令，在弹出的菜单中选择"嵌入文本行中"，如图 3-36 所示。

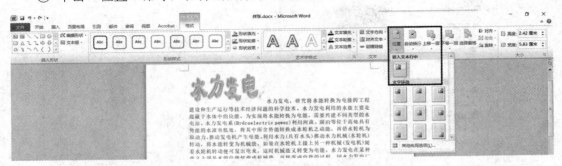

图 3-36 设置艺术字位置

⑤ 将插入点定位到艺术字后面，单击键盘上的回车键。再次将插入点定位到艺术字后面，单击"开始"选项卡上段落组中的"居中"按钮。

（4）将正文各段落设置首行缩进 2 个字符，1.2 倍行距。

选中除标题以外的所有段落，单击功能区"开始"选项卡中的"段落"对话框启动器按钮，在弹出的对话框中设置"特殊格式"为首行缩进 2 个字符，"行距"为多倍行距、"设置值"为 1.2，如图 3-37 所示，最后单击"确定"按钮即可。

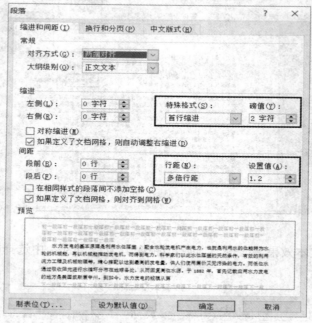

图 3-37 "段落"对话框

（5）参考样张，在正文适当的位置插入图片"水电.jpg"，设置"水电.jpg"图片的高度为 5 厘米、宽度为 9 厘米，环绕方式为四周型。

① 参考样张，将插入点定位到第一页适当的位置，单击"插入"选项卡中的"图片"命令，找到"水电.jpg"所在的考生文件夹，如图 3-38 所示，双击"水电.jpg"即可。

图 3-38 "插入图片"对话框

② 右击"水电.jpg",在弹出的快捷菜单中单击"大小和位置"命令,弹出"布局"对话框,修改高度为 5 厘米、宽度为 9 厘米,如图 3-39 所示;然后单击此对话框中的"文字环绕"选项卡,设置环绕方式为四周型,如图 3-40 所示;最后单击"确定"按钮即可。

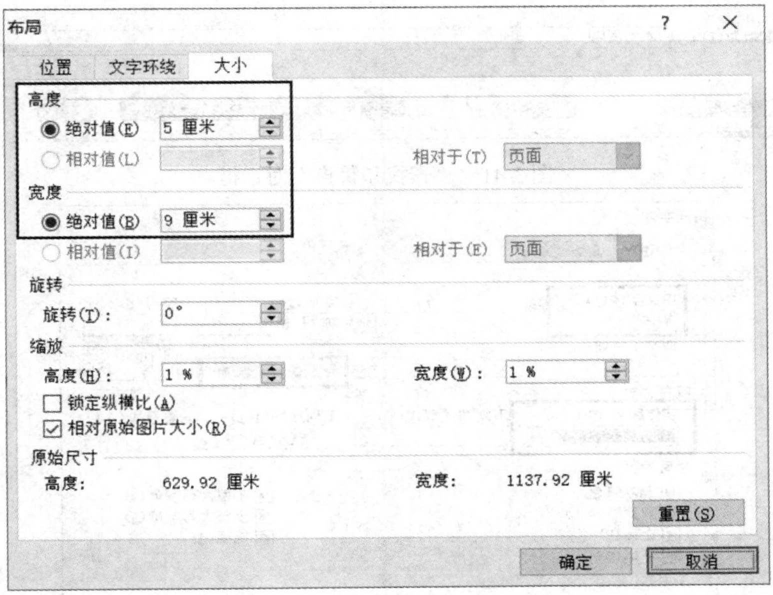

图 3-39　"布局"对话框—"大小"选项卡

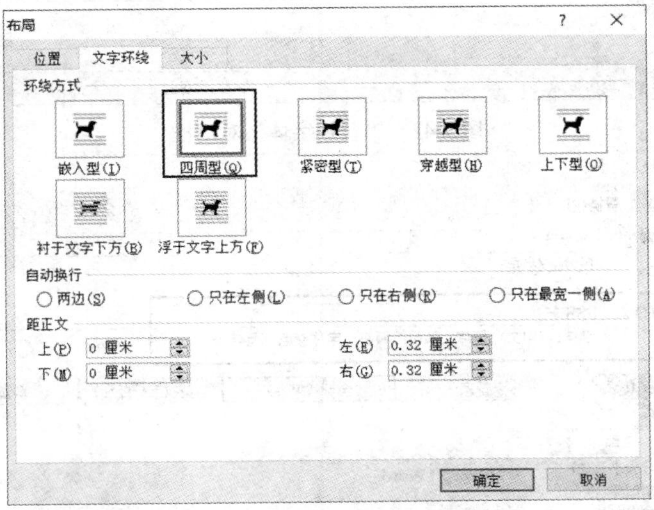

图 3-40　"布局"对话框—"文字环绕"选项卡

(6) 将正文中所有的"水电站"设置为楷体、加粗倾斜、蓝色。

单击功能区"开始"选项卡中的"替换"命令,弹出"查找和替换"对话框,在"查找内容"和"替换为"中均录入"水力发电",如图 3-41 所示。单击"更多"按钮,然后选中"替换为"中的"水力发电",单击"格式"按钮,选择"字体"命令,在弹出的"替换字体"对话框中设置楷体、加粗倾斜、蓝色,如图 3-42 所示。单击"确定"按钮返回"查找和替换"对话框,如图 3-43 所示,最后单击"全部替换"按钮即可。

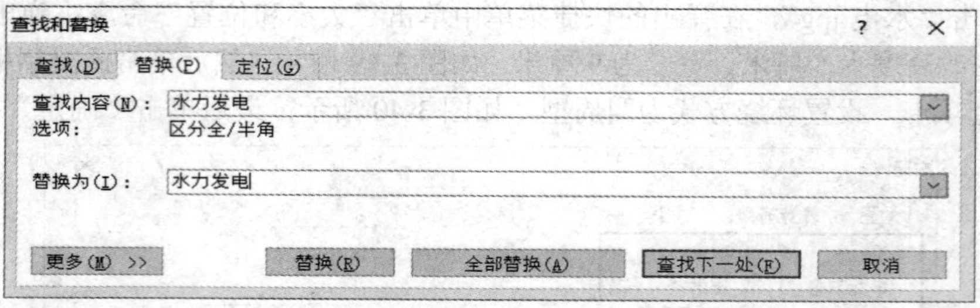

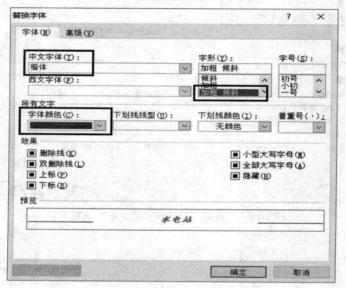

图 3-41　　"查找和替换"对话框

图 3-42　　"替换字体"对话框

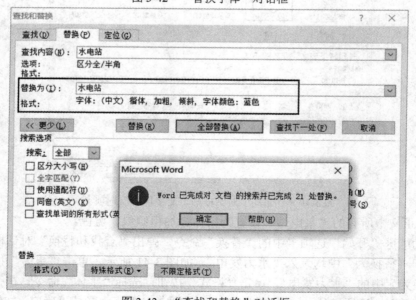

图 3-43　　"查找和替换"对话框

(7) 参考样张，为页面设置艺术型方框"**寒寒寒寒寒**"，宽度为 15 磅。

单击"页面布局"选项卡上页面背景组中"页面边框"按钮,弹出"边框和底纹"对话框,在"艺术型"中选择"🌲🌲🌲🌲🌲",设置宽度为15磅,如图3-44所示,最后单击"确定"按钮即可。

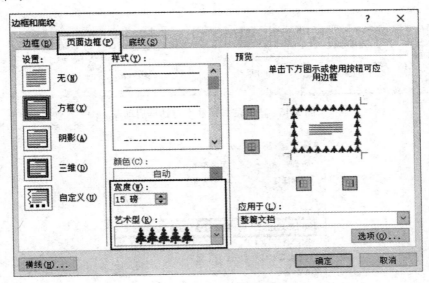

图 3-44 "边框和底纹"对话框

(8) 参考样张,为页面设置"再生纸"填充效果。

单击"页面布局"选项卡上页面背景组中"页面颜色"按钮,在弹出的下拉菜单中选择"填充效果",在弹出的对话框中单击"纹理",选择"再生纸",如图3-45所示,最后单击"确定"按钮即可。

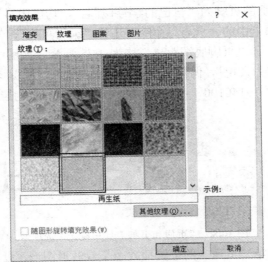

图 3-45 "填充效果"对话框

(9) 参考样张,为正文的第一个"水电站"插入脚注,编号格式为"i, ii, iii, …",内容为"水电站,是指能将水能转换为电能的综合工程设施"。

将插入点定位到正文第一个"水电站"的后面,单击"引用"选项卡中"脚注和尾注"

对话框启动器，如图 3-46 所示，在弹出的对话框中修改"编号格式"为"i，ii，iii，…"，如图 3-47 所示，单击"插入"按钮，然后在第一页的最下方"i"处输入"水电站，是指能将水能转换为电能的综合工程设施"。

图 3-46　"脚注和尾注"对话框启动器

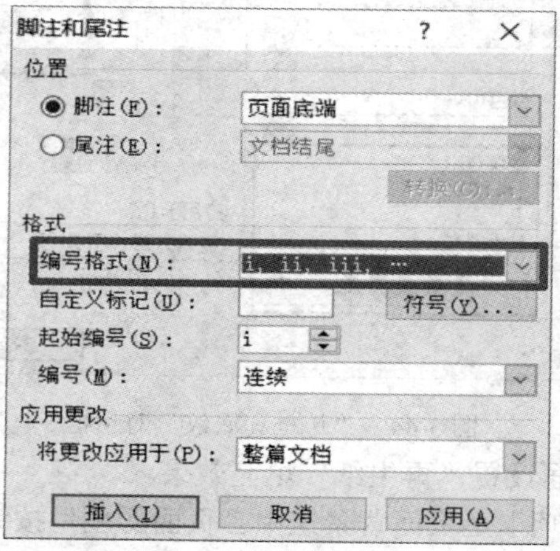

图 3-47　"脚注和尾注"对话框

（10）设置页眉和页脚距边界各为 1.75 厘米，奇数页页眉为"水力发电"，偶数页页眉为"绿色能源"，所有页的页脚为"自己的学号+姓名"，均居中显示。

单击"插入"选项卡中的"页眉"命令，选择"编辑页眉"，勾选"奇偶页不同"，并设置"页眉顶端距离"和"页脚底端距离"均为 1.75 厘米，如图 3-48 所示，然后分别在奇数页页眉处录入"水力发电"，偶数页页眉处录入"绿色能源"；转至页脚处(注意：两处页脚均要录入)，录入"19140100＋高兴，"并将页眉页脚均设为居中显示，最后单击"关闭页眉和页脚"即可。

图 3-48　"页眉和页脚工具—设计"选项卡

（11）参考样张，在第二页适当的位置插入一个双波形图形，设置该图形填充颜色为绿色，无边框；在双波形图形中添加文本"水源类型"，字体设置为楷体，二号；设置双波形图形的环绕方式为紧密型。

① 单击"插入"选项卡上插图组中的形状，在弹出的下拉菜单中单击"双波形"按钮，如图 3-49 所示，此时鼠标变成"＋"形状，在第二页适当的位置拖动鼠标绘制双波形，

单击"绘图工具—格式"选项卡中的"形状轮廓"，选择"无轮廓"，然后单击"形状填充"选择绿色。

图 3-49　"插入"选项卡—"形状"

② 右击双波形图形，在弹出的快捷菜单中单击"添加文本"，输入"水源类型"，并在"开始"选项卡中设置字体为楷体、二号。

③ 右击双波形图形，在弹出的快捷菜单中单击"其他布局选项"命令，弹出"布局"对话框，然后单击此对话框中的"文字环绕"选项卡，设置环绕方式为紧密型，如图 3-50 所示，最后单击"确定"按钮即可。

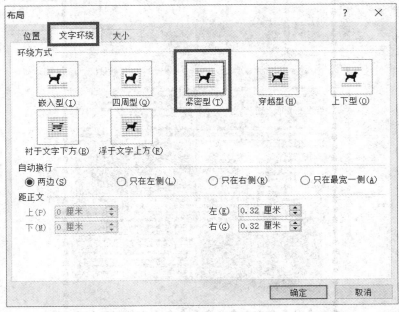

图 3-50　"布局"对话框

(12) 将编辑好的文件以文件名：DONE_3，文件类型：Word 文档(*.docx)保存到考生文件夹。

单击"文件"选项卡中的"另存为"命令，在弹出的对话框中，将"保存位置"定位到"考生文件夹"，修改"文件名"为 DONE_3，"保存类型"为 Word 文档(*.docx)，最后单击"保存"按钮即可。

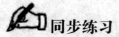同步练习

调入考生文件夹中的 ED4.docx 文档，参考样张(见图 3-51)按照下列要求操作：

(1) 将文档页面的页边距设置为适中。

(2) 参考样张，给文章添加艺术字标题"创新教育"，采用第 5 行第 3 列样式，艺术字形状为"朝鲜鼓"，字号为 80，嵌入文本行中。

(3) 参考样张，在标题下方插入矩形框，无边框，填充色为浅绿色；添加文字"以人为本"，字体设置为黑体、白色、加粗、小四，字符缩放为 200%，字符间距增加 5 磅，在其后添加文字"本版责编：王小虎编辑邮箱：123456@qq.com"，字体设置为宋体、5 号、白色、加粗。

(4) 参考样张，在标题右侧插入文本框，不显示边框、无填充颜色，添加文字"第 63 期"，设置字体为隶书、二号，居中显示，其中"63"设置为带圈字符，红色；添加文字"2015 年 7 月 26 日""主办：创新教育委员会"，字体为四号，居中显示。

(5) 为页面添加艺术型边框"🌲🌲🌲🌲"。

(6) 将文档正文的第一段设置"首字下沉"效果，下沉行数为 2，距正文 0.2 厘米；设置字体为华文新魏，蓝色。

图 3-51　样张

(7) 将正文其余各段首行缩进 2 个字符。

(8) 将文档正文的第二段，分成等宽的两栏，栏宽为 22 字符，栏间加分隔线。

(9) 在正文适当的位置插入图片“C1.jpg”“C2.jpg”，设置“C1.jpg”图片大小为 50%，图片效果为柔化边缘椭圆；设置“C2.jpg”图片大小为 45%，图片效果为棱台矩形。

(10) 为页面添加背景颜色“红色 淡色 80%”。

(11) 将编辑好的文件以文件名：DONE_4，文件类型：Word 文档(*.docx)保存到考生文件夹。

案例三　制作红头文件

案例情境

学院学生处张老师需要利用 Word 2010 文字处理软件制作一份如图 3-52 和图 3-53 所示的《关于表彰 2018 届优秀毕业生的决定》的通知，要求按学院红头文件的标准制作，首先在新的文档中进行内容录入，并对录入的内容及文档页面进行格式设置，最后打印输出或保存至指定的文件目录下。

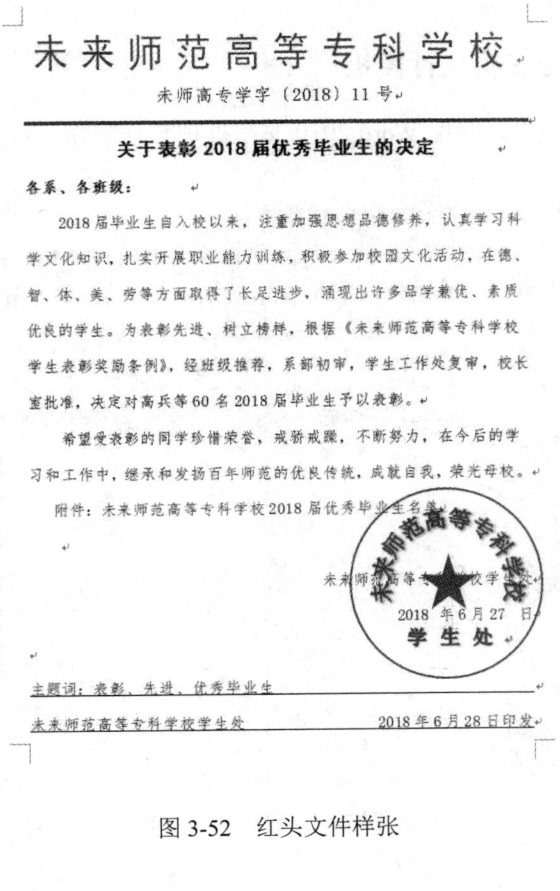

未来师范高等专科学校

未师高专学字〔2018〕11 号

关于表彰 2018 届优秀毕业生的决定

各系、各班级：

2018 届毕业生自入校以来，注重加强思想品德修养，认真学习科学文化知识，扎实开展职业能力训练，积极参加校园文化活动，在德、智、体、美、劳等方面取得了长足进步，涌现出许多品学兼优、素质优良的学生。为表彰先进、树立榜样，根据《未来师范高等专科学校学生表彰奖励条例》，经班级推荐，系部初审，学生工作处复审，校长室批准，决定对高兵等 60 名 2018 届毕业生予以表彰。

希望受表彰的同学珍惜荣誉，戒骄戒躁，不断努力，在今后的学习和工作中，继承和发扬百年师范的优良传统，成就自我，荣光母校。

附件：未来师范高等专科学校 2018 届优秀毕业生名单

未来师范高等专科学校学生处

2018 年 6 月 27 日

主题词：表彰、先进、优秀毕业生

未来师范高等专科学校学生处　　2018 年 6 月 28 日印发

图 3-52　红头文件样张

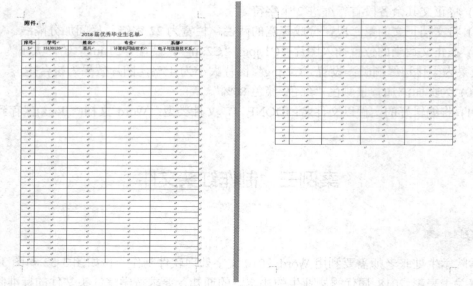

图 3-53　附件样张

案例素材

...\考生文件夹\通知内容.txt

任务 1　制作学生处红头文件模板

小张按照人事处要求，利用 Word 2010 文字处理软件制作一份红头文件模板，以后发文可直接套用。

(1) 启动 Word 2010，新建一个空白模板。

① 选择"开始→所有程序"菜单命令，单击菜单中的"Microsoft Office"，在其下级菜单中单击"Microsoft Word 2010"，启动 Word 2010，如图 3-54 所示。

图 3-54　启动 Word 2010

② 单击"文件"菜单中的"新建"命令，然后单击"我的模板"，在弹出的对话框中单击"模板"，如图3-55所示，最后单击"确定"按钮即可。

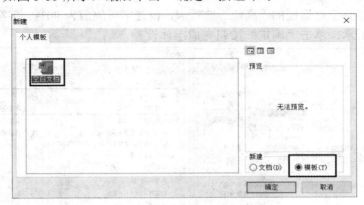

图3-55 "新建"对话框

(2) 设置模板页面"页边距"，上：3.7厘米 下：3.5厘米 左：2.8厘米 右：2.6厘米；模板页面"每行"40个字符，"每页"40行。

① 在"模板1"窗口中单击功能区"页面布局"选项卡中的"页边距"命令，弹出如图3-56所示的对话框，将页边距分别设置为上：3.7厘米、下：3.5厘米、左：2.8厘米、右：2.6厘米。

② 单击图3-57中的"文档网格"选项卡选择"指定行和字符网格"，然后将"每行"设置为40，"每页"设置为40。

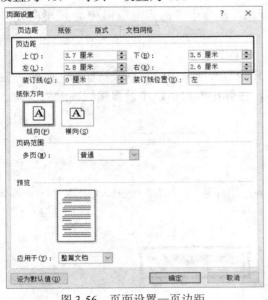

图3-56 页面设置—页边距

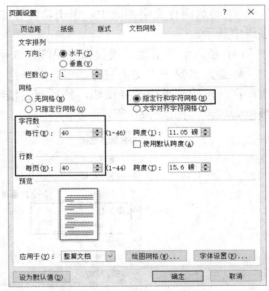

图3-57 页面设置—文档网格

(3) 录入文头文字"未来师范高等专科学校"，并设置字体为小初、黑体、红色、居中，设置字符缩放为90%、字符间距为5磅；录入发文字号"未师高专学字〔××××〕××号"，设置字体为三号、仿宋、黑色、居中。

① 将插入点置于正文第一行，录入文字"未来师范高等专科学校"，选中文字右击，

在弹出的快捷菜单中选择"字体"命令，然后在弹出的对话框中设置字体为初号、黑体、红色，如图 3-58 所示。

② 单击"字体"对话框的"高级"选项卡，设置字符缩放为 90%、字符间距加宽为 5 磅，如图 3-59 所示，单击"确定"按钮完成字体设置。

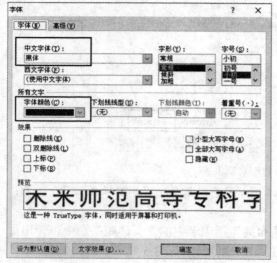 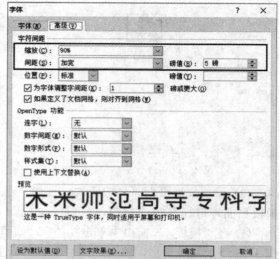

图 3-58 　"字体"对话框 　　　　　　　　　图 3-59 　"高级"选项卡

③ 在正文第二行录入文字"未师高专学字〔××××〕××号"，使用同样的方法设置字体为三号、仿宋、黑色。

④ 将这两行文字都选中，单击功能区"开始"选项卡中的居中按钮 ≡，使得两行文字居中显示。

(4) 插入水平横线，设置横线粗细为 3 磅，颜色为红色。

将插入点置于正文第三行，单击功能区"开始"选项卡中的下框线按钮 ⊞▾ 旁的下三角，在弹出的菜单中选择横线，然后双击横线，在弹出的对话框中设置横线高度为 3 磅、颜色为红色，如图 3-60 所示。

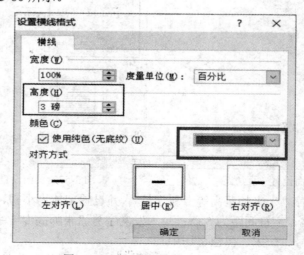

图 3-60 　"设置横线格式"对话框

(5) 在模板页面底端录入"主题词:""未来师范高等专科学校学生处××××年×× 月××日印发",并设置字体为仿宋、字号为四号、加下划线。

① 将插入点置于正文倒数第二行录入"主题词:",在最后一行录入"未来师范高等 专科学校学生处××××年××月××日印发"。

② 选中这两行文字,使用上述方法设置字体为仿宋、字号为四号、加下划线,如图 3-61 所示。

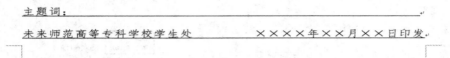

主题词:

未来师范高等专科学校学生处　　　××××年××月××日印发

图 3-61　页面底端文字示例

(6) 保存红头文件模板。

单击"文件"菜单中"另存为"命令,在弹出的对话框中,确认文件存放路径为 "C:\Users\indian\AppData\Roaming\Microsoft\Templates",修改文件名为"学生处红头文件 模板"确认保存类型"Word 模板(*.dotx)"如图 3-62 所示,然后单击"保存"按钮,关闭 Word 2010。

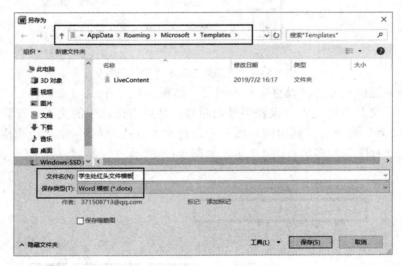

图 3-62　"另存为"对话框

任务 2　制作学生处通知

张老师基于本案例任务 1 的模板,新建一个文档,并录入学校《关于表彰 2018 届优 秀毕业生的决定》的通知(通知内容可直接从案例素材文件"通知内容.txt"中复制)。

(1) 启动 Word 2010,新建一个基于模板的文档。

① 若 Word 2010 已启动,可直接进行第(2)步操作,否则需选择"开始→所有程序" 菜单命令,单击菜单中的"Microsoft Office",在其下级菜单中单击"Microsoft Word 2010", 启动 Word 2010。

② 单击"文件"菜单中的"新建"命令，然后单击"我的模板"，在弹出的对话框中单击"学生处红头文件模板.dotx"，如图 3-63 所示，最后单击"确定"按钮即可。

图 3-63　"新建"对话框

(2) 录入通知内容，参考样张(见图 3-52)，调整文本格式及位置。

① 打开案例素材文件"通知内容.txt"，复制全部内容到当前文档中。

② 选中正文标题，设置字体为黑体、加粗、居中，如图 3-64 所示。

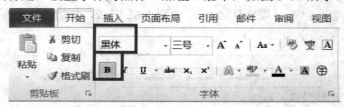

图 3-64　"开始"选项卡"字体"组

③ 选中主送机关文本，设置字号为四号、加粗、左对齐。

④ 选中正文及附件文本，设置字号为四号；然后右击选中的文本，在弹出的快捷菜单中单击"段落"命令，在弹出的对话框中设置对齐方式为左对齐、"特殊格式"为首行缩进 2 字符、"行距"为多倍行距 1.2 倍，如图 3-65 所示。

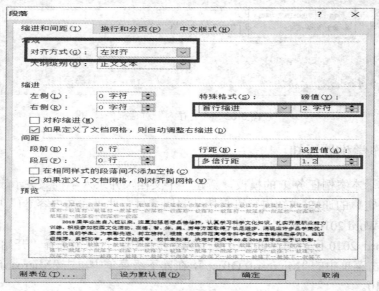

图 3-65　"段落"对话框

⑤ 选中落款文本，设置字号为四号，右对齐。

⑥ 在主题词后面分别输入"表彰""先进""优秀毕业生"。

⑦ 修改发文字号为"院学字〔2018〕11 号"，修改印发日期为"2018 年 6 月 28 日印发"。

⑧ 删除落款后面的部分空行，使得页面底端文本回到原来位置。

(3) 制作公章的电子格式。

① 单击"文件"菜单，新建一个空白文档。

② 单击功能区"插入"选项卡中的"形状"命令，然后选择椭圆形状，如图 3-66 所示，按住 Shift 键，在文档中绘制出一个正圆。

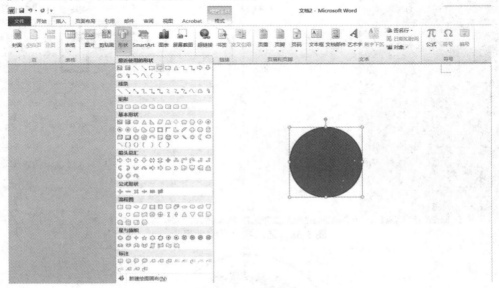

图 3-66 插入形状

③ 单击"绘图工具—格式"选项卡中的"形状填充"，选择无填充颜色，然后单击"形状轮廓"选择红色，并将"粗细"改为 3 磅，如图 3-67 所示，然后右击圆形边框，在弹出的快捷菜单中选择"置于顶层"(提示：此操作的目的是在最后组合的时候便于选中圆形)。

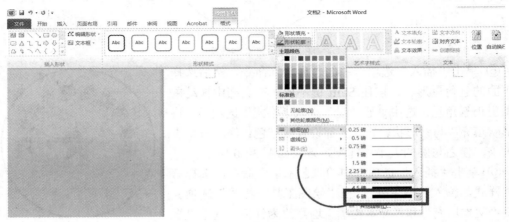

图 3-67 修改形状格式

④ 单击"插入"选项卡中的"艺术字"命令，选择第一种样式，输入"未来师范高等专科学校"；然后在"绘图工具—格式"选项卡中将"文本填充"和"文本轮廓"均修改为红色，最后单击"文本效果"中的"转换"，选择"跟随路径"中的上弯弧，如图 3-68 所示，拖动艺术字编辑框周围的句柄来调整艺术字的整体大小与弧度，达到如图 3-69 所示的效果。

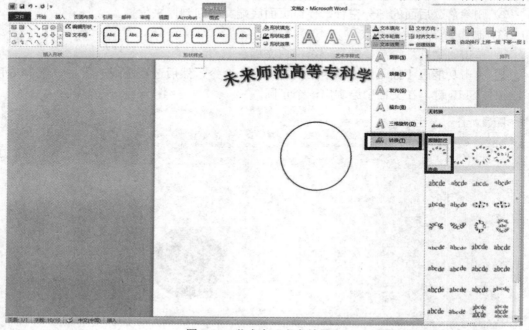

图 3-68　艺术字"文字效果"

图 3-69　艺术字效果

⑤ 单击"插入"选项卡中的"形状"命令，然后选择最下面的五角星形状，按住 Shift 键不放，在文档中拖动鼠标画出正五角星；选中"五角星"进入"格式"选项卡，将"形状填充"与"形状轮廓"全部设置成红色；修改五角星的大小，使之与圆的大小相匹配，效果如图 3-70 所示。

⑥ 单击"插入"选项卡中的"艺术字"命令，选择第一种样式，输入"学生处"；在"绘图工具—格式"选项卡中将"文本填充"和"文本轮廓"均修改为红色；选中"学生处"，右击"学生处"，在弹出的快捷菜单中单击"字体"，

图 3-70　插入"五角星"效果

在弹出的"字体"字体对话框中调整字号为小二，字符间距加宽 5 磅，如图 3-71 所示。

　　⑦ 调整"学生处"到合适的位置，如图 3-72 所示。

图 3-71　"字体"对话框　　　　　　　　　　　　图 3-72　公章电子格式效果图

　　⑧ 单击"开始"选项卡上编辑组中的"选择"，在弹出的下拉菜单中单击"选择窗格"，再在窗口右侧的窗格中配合 Ctrl 键选中所有对象，如图 3-73 所示。然后单击"绘图工具—格式"选项卡中的"组合"，选择"组合"。最后复制公章到通知文档中，并将公章放置在落款处。

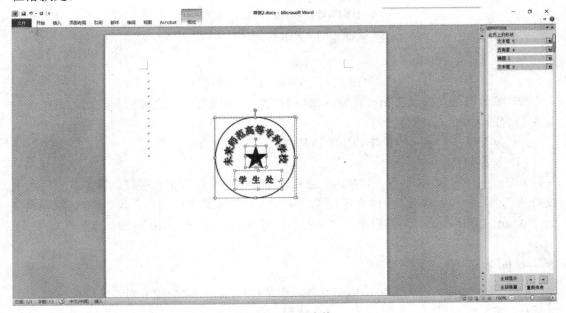

图 3-73　选择窗格

(4) 保存红头文件。

单击"文件"菜单中的"另存为"命令，在弹出的对话框中将保存位置定位到"考生文件夹"，修改文件名为"DONE_5"，确认保存类型为"Word 文档(*.docx)"，然后单击"保存"按钮，关闭 Word 2010。

任务3　制作附件

在本案例任务 2 制作的通知后面附加了一个附件(2018 届优秀毕业生名单)。

(1) 启动 Word 2010，新建一个空白文档。

选择"开始→所有程序"菜单命令，单击菜单中的"Microsoft Office"，在其下级菜单中单击"Microsoft Word 2010"，启动 Word 2010。

(2) 录入文字"附件："、"2018 届优秀毕业生名单"，并设置相应的格式。

将插入点定位到文档的首部，输入"附件："，设置字体为四号、加粗；按 Enter 键另起一行，输入文字"2018 届优秀毕业生名单"，设置字体为四号。

(3) 创建表格。

① 将插入点定位到标题下面一行，单击"插入"选项卡中的"表格"命令，在弹出的菜单中单击"插入表格"命令，弹出"插入表格"对话框，设置列数为 5，行数为 61，如图 3-74 所示，单击"确定"按钮即可。

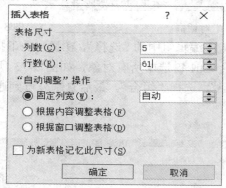

图 3-74　"插入表格"对话框

② 参考样张，在表格第一行输入相应的文字；拖动列与列之间的分隔线，调整各列宽至适合的大小。

③ 参考样张，输入一位毕业生的信息，如图 3-53 所示。

(4) 保存附件。

单击"文件"菜单中的"另存为"命令，在弹出的对话框中将保存位置定位到"考生文件夹"，修改文件名为"2014 年学院初、中级专业技术职务申请汇总表"，确认保存类型为"Word 文档(*.docx)"，然后单击"保存"按钮，关闭 Word 2010。

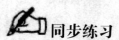
同步练习

调入考生文件夹中的 ED_6.docx 文件，参考样张(见图 3-75)按下列要求进行操作：

(1) 将页面设置为 A4 纸，上、下页边距为 2.6 厘米，左、右页边距为 3 厘米，每页

46 行，每行 40 个字符。

(2) 参考样张，设置通知标题字体为黑体、二号、红色、居中，设置标题段前、段后均为 0.5 行，1.25 倍行距。

(3) 将正文(除第一段外)其余各段首行缩进 2 字符。

(4) 为正文第三段至第六段添加项目符号“●”。

(5) 将正文最后两段(即落款)设置为段前、段后均为 0.5 行，1.25 倍行距，右对齐，并适当调整日期位置，如样张所示。

(6) 制作“江苏省高校计算机教学研究会”公章，并将其摆放在落款处(提示：可在“新建文档”中制作，完成后将其复制到当前文档中适当的位置)。

(7) 参考样张，在第二页录入“附件 1：……”等文字，并绘制如样张所示的表格。

(8) 参考样张，录入“附件 2：……”等文字，然后插入交通图.bmp，适当调整图片大小，使其显示在第二页中。

(9) 将编辑好的文件以文件名：DONE_6，文件类型：RTF 格式(*.RTF)保存到考生文件夹。

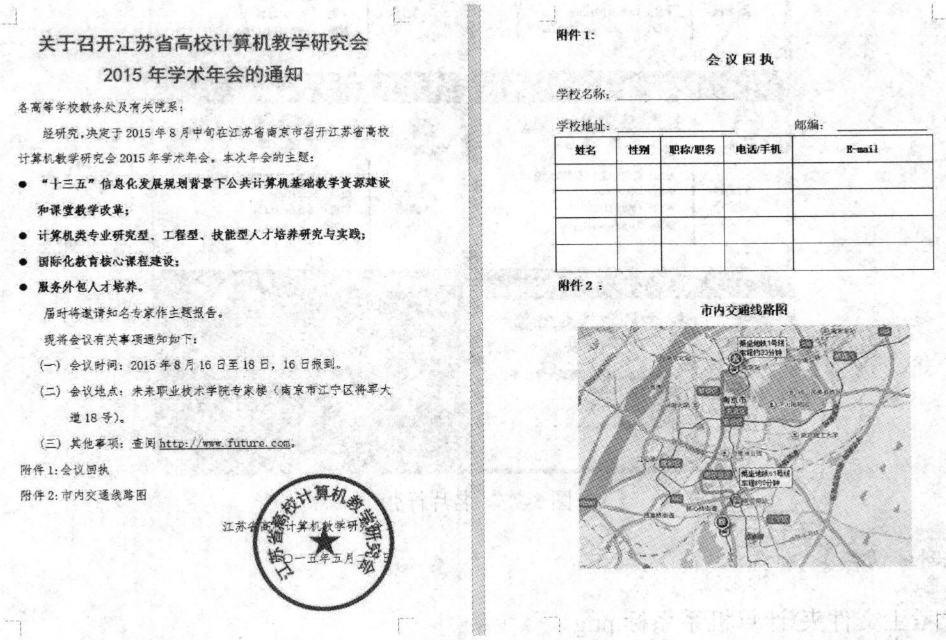

关于召开江苏省高校计算机教学研究会
2015 年学术年会的通知

各高等学校教务处及有关院系：

经研究，决定于 2015 年 8 月中旬在江苏省南京市召开江苏省高校计算机教学研究会 2015 年学术年会。本次年会的主题：

- “十三五”信息化发展规划背景下公共计算机基础教学资源建设和课堂教学改革；
- 计算机类专业研究型、工程型、技能型人才培养研究与实践；
- 国际化教育核心课程建设；
- 服务外包人才培养。

届时将邀请知名专家作主题报告。

现将会议有关事项通知如下：

(一) 会议时间：2015 年 8 月 16 日至 18 日，16 日报到。

(二) 会议地点：未来职业技术学院专家楼（南京市江宁区将军大道 18 号）。

(三) 其他事项：查阅 http://www.future.com。

附件 1：会议回执

附件 2：市内交通线路图

江苏省高校计算机教学研究会

二○一五年五月一日

附件 1：

会议回执

学校名称：________

学校地址：________　　邮编：________

姓名	性别	职称/职务	电话/手机	E-mail

附件 2：

市内交通线路图

图 3-75　样张

案例四　制作商务文档

案例情境

学院人事处需要利用 Word 2010 文字处理软件制作一套表彰年度先进工作者的奖状，并为先进工作者制作名片，如图 3-76 和图 3-77 所示。

图 3-76 奖状样张

图 3-77 名片样张

案例素材

...\考生文件夹\计算机系系标.png

...\考生文件夹\计算机系教师联系方式.xls

任务 1 制作奖状

(1) 打开 Word 2010,新建一个空白文档。

(2) 设置上、下、左、右页边距均为 1.27 厘米,纸张方向为横向。

单击"页面布局"选项卡中的"页面设置"对话框启动器,如图 3-78 所示。在弹出的"页面设置"对话框中设置上、下、左、右页边距均为 1.27 厘米,设置纸张方向为横向,如图 3-79 所示。

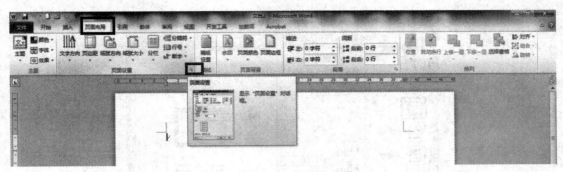

图 3-78　"页面布局"选项卡

图 3-79　"页面设置"对话框

(3) 设置页面颜色为橙色，强调文字颜色为 6，淡色为 80%。

单击"页面布局"选项卡中的"页面颜色"，选择"橙色，强调文字颜色 6，淡色 80%"，如图 3-80 所示。

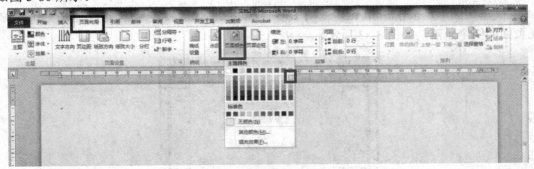

图 3-80　设置页面颜色

(4) 设置页面边框为"▨▨▨▨▨▨▨▨"，边框粗细为 30 磅。

单击"页面布局"选项卡中的"页面边框"，在弹出的对话框中单击"方框"，然后在

"艺术型"下拉框中选择如图 3-81 所示的边框。

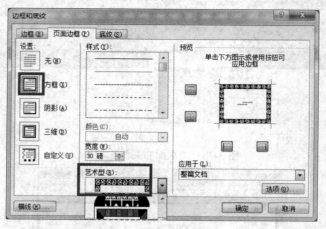

图 3-81　设置页面边框

(5) 选用半闭框形状，制作奖状的四个角。

① 单击"插入"选项卡中的"形状"，选择半闭框形状，如图 3-82 所示。

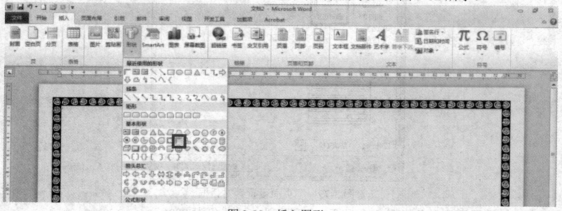

图 3-82　插入图形

② 按住 Shift 键绘制图形，使其大小适中(参考样张)。确定图形大小后，复制三个相同大小的图形。

③ 单击图形，按住 Shift 键，拖动图形上方的绿色句柄旋转图形，并将四个图形摆放在页面的四个角落，如图 3-83 所示。

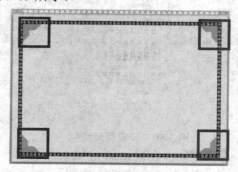

图 3-83　调整图形到合适的位置

(6) 插入艺术字。

① 单击"插入"选项卡中的"艺术字",选择第四行第二列的样式,如图 3-84 所示。

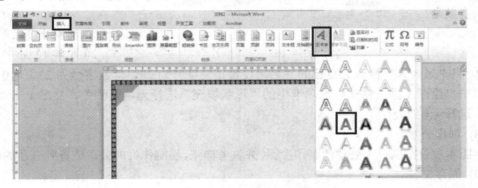

图 3-84　插入艺术字

② 输入文字"奖状",选中文字,右击,修改字体为华文行楷、字号为 100、取消加粗,如图 3-85 所示。

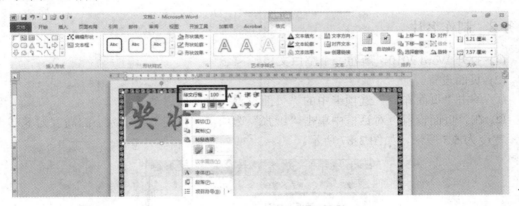

图 3-85　修改艺术字

③ 在两个文字中间插入两个空格,参考样张,将艺术字移动到合适的位置。

(7) 录入奖状内容。

① 单击"插入"选项卡中的"文本框",选择"简单文本框",如图 3-86 所示。

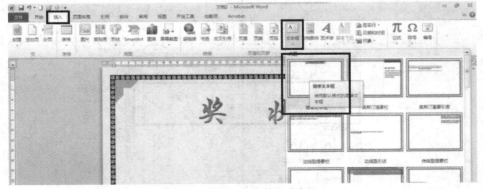

图 3-86　选择"简单文本框"

② 在文本框中输入以下文字:

×××同志：

由于工作认真负责，被学院评为 2015-2016 年度先进工作者，特发此奖，以资鼓励。

正德职业技术学院

2015 年 12 月 31 日

③ 将"×××"修改为自己的姓名，设置正文字号为 28、落款字号为 22，选中文本框，单击"绘图工具—格式"选项卡中的"形状填充"选择无填充颜色，然后单击"形状轮廓"选择无轮廓。

(8) 制作公章。

参照本项目案例三中公章的制作步骤，并参考样张，将制作好的公章放置到合适的位置。

(9) 保存文件。

单击"文件"菜单中的"另存为"命令，在弹出的对话框中将保存位置定位到"考生文件夹"，修改文件名为"奖状"，确认保存类型为"Word 文档(*.docx)"，然后单击"保存"按钮，关闭 Word 2010。

任务 2　　制作名片

(1) 打开 Word 2010，新建一个空白文档。

(2) 页面设置。

① 单击"页面布局"选项卡中的"页面设置"对话框启动器。

② 在"页面设置"对话框中单击"纸张"选项卡，自定义纸张大小的高度为 8.89 厘米、宽度为 5.5 厘米，如图 3-87 所示。

图 3-87　自定义纸张大小

③ 在"页面设置"对话框中单击"页边距"选项卡，设置页边距大小，如图 3-88 所示。

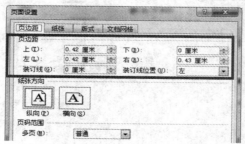

图 3-88　设置页边距大小

(3) 插入图形。

① 单击"插入"选项卡中的"形状"，选择矩形，如图 3-89 所示。

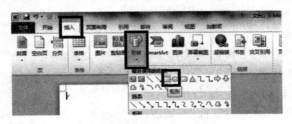

图 3-89　插入矩形

② 在文档空白处绘制矩形。

③ 右击矩形，在弹出的菜单中单击"设置形状格式"，设置填充颜色为蓝色，如图 3-90 所示；设置线条颜色为"无线条"，如图 3-91 所示。

图 3-90　设置填充颜色

图 3-91　设置线条颜色

④ 右击矩形，在弹出的菜单中单击"其他布局选项"，在"大小"选项卡中设置高度为 0.55 厘米、宽度为 2.54 厘米，如图 3-92 所示；单击"位置"选项卡，设置水平绝对位置为 -0.42 厘米、垂直绝对位置为 -0.42 厘米，如图 3-93 所示。

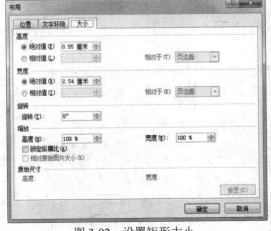

图 3-92　设置矩形大小

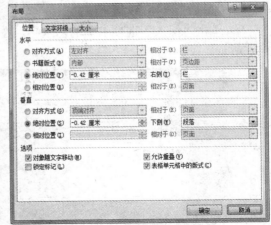

图 3-93　设置矩形位置

⑤ 使用相同的方法再绘制一个矩形，右击矩形，在弹出的菜单中单击"设置形状格

式"并设置填充为"白色背景 1，25%"，线
条为无线条。右击矩形，在弹出的菜单中单
击"其他布局选项"，在"大小"选项卡中设
置高度为 0.55 厘米、宽度为 6.36 厘米；在"位
置"选项卡中，设置水平绝对位置为 2.13 厘
米、垂直绝对位置 −0.42 厘米。

　　⑥ 将两个矩形同时选中，右击其中一
个，在弹出的快捷菜单中单击"组合"，如图
3-94 所示。

（4）插入图片。

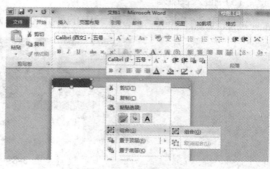

图 3-94　组合图形

　　① 单击"插入"选项卡的"图片"，插入素材文件夹的"计算机系图标.png"文件。
　　② 右击图片，在弹出的快捷菜单中单击"大小和位置"，在"大小"选项卡中取消"锁
定纵横比"，并设置高度和宽度均为 1.27 厘米，如图 3-95 所示。

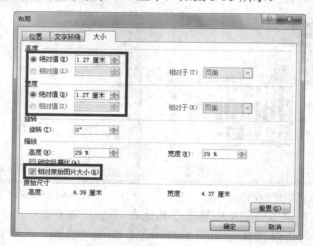

图 3-95　设置图片大小

（5）插入艺术字。

　　① 单击"插入"选项卡中的艺术字，在弹出的列表中单击第 3 行第 3 列样式，如图
3-96 所示。

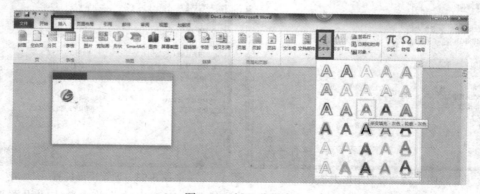

图 3-96　插入艺术字

② 输入"计算机系",设置文本为四号字,并将"文本填充"及"文本轮廓"修改为黑色,如图 3-97 所示。

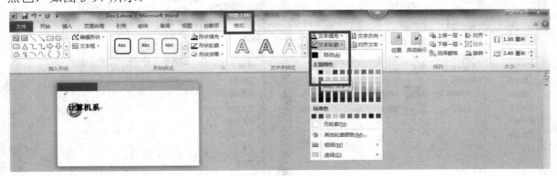

图 3-97　设置艺术字颜色

③ 设置艺术字效果为下弯弧,参考样张,拖动艺术字到适当的位置,如图 3-98 所示。

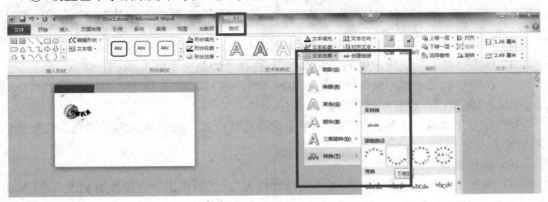

图 3-98　设置艺术字效果

(6) 插入文本 0 框。

① 单击"插入"选项卡中的"文本框",选择"绘制文本框"。

② 输入"未来职业技术学院",设置字体为楷体、四号、双下划线、字符间距加宽 2 磅。

③ 右击文本框,在弹出的快捷菜单中单击"设置形状格式",设置填充为无填充、线条颜色为无线条。

④ 参考样张,在适当的位置绘制文本框,并输入"正德·厚生",设置字体为宋体、五号、字符间距加宽 3 磅。

⑤ 右击文本框,在弹出的快捷菜单中设置形状格式,设置填充为无填充、线条颜色为无线条。

(7) 参考样张,在适当的位置绘制竖线。

① 单击"插入"选项卡中的形状,选择直线,参考样张,在适当的位置绘制竖线。

② 右击竖线,在弹出的快捷菜单中单击"设置形状格式",在弹出的对话框中单击"线型",设置竖线宽度为 1.5 磅,如图 3-99 所示;然后单击"线条颜色",将线条设置为黑色,如图 3-100 所示。

图 3-99　设置矩形大小　　　　　　　　　　　图 3-100　设置矩形位置

（8）参考样张，在适当的位置绘制文本框，并输入内容。

① 单击"插入"选项卡中的"文本框"，选择"绘制文本框"。

② 在绘制的文本框中输入"地址：南京市江宁区将军大道 18 号""电话：52111888""手机：""邮箱："，设置字体为宋体、小五。

③ 右击文本框，在弹出的快捷菜单中设置形状格式，设置填充为无填充、线条颜色为无线条。

（9）邮件合并。

① 单击"邮件"选项卡，单击"选择收件人"，然后单击"使用现有列表"，在弹出的对话框中选择"素材"文件夹中的"计算机系教师联系方式.xls"文件，在弹出的对话框中选择"Sheet1"，单击"确定"按钮，如图 3-101 所示。

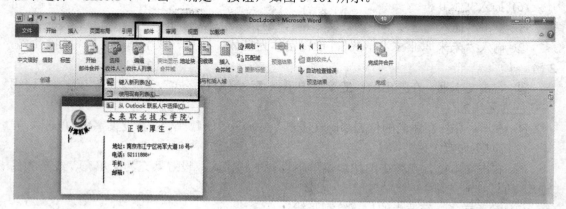

图 3-101　选择收件人

② 参考样张，在竖线左边适当的位置绘制文本框，然后单击"邮件"选项卡中的"插入合并域"，依次插入"姓名""职称"，居中显示，如图 3-102 所示。

③ 右击文本框，在弹出的快捷菜单中设置形状格式，设置填充为无填充、线条颜色为无线条。

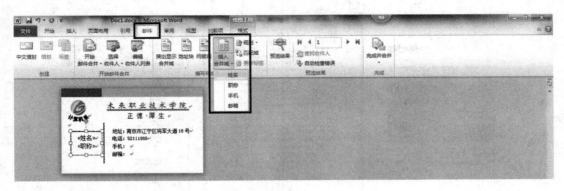

图 3-102 插入合并域

④ 将插入点定位至"手机："后面，然后单击"插入合并域"中的"手机"；将插入点定位至"邮箱："后面，然后单击"插入合并域"中的"邮箱"。

⑤ 单击"完成并合并"中的"编辑单个文档"，在弹出的对话框中单击"确定"按钮，如图 3-103 所示。

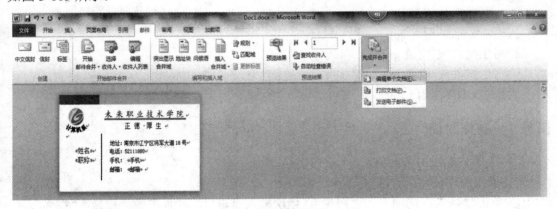

图 3-103 完成邮件合并

(10) 保存文件。

单击"文件"菜单中的"另存为"命令，在弹出的对话框中将保存位置定位到"考生文件夹"，修改文件名为"名片"，确认保存类型为"Word 文档(*.docx)"，然后单击"保存"按钮，关闭 Word 2010。

案例五 制作求职简历

案例情境

学生就业时，需要将自己与所申请职位紧密相关的个人信息经过分析整理并清晰简要地表述出来。求职者简历可以真实准确地向招聘者明示自己的经历、经验、技能、成果等内容。求职简历是招聘者在阅读求职者求职申请后对其产生兴趣进而进一步决定是否给予面试机会的极重要的依据性材料，如图 3-104 所示。

图 3-104　简历样张

案例素材

...\考生文件夹\求职信.docx
...\考生文件夹\照片.jpg
...\考生文件夹\校徽.jpg
...\考生文件夹\校名.jpg
...\考生文件夹\校门.jpg

任务 1　制作封面

(1) 打开 Word 2010，新建一个空白文档。

(2) 插入图片。

① 单击"插入"选项卡的"图片"，依次插入"素材"文件夹的"校徽""校名"。

② 右击"校徽"图片，在弹出的快捷菜单中单击"大小和位置"，设置宽度和高度缩放为 160%，用同样的方法设置"校名"图片的宽度和高度缩放为 140%。

③ 选中"校名"图片，单击"图片工具—格式"选项卡中的"位置"，选择顶端居右，如图 3-105 所示。

图 3-105　图片位置

(3) 插入艺术字。

① 参考样张，插入艺术字，使用第四行第二列样式，输入文字"Zhengde Polytechnic College"，设置字号为一号，放置于"校名"图片下方，如图 3-106 所示。

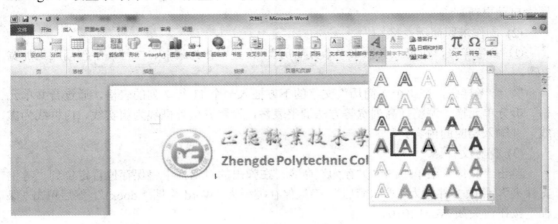

图 3-106　插入艺术字

② 参考样张，插入艺术字，使用第三行第四列样式，输入文字"求职简历"，设置字体为隶书、字号为 80、取消加粗，如图 3-107 所示。

图 3-107　插入艺术字

(4) 插入图片。

参考样张，插入图片"校门"。

(5) 输入文字。

参考样张，在"校门"图片下方输入文字"姓名：王高山""专业：电子工程信息技术""联系电话：025-52111871""E-mail：wgs@zdxy.cn"，后两行文本右对齐显示。

任务 2　制作简历内容

(1) 设置文本格式。

　　参考样张，将"求职简历(素材)"中的文字复制到文档的第二页，设置文本字体为楷体、四号，首行缩进两个字符，行距为 28 磅；设置标题文本"自荐书"的字体为三号、加粗、居中显示；正文第一行顶格显示，正文最后一行右对齐，在正文最后插入日期，设置为自动更新。

　　(2) 制作求职简历表格。

　　① 参考样张，在第三页输入"个人简历"，设置字体为隶书、二号，字符间距为加宽 3 磅。

　　② 参考样张，在"个人简历"文字的下方插入一个 11 行 7 列的表格，通过合并单元格、拆分单元格、调整行高列宽等方法调整表格，设置表格外框线为粗实线、内框线为虚线，并输入相应的内容。

　　(3) 保存文件。

　　单击"文件"菜单中的"另存为"命令，在弹出的对话框中将保存位置定位到"考生文件夹"，修改文件名为"求职简历"，确认保存类型为"Word 文档(*.docx)"，然后单击"保存"按钮，关闭 Word 2010。

案例六　　制作艺术小报

案例情境

　　某学生刚刚担任某学院的宣传部长，上任后的第一项工作就是要制作一期文摘周报，共四版，版面要求用 A4 纸张，如图 3-108 所示。

图 3-108　文摘周报样张

案例素材

　　…\考生文件夹\小报文本.docx
　　…\考生文件夹\tp1.jpg
　　…\考生文件夹\tp2.jpg

任务 制作艺术小报

(1) 打开 Word 2010，新建一个空白文档。

(2) 页面设置。

单击"页面布局"选项卡右下角的对话框启动器，在弹出的对话框中设置上、下页边距为 2.5 厘米，左、右页边距为 2 厘米。

(3) 插入分节符。

单击"页面布局"选项卡的"分隔符"，然后单击"下一页"，再次重复执行以上操作两次，一共产生 4 个页面，如图 3-109 所示。

图 3-109 插入分节符

(4) 插入艺术字。

① 参考样张，将插入点定位至第一页，单击"插入"选项卡中的"艺术字"，使用第三行第四列样式。

② 参考样张，输入"文摘"，选中文字，右击，在弹出的快捷菜单中单击"文字方向"，选择"竖排文字"，如图 3-110 所示。

图 3-110 设置文字方向

③ 参考样张，选中"文摘"，单击"绘图工具—格式"，单击"形状效果"中的"阴影"，选择左上斜偏移，如图 3-111 所示。

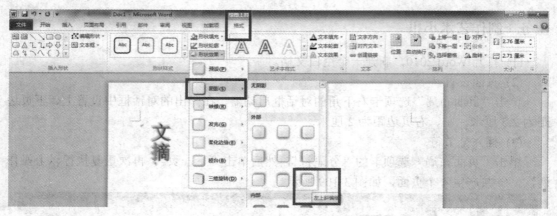

图 3-111 选择形状效果

④ 参考样张，选中"文摘"，单击"绘图工具—格式"，单击"形状效果"中的"阴影"，选择最下方的"阴影选项"，在弹出的对话框中设置"距离"为 10 磅，如图 3-112 所示。

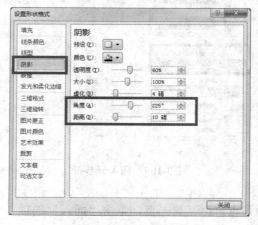

图 3-112 设置形状格式

⑤ 参考样张，单击"插入"选项卡中的"艺术字"，使用第四行第二列样式。

⑥ 参考样张，输入文字"周报"，将文字方向设置为竖排文本，修改字体为华文新魏、字号为初号。

⑦ 参考样张，单击"插入"选项卡中的"艺术字"，使用第四行第三列样式。

⑧ 参考样张，输入文字"Information Weekly"，分两行排列，第一行文本左对齐，第二行文本右对齐，修改文本字体为方正舒体、字号为二号，设置行间距为固定值 28 磅，修改文本轮廓为黑色。

(5) 插入文本框。

参考样张，在"文摘周报"的右侧插入一个文本框，打开"小报艺术排版(素材).docx"文件，复制相应的文字到文本框中，选中文本框，设置形状轮廓为无轮廓。

(6) 参考样张，在文本框的下方插入艺术线条。

① 单击"开始→所有程序→Microsoft Office→Microsoft Office 2010 工具→Microsoft 剪辑管理器"，在弹出的窗口中双击"Office 收藏集→装饰元素→分割线"，找到相应的线

条，单击其旁边的箭头，将其复制到文档中，如图 3-113 所示。

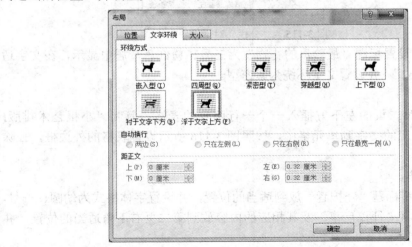

图 3-113 Microsoft 剪辑管理器

② 选中已复制的线条，将其复制到文档中，单击"图片工具—格式"选项卡中的"位置"，选择"其他布局选项"，在弹出的对话框中，设置文字环绕为浮于文字上方，拖动线条到适当的位置，并调整大小，如图 3-114 所示。

图 3-114 "布局"对话框

(7) 插入文本框。

在线条的下方插入文本框，参考样张，复制"小报艺术排版(素材).docx"文件中的相应的文字到文本框中，将其中的第一行文字加粗、居中对齐，设置形状轮廓为无轮廓。

(8) 在文档中插入艺术线条。

打开"Microsoft 剪辑管理器",复制样张中对应的线条至文档中,设置其文字环绕为浮于文字上方,拖动线条到适当的位置。

(9) 插入文本框。

① 参考样张,在线条的下方插入三个文本框,复制"小报艺术排版(素材).docx"文件中的相应的文字到文本框中。

② 参考样张,设置文字格式(可自定义)及文本框边框线条(可自定义)。

③ 在左边上下的两个文本框中间插入艺术线条。

(10) 分栏。

① 将插入点定位至第二页,复制"小报艺术排版(素材).docx"文件中的"最珍贵的礼物"相应的文字到第二页。

② 在最后一段的后面按回车键,然后选中第二页的文字部分,单击"页面布局"选项卡中"分栏",单击"更多分栏",在弹出的对话框中单击"两栏",并勾选"分隔线",如图 3-115 所示。

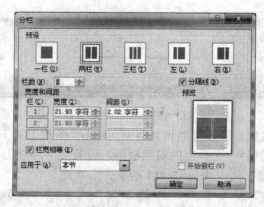

图 3-115 "分栏"对话框

③ 参考样张,设置标题"最珍贵的礼物"为三号、粉红色,居中显示,在文字适当的位置插入图片"tp2",并设置文字环绕为紧密型。

(11) 插入表格。

参考样张,在第二页的左下方插入一个一行两列的表格,复制"小报艺术排版(素材).docx"文件中相应的文字到单元格中,按照图 3-116 所示设置表格的外边框,去除内框线。

(12) 插入文本框。

① 使用文本框将标题"守护者"放到适当的位置,并设置字体格式为幼圆、一号。

② 使用文本框将"征稿启事"及其相应的内容放到第二页右下角适当的位置,并设置文字方向为竖排文本。

③ 参考样张,使用文本框将相应的内容放到第三页适当的位置,其中"逆风而行"部分的文字直接复制即可,不需要使用文本框。

④ 参考样张,使用文本框将相应的内容放到第四页适当的位置,其中"热爱生命"部分的文字直接复制即可,不需要使用文本框。

图 3-116 "边框和底纹"对话框

(13) 插入页眉和页脚。

单击"插入"选项卡中的"页眉",选择编辑页眉,参考样张分别编辑每页的页眉。需要注意的是从第二页开始,先取消链接到前一页页眉,如图 3-117 所示。

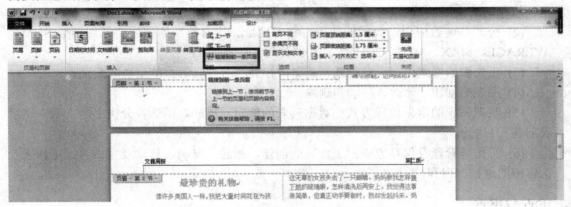

图 3-117 编辑页眉和页脚

(14) 保存文件。

单击"文件"菜单中的"另存为"命令,在弹出的对话框中将保存位置定位到"考生文件夹",修改文件名为"艺术小报",确认保存类型"Word 文档(*.docx)",然后单击"保存"按钮,关闭 Word 2010。

项目四　电子表格

学习目标

Excel 2010 是目前最强大的电子表格制作软件之一，它不仅具有强大的数据管理、计算、分析与统计功能，还可以通过图表、图形等多种形式对处理结果进行形象化展示，能够方便地与 Office 2010 其他组件进行数据交换，实现资源共享。

本项目知识点

(1) 电子表格的编辑：数据输入、编辑、查找、替换；单元格删除、清除、复制、移动；填充柄的使用。

(2) 公式、函数应用：公式的使用；相对地址、绝对地址的使用；常用函数(SUM、AVERAGE、MAX、MIN、COUNT、IF)的使用。

(3) 工作表的格式化：设置行高、列宽；行列隐藏与取消；单元格格式设置。

(4) 图表的创建、修改、移动和删除。

(5) 数据列表的常见处理方式：数据列表的编辑、排序、筛选及分类汇总；数据透视表的建立与编辑。

(6) 工作簿管理及保存方式：工作表的创建、删除、复制、移动及重命名；工作表及工作簿的保护、保存。

重点与难点

(1) 公式与函数的使用。

(2) 跨工作表或跨工作簿计算。

(3) 自定义序列，并按照自定义序列对数据进行排序。

(4) 对数据进行高级筛选。

(5) 数据的分类汇总和数据透视表。

(6) 图表的创建及修改。

案例一　制作学生成绩考核表

案例情境

辅导员程旭东需要利用 Excel 2010 电子表格软件制作一份学生成绩考核表，要求对班级学生成绩进行考核。首先在新的工作表中进行数据录入，并对录入的数据进行格式设置；

然后对当前工作表进行页面设置；最后将工作表打印输出或保存至指定的文件目录下。

案例素材

...\考生文件夹\学生成绩考核表.txt

任务1 导入数据并保存工作簿

辅导员程旭东按照学院要求，利用 Excel 2010 电子表格导入"学生成绩考核表"数据清单，并对 Excel 工作簿进行保存。

(1) 将"学生成绩考核表.txt"转换至新的 Excel 工作簿，数据自 Sheet1 工作表中的 A3 单元格开始存放。

① 单击"开始"选项卡中的"所有程序"，打开菜单中的"Microsoft Office"，在其下级菜单中单击"Microsoft Excel 2010"，启动 Excel 2010，如图 4-1 所示。

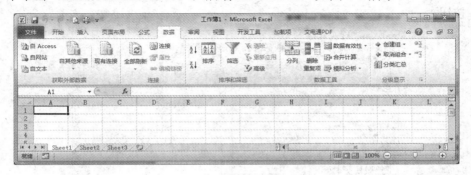

图 4-1　打开空白工作簿

② 单击"数据"选项卡，在功能区单击"自文本"选项，弹出如图 4-2 所示的对话框，在对话框中选择相应文件夹中的文本"学生成绩考核表.txt"，单击"导入"按钮。

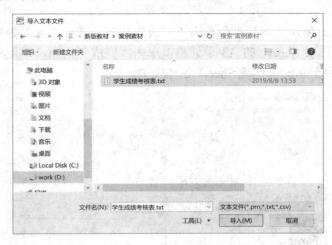

图 4-2　"导入文本文件"对话框

③ 在弹出的对话框(如图 4-3 所示)中，观察预览文件数据区，根据数据之间的特征选择"分隔符号"选项，单击"下一步"按钮。

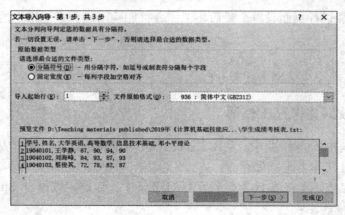

图 4-3　文本导入向导第 1 步对话框

④ 根据对话框中的"数据预览"(如图 4-4 所示),选择"分隔符号"为逗号,单击"下一步"按钮。

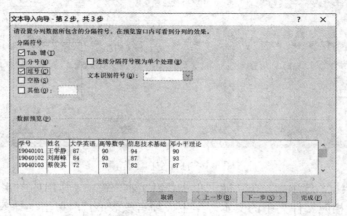

图 4-4　文本导入向导第 2 步对话框

⑤ 在如图 4-5 所示的对话框中单击"完成"按钮,弹出"导入数据"对话框,如图 4-6 所示,选择工作表 Sheet1 的 A3 单元格,单击"完成"按钮,即可将"学生成绩考核表.txt"的数据转换至新的工作簿 Sheet1 工作表中,如图 4-7 所示。

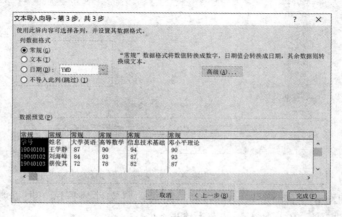

图 4-5　文本导入向导第 3 步对话框

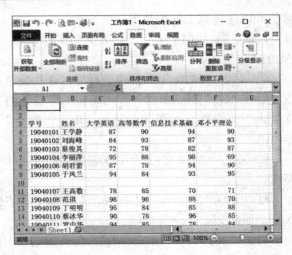

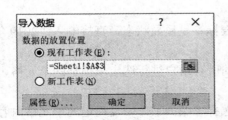

图 4-6 "导入数据"对话框 图 4-7 数据导入窗口

(2) 将 Sheet1 工作表命名为"2018 年",工作簿名称为"4.1 学生成绩考核表",保存类型为"Excel 工作簿(*.xlsx)",保存在学号文件夹中。

① 重命名工作表的方法：

方法一，双击 Sheet1 工作表，使工作表名称呈反显状态，输入工作表名称为"2018 年"。

方法二，右击 Sheet1 工作表，在快捷菜单中选择"重命名"选项，使工作表名称呈反显状态，输入工作表名称为"2018 年"。

② 单击"文件"菜单，选择"另存为"命令，在"另存为"对话框中选择保存位置为自己的学号文件夹，保存文件名为"4.1 学生成绩考核表.xlsx"，保存类型为"Excel 工作簿(*.xlsx)"，如图 4-8 所示。

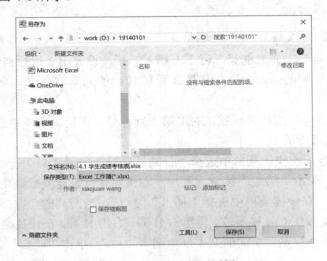

图 4-8 "另存为"对话框

任务2 设置工作表

辅导员程旭东按照要求导入"学生成绩考核表"数据清单，需要对工作表进行复制和保护，以便提高工作表数据的安全性。

(1) 复制"2018 年"工作表到新工作表中，新工作表位于 Sheet2 之前，且重命名为"2019 年"。

① 右击"2018 年"工作表标签，在快捷菜单中选择"移动或复制"选项，在"移动或复制工作表"对话框的"下列选定工作表之前"选项中选择"移至最后"，同时选中"建立副本"复选框，如图 4-9 所示，单击"确定"按钮，完成 2018 年工作表的复制"2018 年(2)"。

② 双击"2018 年(2)"工作表标签，使工作表标签呈反显状态，直接输入"2019 年"即可。

(2) 保护"2019 年"工作表，允许此工作表的所有用户进行选定未锁定的单元格、插入行、删除列、排序等功能。

右击"2019 年"工作表标签，在快捷菜单中选择"保护工作表及锁定的单元格内容"，如图 4-10 所示。在"保护工作表"对话框的"允许此工作表的所有用户进行"下的复选框中选中"选定未锁定的单元格""插入行""删除列""排序"等功能，单击"确定"按钮。

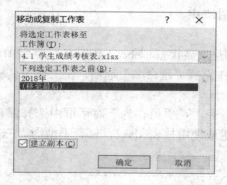

图 4-9   "移动或复制工作表"对话框   图 4-10   "保护工作表"对话框

(3) 在"2018 年"工作表的第 2 行下方插入一行，设置第 2 行行高为 27.5，第 4 行的行高为 25，在"A"列前插入一列，设置 B 列和 H 列的列宽均为 12，删除第 10 行下方的空行。

① 单击"2018 年"工作表标签，右击第 3 行行号，在快捷菜单中选择"插入"命令，默认插入新行在选择行的上方。

② 右击第 2 行，在快捷菜单中选择"行高"选项，如图 4-11 所示，在"行高"文本框中输入"27.5"，单击"确定"按钮，同理，右击第 4 行设置其行高为 25 即可。

③ 右击 A 列，在快捷菜单中选择"插入"，默认在当前列的前方插入新列。

④ 单击 B 列，按住 Ctrl 键不放，再单击 H 列，右击 H 列，在快捷菜单中选择"列宽"，如图 4-12 所示，在"列宽"后面的文本框中输入"12"，单击"确定"按钮。

图 4-11   "行高"对话框   图 4-12   "列宽"对话框

⑤ 右击第 11 行行号，在快捷菜单中选择"删除"命令即可。

(4) 将第 9 行和第 10 行的数据进行交换，隐藏第 3 行。

① 右击第 10 行行号，在快捷菜单中选择"剪切"命令，再右击第 9 行行号，在快捷菜单中选择"插入剪切的单元格"即可完成行的交换。

② 右击第 3 行，在快捷菜单中选择"隐藏"命令即可。

(5) 在 A4 单元格位置上输入"序号"，参考样张，利用填充柄在单元格区域 A5:A27 中输入序号。

① 单击 A4 单元格，在单元格中输入"序号"。

② 单击 A5 单元格，在 A5 单元格中输入"1"，再单击 A6 单元格，并输入"2"，选择 A5 和 A6 单元格，将光标移至选中单元格区域的右下角，当鼠标由空心十字形✛变成实心十字形✚时，如图 4-13 所示，按住鼠标左键向下拖动至 A27 即可完成序列的填充。

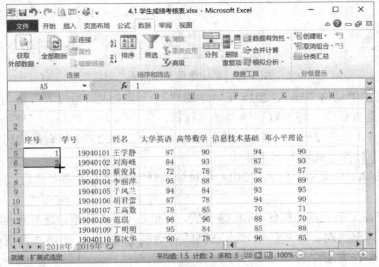

图 4-13　序列的填充

(6) 将单元格区域 B5:B27 的学号前添加符号"ZD"（如"ZD19040101"）。

① 单击 B5 单元格，按住 Shift 键不放，再单击 B27 单元格，选择连续区域 B5:B27。

② 单击"开始"选项卡数字选项组右侧的对话框启动器 ▣，如图 4-14 所示，弹出"设置单元格格式"对话框，如图 4-15 所示。

图 4-14　"开始"选项卡"数字"选项组

③ 在"设置单元格格式"对话框的"分类"选项中选择"自定义"，在"类型"下方的文本框中输入"ZD"#（注意，ZD 两侧的双引号需在英文状态下输入），单击"确定"按钮，如图 4-15 所示。

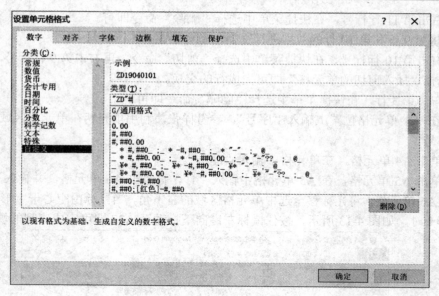

图 4-15 "设置单元格格式"对话框

(7) 在 A1 单元格中输入"2018 年**学院**专业学生成绩考核表",将单元格区域 A1:G2 合并及水平垂直居中,并设置字体为华文行楷,字号为 20,加粗,字体颜色为"蓝色、强调文字颜色 1、深色 25%",将单元格区域 A4:G4、B4:B27 水平垂直均居中,将单元格区域 A5:A27 的对齐方式设为水平居中。

① 单击 A1 单元格,输入"2018 年**学院**专业学生成绩考核表",按 Enter 键完成输入。

② 单击 A1 单元格,按住 Shift 键不放,再单击 G2 单元格,选择连续区域 A1:G2。单击"开始"菜单"对齐方式"选项卡右侧的对话框启动器,弹出"设置单元格格式"对话框,如图 4-16 所示。

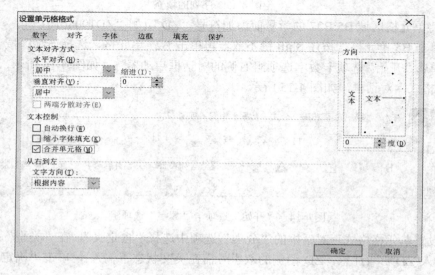

图 4-16 "设置单元格格式"对话框—"对齐"选项卡

③ 在"对齐"选项卡中设置水平对齐为"居中"，垂直对齐为"居中"，勾选"文本控制"下方的"合并单元格"复选框，单击"确定"按钮。

④ 选中合并的单元格 A1，单击"开始"选项卡"字体"选项组右侧的对话框启动器 ，弹出"设置单元格格式"对话框，如图 4-17 所示。在"字体"选项卡中单击"字体"下方滚动列表右侧的向下箭头，选择"华文行楷"字体，字形为加粗，字号为 20，颜色为"蓝色、强调文字颜色 1、深色 25%"，单击"确定"按钮完成字体格式的设置。

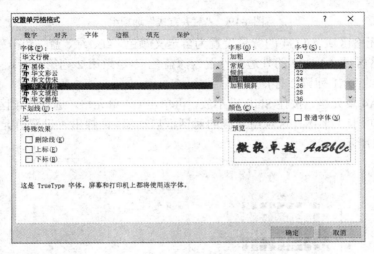

图 4-17　"设置单元格格式"对话框—"字体"选项卡

⑤ 单击 A4 单元格，按住左键拖动至 G4 单元格，按住 Ctrl 键不放，再按住鼠标左键从 B5 拖动至 B27 单元格，选择了两个不连续区域，再单击"开始"选项卡"对齐方式"选项组右侧的对话框启动器 ，弹出"设置单元格格式"对话框，在"对齐"选项卡的水平对齐方式中选择"居中"，垂直对齐方式也设置为"居中"，如图 4-18 所示，单击"确定"按钮。

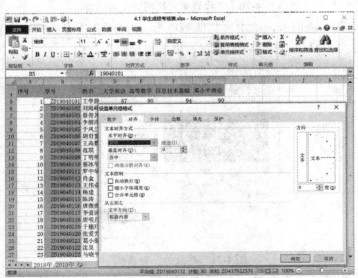

图 4-18　"设置单元格格式"对话框—"对齐"选项卡

⑥ 单击 A5 单元格，按住 Shift 键不放，再单击 A27 单元格，选择连续压域 A5:A27。单击"开始"菜单"对齐方式"选项组中的水平对齐方式为水平居中即可，如图 4-19 所示。

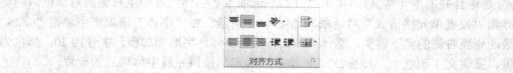

图 4-19　"对齐方式"选项组

(8) 将单元格区域 A4:G4 的背景设置为自定义颜色，红、绿、蓝三色分别为 220、230、241，将单元格区域 A4:G27 的外边框设置为深蓝色双实线(第 2 列第 7 行)，内边框设置为蓝色点画线实线(第 1 列第 2 行)。

① 单击 A4 单元格，按住 Shift 键不放，再单击 G4 单元格，选择连续区域 A4:G4。单击"开始"选项卡"字体"选项组右侧的对话框启动器，弹出"设置单元格格式"对话框，如图 4-20 所示。

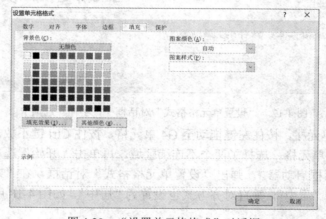

图 4-20　"设置单元格格式"对话框

② 选择"填充"选项卡，单击"其他颜色"，在"颜色"对话框中设置红、绿、蓝三色分别为 220、230、241，如图 4-21 所示，单击"确定"按钮。

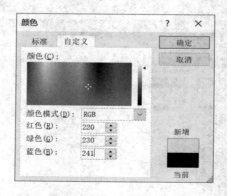

图 4-21　"颜色"对话框

③ 单击 A4 单元格，按住 Shift 键不放，再单击 G27 单元格，选择连续区域 A4:G27。

单击"开始"选项卡"字体"选项组右侧的对话框启动器 ，弹出"设置单元格格式"对话框。

④ 选择"边框"选项卡，首先设置外边框线条样式为第 2 列第 7 行，选择颜色为深蓝色，再单击"预置"列表下的"外边框"选项，然后设置内边框线条样式为第 1 列第 2 行，选择颜色为蓝色，再单击"预置"列表下的"内部"选项，单击"确定"按钮，如图 4-22 所示。

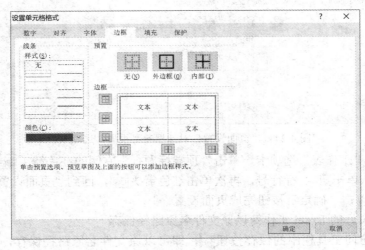

图 4-22 "设置单元格格式"对话框—"边框"选项卡

(9) 设置 2018 年工作表的左右边距均为 2.5 cm，上边距为 2.5 cm，下边距为 2 cm，页眉和页脚均为 1.5 cm，页面水平居中对齐，在页面中部添加页眉为"**学院"，设置重复打印第 4 行标题。

① 单击 2018 年工作表标签，单击"页面布局"选项卡"页面设置"选项组右下角的对话框启动器 ，按照要求设置上、左、右边距为 2.5 厘米，下边距为 2 厘米，页眉和页脚均为 1.5 厘米，单击"居中方式"选项中的"水平"复选框，如图 4-23 所示。

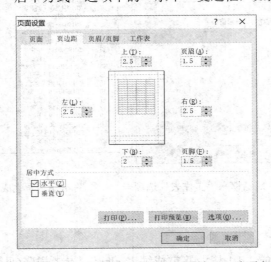

图 4-23 "页面设置"对话框—"页边距"选项卡

② 切换至"页眉/页脚"选项卡，单击"自定义页眉"按钮，弹出"页眉"对话框，如图 4-24 所示，在页眉中部输入"**学院"。

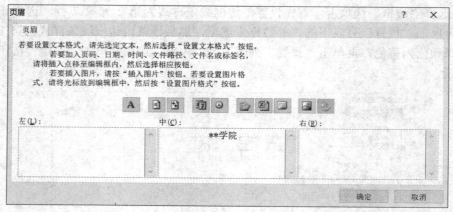

图 4-24 "页面设置"对话框—"页眉"选项卡

③ 切换至"工作表"选项卡，单击"顶端标题行"右侧的红色箭头，缩小"页面设置"对话框，单击第 4 行行号，再次单击红色箭头，回到"页面设置"对话框，如图 4-25 所示，单击"确定"按钮完成页面设置。

(10) 将编辑好的 Excel 工作簿以原文件名原路径保存。

单击快速访问工具栏中的保存按钮，即可以原文件名原路径保存，样张如图 4-26 所示。

图 4-25 "页面设置"对话框—"工作表"选项卡

**学院

2018年**学院**专业学生成绩考核表

序号	学号	姓名	大学英语	高等数学	信息技术基础	邓小平理论
1	ZD19040101	王学静	87	90	94	90
2	ZD19040102	刘海峰	84	93	87	93
3	ZD19040103	蔡俊其	72	78	82	87
4	ZD19040104	李丽洋	95	88	98	69
5	ZD19040105	于凤兰	94	84	93	95
6	ZD19040106	胡君蕾	87	78	94	90
7	ZD19040107	王高数	78	85	70	71
8	ZD19040108	范琪	98	96	88	70
9	ZD19040109	丁明明	95	84	85	88
10	ZD19040110	蔡冰华	90	78	96	85
11	ZD19040111	罗中华	94	85	78	84
12	ZD19040112	肖金	76	71	76	72
13	ZD19040113	王伟业	71	70	71	90
14	ZD19040114	杨建	72	78	82	87
15	ZD19040115	陈涛	69	76	72	84
16	ZD19040116	唐薇薇	78	71	69	82
17	ZD19040117	李爱国	98	70	78	72
18	ZD19040118	唐明月	82	71	76	94
19	ZD19040119	于穗玲	92	77	71	78
20	ZD19040120	张爱芳	98	96	88	70
21	ZD19040121	葛小丽	95	84	85	88
22	ZD19040122	沈昊	93	72	94	84
23	ZD19040123	马晓平	94	85	78	84

图 4-26 学生成绩考核表样张

 同步练习

调入考生文件夹中的"4.1 毕业答辩成绩表.xlsx"，参考样张(见图 4-27 和图 4-28)按照

下列要求操作：

(1) 在 Sheet1 工作表的 A 列之前插入一列，单击 A3 单元格，输入“序号”并按回车键，利用填充柄在 A4～A33 单元格区域中自动输入序号。

(2) 在 D11:H11 单元格区域增加一条记录，内容为“张朝虎，56，78，45，89”。

(3) 将单元格区域 B4:B33 中的“水电”改为“SD”。

(4) 在第二行上面插入一行，设置行高为 9，隐藏第二行，将单元格区域 A1:I3 合并且居中，设置字体为黑体、加粗，字号为 18，字体颜色为绿色，将单元格区域 A3:I3 设置为黄色底纹。

(5) 在 I4 单元格中输入“总评成绩”，设置第四行的行高为 22，将单元格区域 A4:I4 的对齐方式设置为水平、垂直均居中，设置浅绿色底纹；将单元格区域 A5:I34 的对齐方式设置为水平居中，设置自定义颜色为“201、236、255”。

(6) 设置单元格区域 A4:H34 的外边框为粗实线，内边框为细实线。

(7) 重命名 Sheet1 工作表的名称为“答辩成绩表”，重命名 Sheet2 工作表的名称为“答辩成绩分析表”，如图 4-27 所示。

(8) 在“答辩成绩分析表”中的 A1 单元格中输入“答辩成绩分析表”，复制“答辩成绩表”中的“班级名称”“城镇规划”“测量平差”“工程测量”“仪器维修”和“总评成绩”，分别依次置于 A2:F2 单元格中；在 A3:A6 单元格中分别输入“SD1 班”“SD2 班”“SD3”班和“SD4 班”。

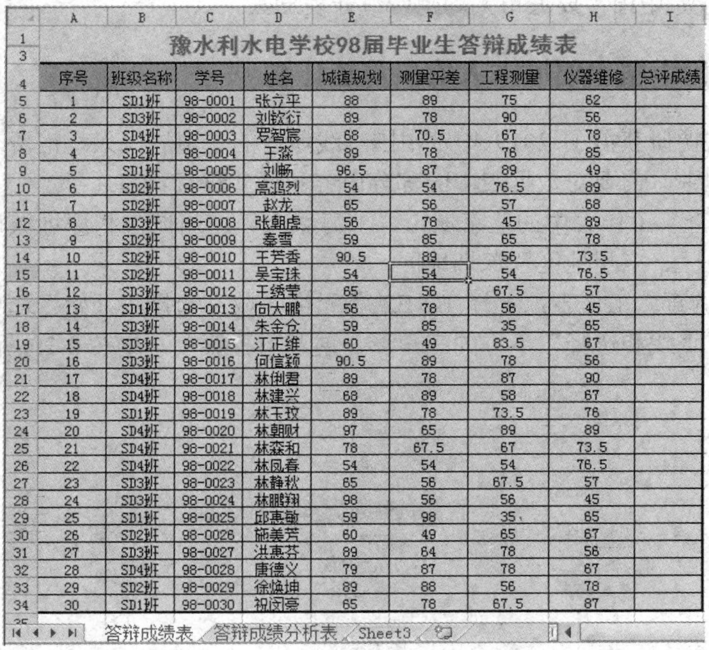

豫水利水电学校98届毕业生答辩成绩表

序号	班级名称	学号	姓名	城镇规划	测量平差	工程测量	仪器维修	总评成绩
1	SD1班	98-0001	张立平	88	89	75	62	
2	SD3班	98-0002	刘钦衍	89	78	90	56	
3	SD4班	98-0003	罗智宸	68	70.5	67	78	
4	SD2班	98-0004	王淼	89	78	76	85	
5	SD1班	98-0005	刘畅	96.5	87	89	49	
6	SD2班	98-0006	高鸿烈	54	54	76.5	89	
7	SD2班	98-0007	赵龙	65	56	57	68	
8	SD3班	98-0008	张朝虎	56	78	45	89	
9	SD2班	98-0009	秦雪	59	85	65	78	
10	SD2班	98-0010	王芳香	90.5	89	56	73.5	
11	SD2班	98-0011	吴宝珠	54	54	54	76.5	
12	SD3班	98-0012	王绣莹	65	56	67.5	57	
13	SD1班	98-0013	向大鹏	56	78	56	45	
14	SD3班	98-0014	朱金仓	59	85	35	65	
15	SD3班	98-0015	江正维	60	49	83.5	67	
16	SD3班	98-0016	何信颖	90.5	89	78	56	
17	SD4班	98-0017	林俐君	89	78	87	90	
18	SD4班	98-0018	林建兴	68	89	58	67	
19	SD1班	98-0019	林玉玫	89	78	73.5	76	
20	SD4班	98-0020	林朝财	97	65	89	89	
21	SD4班	98-0021	林森和	78	67.5	67	73.5	
22	SD4班	98-0022	林凤春	54	54	54	76.5	
23	SD3班	98-0023	林静秋	65	56	67.5	57	
24	SD3班	98-0024	林鹏翔	98	56	56	45	
25	SD1班	98-0025	邱惠敏	59	98	35	65	
26	SD2班	98-0026	施美芳	60	49	65	67	
27	SD3班	98-0027	洪惠芬	89	64	78	56	
28	SD4班	98-0028	唐德义	79	87	78	67	
29	SD2班	98-0029	徐焕坤	89	88	56	78	
30	SD1班	98-0030	祝闵豪	65	78	67.5	87	

答辩成绩表　答辩成绩分析表　Sheet3

图 4-27　“答辩成绩表”样张

(9) 设置“答辩成绩分析表”中的 A1:F1 合并且居中，设置字体为黑体、加粗，字号为 18 号，第 1 行行高设置为 30，设置 A2:F6 区域的内外边框为蓝色细实线。参考样张如图 4-28 所示。

答辩成绩分析表					
班级名称	城镇规划	测量平差	工程测量	仪器维修	总评成绩
SD1班					
SD2班					
SD3班					
SD4班					

图 4-28　"答辩成绩分析表"样张

(10) 将工作簿以原文件名、原文件类型保存至自己的学号文件夹。

案例二　制作人均消费统计图

案例情境

某房地产开发商想在中国一线城市开发新楼盘，为了了解主要城市居民的消费能力，让企划部调研并计算出中国一线城市的消费数据，并制作数据图表以便直观地反映各城市居民的消费水平。

案例素材

...\考生文件夹\中国主要城市人均消费统计表.xlsx

任务 1　格式化中国主要城市人均消费统计表

企划部通过调研获得了 2019 年度中国一线城市的城镇居民人均消费支出情况，在制作数据表的过程中，需要对数据表中的部分内容和格式进行调整。

(1) 将"调查"工作表中的北京城市、上海城市、广州城市和深圳城市全部替换为北京地区、上海地区、广州地区和深圳地区。

① 单击"调查"工作表，选择 B2:E2 单元格区域，选择"开始"选项卡的"编辑"选项组，单击"查找和选择"下方的三角形，展开下拉菜单，如图 4-29 所示。

图 4-29　"查找和替换"下拉菜单

② 在下拉菜单中选择"替换"命令，弹出"查找和替换"对话框，如图 4-30 所示，在"查找内容"右侧的文本框中输入"城市"，在"替换为"右侧的文本框中输入"地区"，单击"全部替换"按钮完成替换。

图 4-30 "查找和替换"对话框

(2) 清除"调查"工作表中 A14 单元格的格式。

① 选中 A14 单元格，选择"开始"选项卡的"编辑"选项组，单击"清除"选项右侧的三角形，展开下拉菜单，如图 4-31 所示。

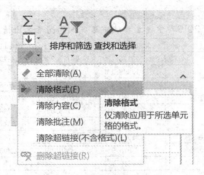

图 4-31 "清除"下拉菜单

② 在下拉菜单中选择"清除格式"选项，则原来的 A14 单元格中的数据格式由 "14 统计时间: 2019年8月1日 单位: 元 " 更改为 " 14 统计时间: 2019年8月1日单位: 元 "。

任务 2 计算主要地区人均消费总额及比例

企划部通过公式或函数计算出各地区的消费总额，并根据消费总额计算出各地区的消费比例。

(1) 在"调查"工作表的合计行中，利用函数分别计算相应地区的人均消费支出合计(人均消费支出合计为食品、衣着等 8 项之和)。

① 单击"调查"工作表中的 B11 单元格，选择"开始"选项卡的"编辑"选项组，单击"∑自动求和"右侧的三角形，展开下拉菜单，如图 4-32 所示。

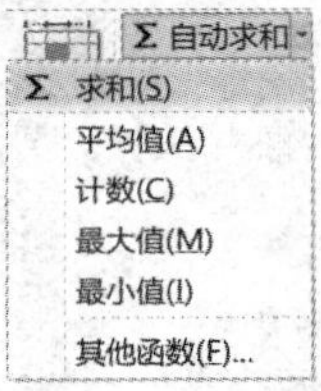

② 在下拉列表中选择"求和"选项，在 B11 单元格中自动输入公式"=SUM(B3:B10)"，如图 4-33 所示，公式正确后，直接按 Enter 键完成公式的编辑。

图 4-32 常用函数列表

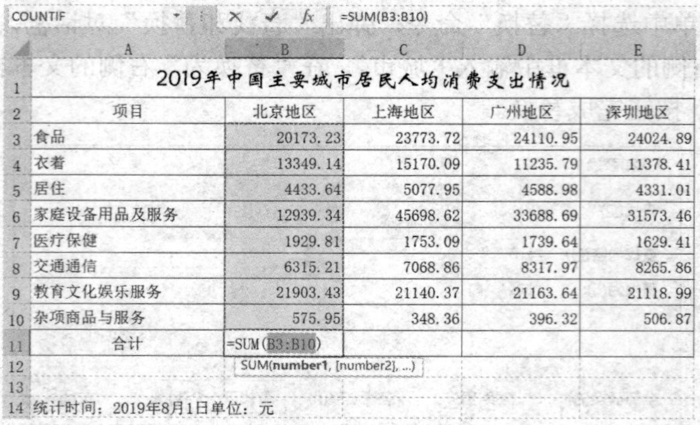

COUNTIF　=SUM(B3:B10)

	A	B	C	D	E
1	2019年中国主要城市居民人均消费支出情况				
2	项目	北京地区	上海地区	广州地区	深圳地区
3	食品	20173.23	23773.72	24110.95	24024.89
4	衣着	13349.14	15170.09	11235.79	11378.41
5	居住	4433.64	5077.95	4588.98	4331.01
6	家庭设备用品及服务	12939.34	45698.62	33688.69	31573.46
7	医疗保健	1929.81	1753.09	1739.64	1629.41
8	交通通信	6315.21	7068.86	8317.97	8265.86
9	教育文化娱乐服务	21903.43	21140.37	21163.64	21118.99
10	杂项商品与服务	575.95	348.36	396.32	506.87
11	合计	=SUM(B3:B10)			
12		SUM(number1, [number2], ...)			
13					
14	统计时间：2019年8月1日单位：元				

图 4-33　求和函数的应用

③ 单击 B11 单元格，将鼠标指针移至 B11 单元格右下角，当鼠标指针由空心十字形变成实心十字形时，如图 4-34 所示，按住鼠标左键拖动至 E11 单元格后松开，完成公式序列的填充，如图 4-35 所示。

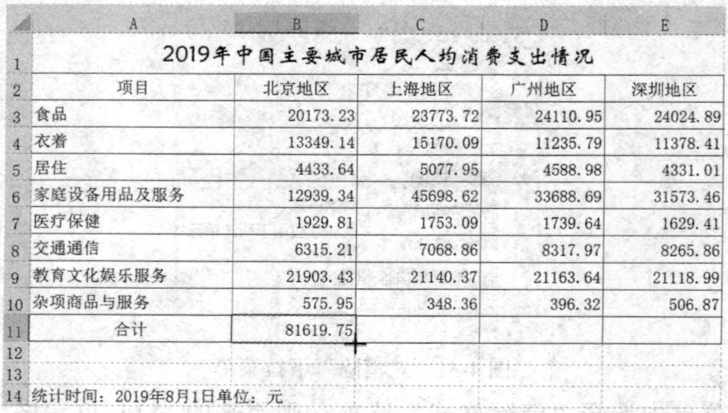

	A	B	C	D	E
1	2019年中国主要城市居民人均消费支出情况				
2	项目	北京地区	上海地区	广州地区	深圳地区
3	食品	20173.23	23773.72	24110.95	24024.89
4	衣着	13349.14	15170.09	11235.79	11378.41
5	居住	4433.64	5077.95	4588.98	4331.01
6	家庭设备用品及服务	12939.34	45698.62	33688.69	31573.46
7	医疗保健	1929.81	1753.09	1739.64	1629.41
8	交通通信	6315.21	7068.86	8317.97	8265.86
9	教育文化娱乐服务	21903.43	21140.37	21163.64	21118.99
10	杂项商品与服务	575.95	348.36	396.32	506.87
11	合计	81619.75			
12					
13					
14	统计时间：2019年8月1日单位：元				

图 4-34　序列填充选择示例图

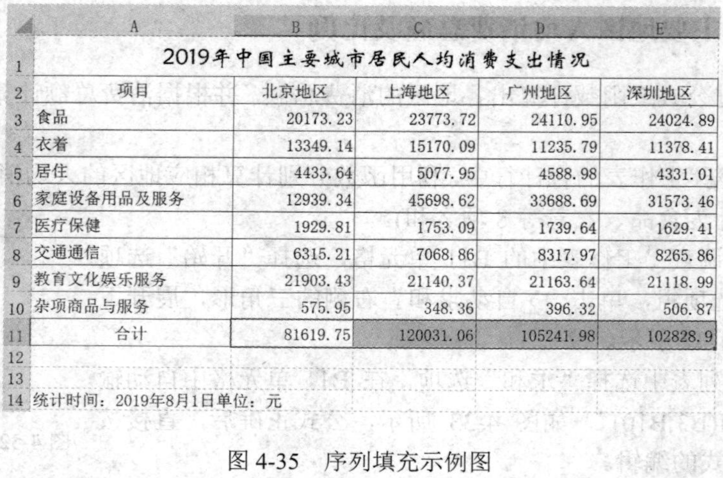

	A	B	C	D	E
1	2019年中国主要城市居民人均消费支出情况				
2	项目	北京地区	上海地区	广州地区	深圳地区
3	食品	20173.23	23773.72	24110.95	24024.89
4	衣着	13349.14	15170.09	11235.79	11378.41
5	居住	4433.64	5077.95	4588.98	4331.01
6	家庭设备用品及服务	12939.34	45698.62	33688.69	31573.46
7	医疗保健	1929.81	1753.09	1739.64	1629.41
8	交通通信	6315.21	7068.86	8317.97	8265.86
9	教育文化娱乐服务	21903.43	21140.37	21163.64	21118.99
10	杂项商品与服务	575.95	348.36	396.32	506.87
11	合计	81619.75	120031.06	105241.98	102828.9
12					
13					
14	统计时间：2019年8月1日单位：元				

图 4-35　序列填充示例图

(2) 在工作表“统计”中，引用“调查”工作表中的数据，利用公式分别计算四个地区各项目人均消费支出占比，结果以带 2 位小数的百分比格式显示(人均消费支出比例=项目支出/合计)。

① 单击“统计”工作表的 B3 单元格，首先在 B3 单元格中输入等于号“=”，然后用鼠标左键单击“调查”工作表中 B3 单元格，接着输入除号“/”，再单击“调查”工作表中的 B11 单元格，如图 4-36 所示，公式正确后直接按下 Enter 键，确认后直接返回到“统计”工作表。

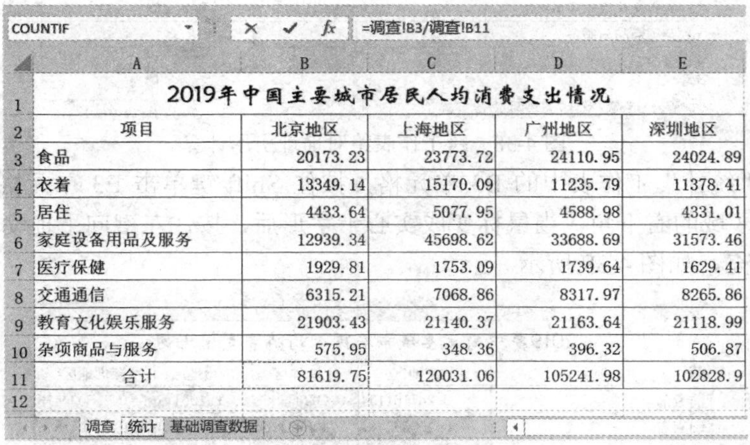

	A	B	C	D	E
1	2019年中国主要城市居民人均消费支出情况				
2	项目	北京地区	上海地区	广州地区	深圳地区
3	食品	20173.23	23773.72	24110.95	24024.89
4	衣着	13349.14	15170.09	11235.79	11378.41
5	居住	4433.64	5077.95	4588.98	4331.01
6	家庭设备用品及服务	12939.34	45698.62	33688.69	31573.46
7	医疗保健	1929.81	1753.09	1739.64	1629.41
8	交通通信	6315.21	7068.86	8317.97	8265.86
9	教育文化娱乐服务	21903.43	21140.37	21163.64	21118.99
10	杂项商品与服务	575.95	348.36	396.32	506.87
11	合计	81619.75	120031.06	105241.98	102828.9
12					

图 4-36　跨工作表计算

② 将鼠标移至 B3 单元格右下角，当鼠标变成实心十字形时，拖动鼠标左键至 E3 单元格，如图 4-37 所示。

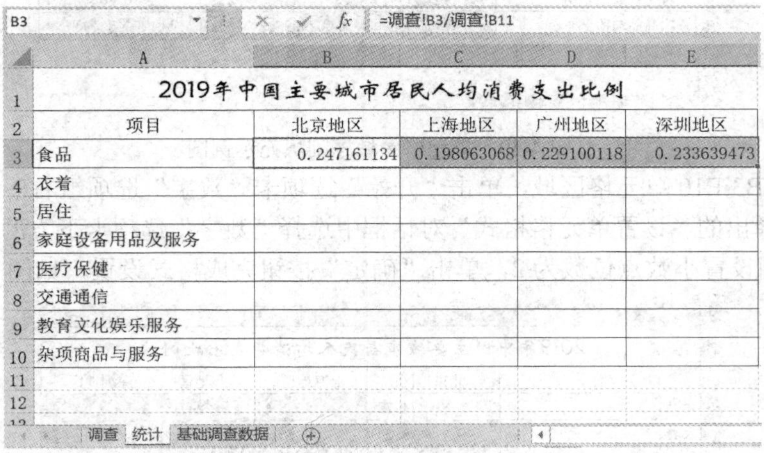

	A	B	C	D	E
1	2019年中国主要城市居民人均消费支出比例				
2	项目	北京地区	上海地区	广州地区	深圳地区
3	食品	0.247161134	0.198063068	0.229100118	0.233639473
4	衣着				
5	居住				
6	家庭设备用品及服务				
7	医疗保健				
8	交通通信				
9	教育文化娱乐服务				
10	杂项商品与服务				
11					
12					

图 4-37　公式的相对引用

③ 由于需要计算每个项目消费所占合计消费的比例，所以分母始终都是合计值，需要修改“统计”工作表中 B3 单元格的公式。单击“统计”工作表中的 B3 单元格，将鼠标移至编辑栏，选择分母 B11 后，再按下键盘上的 F4 功能键，使得分母地址由相对地址更改为绝对地址，“统计”工作表中 B3 单元格的公式由“=调查!B3/调查!B11”更改为“=调查!B3/调查!$B$11”，按下 Enter 键确认公式，如图 4-38 所示。依次更改 C3、D3、E3 单元格中公式的分母为绝对地址。

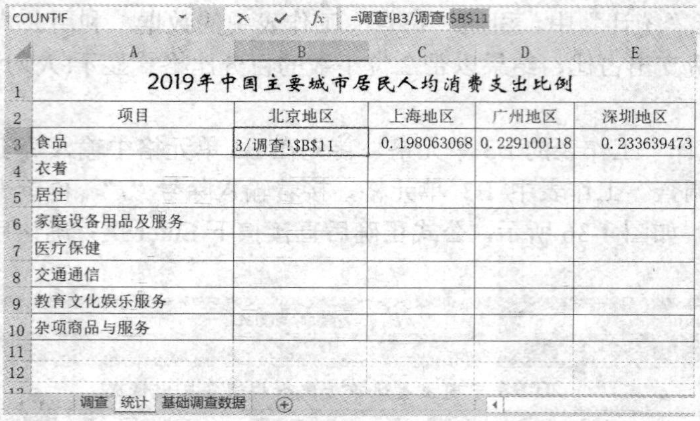

COUNTIF		▼	× ✓ fx	=调查!B3/调查!$B$11

图 4-38　跨工作表绝对地址引用计算

④ 单击"统计"工作表中的 B3 单元格，按住 Shift 键单击 E3 单元格，将鼠标移至 B3:E3 单元格区域的右下角，当鼠标变成实心十字形后，按住左键向下拖动至 E10 单元格完成序列的填充，如图 4-39 所示。

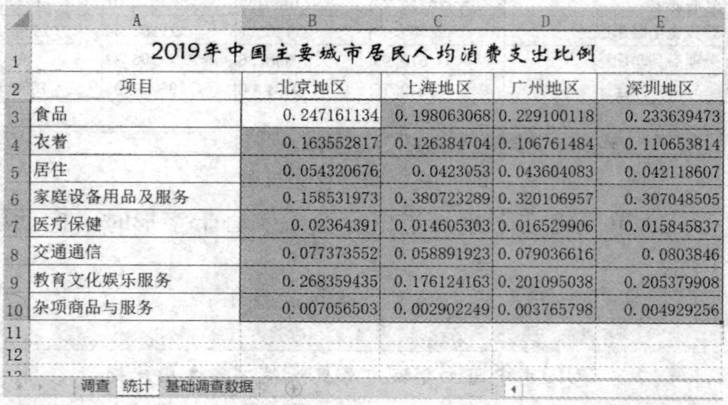

图 4-39　单元格区域序列填充示例图

⑤ 选中 B3:E10 单元格区域，单击"开始"选项卡"数字"选项组右下角的对话框启动器，在弹出的"设置单元格格式"对话框中选择"数字"选项卡下方的"百分比"选项，并在右侧设置小数点位数为 2，单击"确定"按钮完成格式设置，如图 4-40 所示。

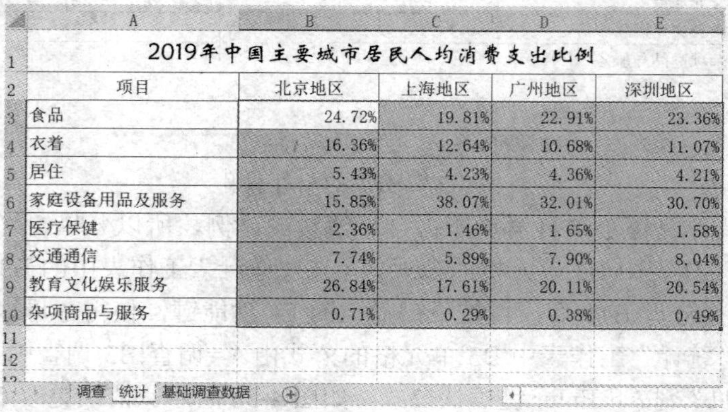

图 4-40　单元格格式设置示例图

任务3 制作上海地区各项目人均消费统计图

Excel 2010 提供的丰富图表功能能够对工作表中的数据进行直观、形象的说明。公司要求以上海地区为对象制作一张反映人均消费的统计图表，并对制作完成的图表进行修饰，以便数据图表更明确、更美观。

(1) 参考样张，根据"统计"工作表上海地区的数据，生成一张反映上海地区人均消费支出构成的"饼图"，嵌入当前工作表中，图表标题为"2019年上海地区人均消费支出比例"，图例靠左，数据标志显示值。

① 选择"统计"工作表中的 A2:A10 单元格区域，按住 Ctrl 键，用鼠标左键拖动选中 C2:C10 区域，单击"插入"选项卡下"图表"选项组中的"饼图"，如图 4-41 所示。

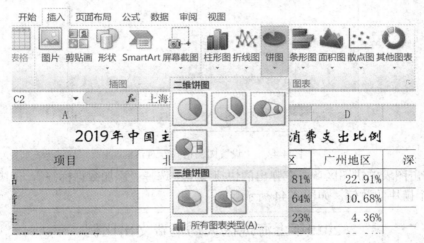

图 4-41 "插入"选项卡—"图表"选项组

② 在下拉列表中选择"二维饼图"选项中的第一个饼图，生成如图 4-42 所示的饼图。

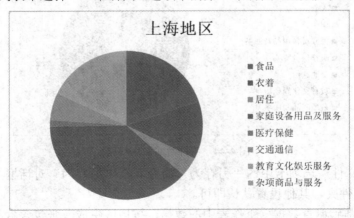

图 4-42 插入默认设置的饼图

③ 单击图表标题"上海地区"，将标题修改为"2019年上海地区人均消费支出比例"。

④ 右击图表中的图例区域，在弹出的快捷菜单中选择"设置图例格式"命令，在弹出的对话框中选择"图例选项"，选择"图例位置"下方的"靠左"选项，如图 4-43 所示，

单击"关闭"按钮回到图表界面。

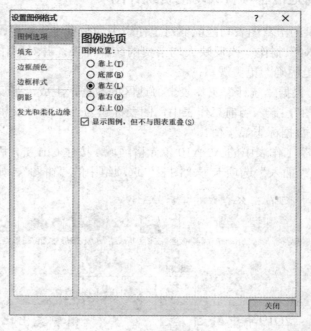

图 4-43　"设置图例格式"对话框

⑤ 右击图表的饼图区域,在弹出的快捷菜单中选择"添加数据标签",在饼图的周围将出现每个模块的数值,如图 4-44 所示。

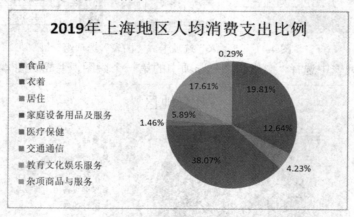

图 4-44　修饰后的图表样张

⑥ 单击"文件"选项卡中的"另存为"命令,在"另存为"对话框中更改保存位置为自己的学号文件夹,其他设置默认即可。

(2) 根据"基础调查数据"工作表中的数据,按地区生成一张包含食品、居住、交通通信三项的数据透视表,行标签为"地区",数值汇总项为求和,生成新的数据透视表的名称为"食品、居住、交通通信数据透视表",并按原文件名原类型将工作簿保存至学号文件夹。

① 选择"基础调查数据"工作表中的 A2:H42 单元格区域,单击"插入"选项卡下"数

据透视表"选项组,在下拉列表中选择"数据透视表"命令,弹出"创建数据透视表"对话框,如图4-45所示。

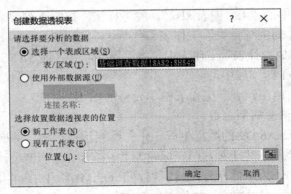

图4-45 "创建数据透视表"对话框

② 在"请选择要分析的数据"下方确认数据透视表的数据源,在"选择放置数据透视表的位置"下方选择"新工作表"选项,单击"确定"按钮。

③ 在新生成的数据透视表的右侧,选择"数据透视表字段列表"下方的字段"地区、食品、居住、交通通信",如图4-46所示,对应工作表的左侧将显示新的数据透视表,默认行标签为"地区",数值汇总项为求和,如图4-47所示。

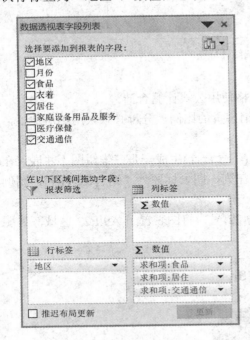

图4-46 数据透视表字段列表

	A	B	C	D
1				
2				
3	行标签 ▼	求和项:食品	求和项:居住	求和项:交通通信
4	上海	3773.722395	1077.952937	1068.86
5	北京	5173.230021	1433.64	2315.21
6	广州	4110.950848	988.9825161	1317.97
7	深圳	4024.890893	1231.010984	1265.86
8	总计	17082.79416	4731.586438	5967.9

图4-47 新生成的数据透视表

④ 双击新数据透视表的工作表标签,重新命名为"食品、居住、交通通信数据透视表"。

⑤ 单击"文件"选项卡下的"另存为"对话框,选择保存位置为自己的学号文件夹,文件名为"2019年中国主要城市人均消费图表",文件类型保持不变,单击"保存"按钮完成保存工作。

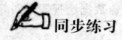同步练习

调入考生文件夹中的"4.2 图表.xlsx",参考样张,按照下列要求操作。

(1) 操作"SARS 病例统计表"工作表。

① 在"SARS 病例统计表"工作表中,将标题"世界各地 SARS 病例统计表"设置为 16 号字、隶书,A1:F1 跨列居中。

② 在"SARS 病例统计表"工作表的单元格区域 B35:D35 中,分别计算确诊病例总数、死亡病例总数和治愈病例总数。

③ 根据 A2:D2 及 A6:D9 的数据生成一张三维簇状柱形图,并嵌入"SARS 病例统计表"工作表中,要求系列产生于列,图表标题为"中国 SARS 病例统计表",位于图表上方。

④ 设置图例的字号为宋体 9 号,将图表置于 G2:M14,如图 4-48 所示。

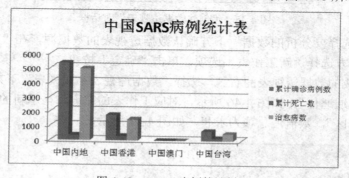

图 4-48 SARS 病例统计样张

(2) 操作"进口汽车销售表"工作表。

① 在工作表"进口汽车销售表"的 B8 单元格使用公式计算合计。

② 在 C 列计算各品牌汽车的销售数量占总销售量的比例,分母必须采用绝对地址,比例采用百分比样式,保留 2 位小数。

③ 根据表中的"品牌"和"比例"两列数据(不含合计)生成一张三维饼图,并嵌入在"进口汽车销售统计"工作表中,数据系列产生在列,图表标题为"销售比较图",图例靠底部,数据标志为显示百分比,保留 1 位小数。

④ 设置图表标题的字体为华文新魏,字号为 22 号,将图表置于 A9:E22 区域,如图 4-49 所示。

图 4-49 进口汽车销售表样张

(3) 操作"苏州旅游数据统计"工作表。

① 将工作表"旅游数据统计"中的数据区域 A2:I8 背景色设为自定义颜色 255、255、204。

② 在 C、E、G、I 列利用公式分别求出"总收入""境外游客""旅游外汇""国内游客"等四项目 2001 年到 2005 年收入或人数的同比增长,公式为:(本年度数据-上年度数据)/上年度数据,并设置为百分比样式,小数点后保留两位小数。

③ 根据"年份"与"境外游客"两列数据在工作表中插入一张嵌入式图表,图表类型为簇状水平圆柱图,图表标题为"境外游客数据统计",图例靠上。

④ 将图表作为新工作表插入,工作表名称为"苏州旅游数据统计图",如图 4-50 所示。

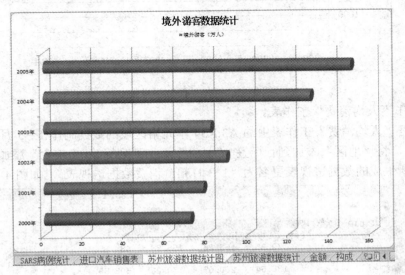

图 4-50 苏州旅游数据统计图样张

(4) 操作"金额"工作表。

① 在工作表"金额"的第 7 行中,利用公式分别计算各年度外债余额总计(总计为外国政府贷款、国际金融组织贷款等 4 项之和)。

② 在工作表"构成"的 B3:G6 各单元格中,引用工作表"金额"的数据,利用公式分别计算各年度各债务类型占当年外债余额总计的比例,结果以整数百分比格式显示,如图 4-51 所示。

	A	B	C	D	E	F	G
1	外债余额构成(%)						
2	债务类型	2004年	2005年	2006年	2007年	2008年	2009年
3	外国政府贷款	12%	9%	8%	8%	8%	8%
4	国际金融组织贷款	10%	9%	8%	7%	7%	8%
5	国际商业贷款	47%	46%	48%	47%	52%	46%
6	贸易信贷	31%	36%	35%	38%	33%	38%

G6 ▼ fx =金额!G6/金额!$G$7

图 4-51 计算外债余额构成比例样张

(5) 操作"构成"工作表。

参考样张,根据工作表"金额"中的数据,生成一张反映 2004 年至 2009 年外债余额总计的带数据标记的折线图,嵌入当前工作表中,图表标题为"近年外债余额",数值(Y)

轴竖排标题为"亿美元",无图例,数据标志显示值,如图 4-52 所示。

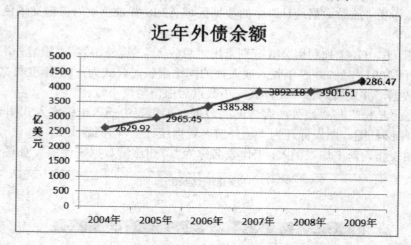

图 4-52　近年外债余额样张

(6) 操作"人均消费"工作表。

① 根据"人均消费"工作表中的 A3:K34 单元格区域的数据制作 1~3 月份粮食消费数据透视表,将"地区"添加到行标签,"月份"添加到列标签,"粮食"添加到值。

② 将新生成的数据透视表更名为"1-3 月粮食消费数据透视表",如图 4-53 所示。

	A	B	C	D	E	F	G
1							
2							
3	求和项:粮食	列标签					
4	行标签	1月	2月	3月	总计		
5	东北	179.36	153.26	156.23	488.85		
6	华北	99.37	140.92	180.15	420.44		
7	华东	138.54	200.07	170.28	508.89		
8	华南	193.53	191.46	224.84	609.83		
9	西北	168.88	230.74	184.02	583.64		
10	西南	186.81	192.66	170.73	550.2		
11	总计	966.49	1109.11	1086.25	3161.85		
12							

苏州旅游数据统计图　苏州旅游数据统计　金额　构成　1-3月粮食消费数据透视表

图 4-53　1~3 月粮食消费数据透视表样张

③ 将编辑好的工作簿以原文件、原类型保存至自己的学号文件夹。

案例三　制作学生成绩统计表

案例情境

宁海中学高二年级组长为了了解学生的学习状况,要求对高二年级各班级学生成绩进行管理与统计分析,并按班级汇总出成绩信息等数据。

案例素材

...\考生文件夹\宁海中学学生成绩管理.xlsx

任务 1　计算各班级的总分、平均分和排名情况

宁海中学高二年级组统计了本次各班级各个科目的考试成绩表，需要通过成绩表突出显示成绩好的学生数据，以便奖励并鼓励他们继续努力，并且统计出每个班级的最高分。

统计“4.3 宁海中学学生成绩管理.xlsx”工作簿“成绩表”工作表中每位同学各门课程的总分、平均分和排名情况。

① 将光标置于成绩表的 H3 单元格，单击“开始”选项卡“编辑”选项组中“Σ 自动求和”，计算出张江同学的总分，如图 4-54 所示，按 Enter 键确认公式。将光标移至 H3 单元格右下角，当鼠标变为空心十字形时向下拖动至 H18 单元格，计算出高二年级所有同学的总分。

RANK　　=SUM(D3:G3)

	A	B	C	D	E	F	G	H	I	J
1	宁海中学高二考试成绩表									
2	班级	姓名	性别	语文	数学	英语	政治	总分	平均分	排名
3	高二（一）班	张江	男	97	83	89	88	=SUM(D3:G3)		
4	高二（二）班	高峰	男	92	87	74	84	SUM(number1, [number2], ...)		
5	高二（一）班	许嵩	男	90	88	86	83			
6	高二（二）班	麦孜	女	58	72	67	66			
7	高二（三）班	张玲铃	女	89	67	92	87			
8	高二（二）班	赵丽娟	女	76	67	78	97			
9	高二（三）班	王硕辉	男	76	56	72	67			
10	高二（三）班	李朝	男	76	85	84	83			
11	高二（二）班	张杰	男	82	83	81	80			
12	高二（三）班	刘小丽	女	54	67	62	66			
13	高二（三）班	刘梅	女	62	70	52	63			
14	高二（一）班	许如润	女	87	83	90	88			
15	高二（三）班	王霞	女	82	73	82	80			
16	高二（一）班	江海河	男	92	86	74	84			
17	高二（二）班	刘晓霞	女	90	84	80	74			
18	高二（一）班	李平	男	72	75	69	80			

图 4-54　学生成绩表总分计算样表

② 将光标置于成绩表的 I3 单元格，单击“开始”选项卡“编辑”选项组中“Σ 自动求和”右侧的三角形，在下拉列表中选择“平均值”，并修改 I3 公式为“=AVERAGE(D3:G3)”，如图 4-55 所示。按 Enter 键计算出张江同学的平均分，将光标移至 I3 单元格右下角，当鼠标变为实心十字形时向下拖动至 I18 单元格，计算出高二年级所有同学的平均分。

	A	B	C	D	E	F	G	H	I	J
1	宁海中学高二考试成绩表									
2	班级	姓名	性别	语文	数学	英语	政治	总分	平均分	排名
3	高二（一）班	张江	男	97	83	89	88	357	=AVERAGE(D3:G3)	
4	高二（二）班	高峰	男	92	87	74	84	337		
5	高二（一）班	许嵩	男	90	88	86	83	347		
6	高二（二）班	麦孜	女	58	72	67	66	263		
7	高二（三）班	张玲铃	女	89	67	92	87	335		
8	高二（二）班	赵丽娟	女	76	67	78	97	318		
9	高二（三）班	王硕辉	男	76	56	72	67	271		
10	高二（三）班	李朝	男	76	85	84	83	328		
11	高二（二）班	张杰	男	82	83	81	80	326		
12	高二（三）班	刘小丽	女	54	67	62	66	249		
13	高二（三）班	刘梅	女	62	70	52	63	247		
14	高二（一）班	许如润	女	87	83	90	88	348		
15	高二（三）班	王霞	女	82	73	82	80	317		
16	高二（一）班	江海河	男	92	86	74	84	336		
17	高二（二）班	刘晓霞	女	90	84	80	74	328		
18	高二（一）班	李平	男	72	75	69	80	296		

图 4-55　学生成绩表平均分计算样表

③ 将光标置于成绩表的 J3 单元格，单击"开始"选项卡"编辑"选项组中"Σ 自动求和"右侧的三角形，在下拉列表中选择"其他函数"，弹出"插入函数"对话框，在"搜索函数"下方的文本框中输入"rank"，如图 4-56 所示。

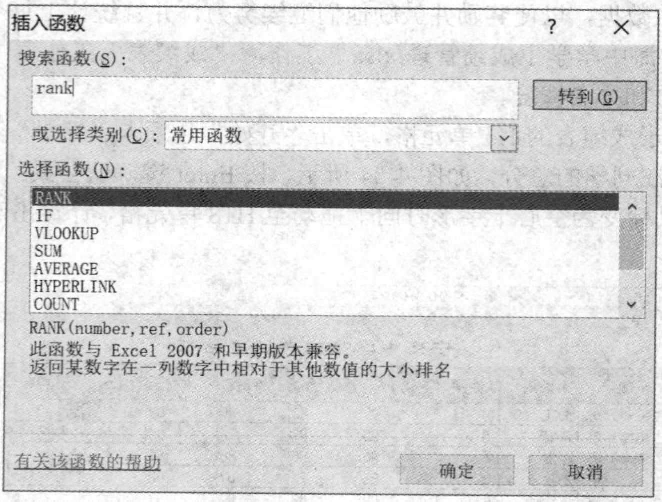

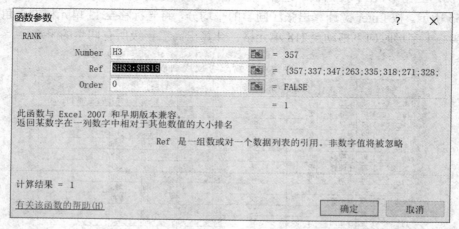

图 4-56 "插入函数"对话框

④ 单击"转到"按钮，单击"选择函数"下方列表中的"RANK"函数，并单击"确定"按钮，弹出"RANK"的"函数参数"设置对话框，将光标置于"Number"右侧的文本框中，并单击 H3 单元格，再将光标移至"Ref"右侧的文本框中，用鼠标选中 H3:H18 单元格区域，因为排名是按照总分降序排序的，所以在"Order"右侧的文本框中输入"0"表示降序排序。由于每位同学都在高二年级所有同学中进行排名，因此每位同学都在 H3:H18 中进行排名，需要修改"Ref"右侧的文本框单元格范围地址为绝对地址。选中"Ref"右侧文本框内的单元格地址范围，按 F4 键，将相对地址 H3:H18 改为绝对地址 $H$3:$H$18，如图 4-57 所示，单击"确定"按钮确认公式。

图 4-57 RANK 函数参数设置对话框

⑤ 将光标移至成绩表的 J3 单元格右下角，当鼠标变为实心十字形时，拖动鼠标至 J18 单元格，完成高二年级所有学生的排名，如图 4-58 所示。

班级	姓名	性别	语文	数学	英语	政治	总分	平均分	排名
高二（一）班	张江	男	97	83	89	88	357	89.25	1
高二（二）班	高峰	男	92	87	74	84	337	84.25	4
高二（一）班	许嵩	男	90	88	86	83	347	86.75	3
高二（二）班	麦孜	女	58	72	67	66	263	65.75	14
高二（三）班	张玲铃	女	89	67	92	87	335	83.75	6
高二（二）班	赵丽娟	女	76	67	78	97	318	79.5	10
高二（二）班	王硕辉	男	76	56	72	67	271	67.75	13
高二（三）班	李朝	男	76	85	84	83	328	82	7
高二（二）班	张杰	男	82	83	81	80	326	81.5	9
高二（三）班	刘小丽	女	54	67	62	66	249	62.25	15
高二（三）班	刘梅	女	62	70	52	63	247	61.75	16
高二（一）班	许如润	女	87	83	90	88	348	87	2
高二（三）班	王霞	女	82	73	82	80	317	79.25	11
高二（一）班	江海河	男	92	86	74	84	336	84	5
高二（二）班	刘晓霞	女	90	84	80	74	328	82	7
高二（一）班	李平	男	72	75	69	80	296	74	12

图 4-58 宁海中学高二年级成绩表样张

任务 2 计算各班级每门课程的最高分

(1) 将"成绩表"工作表中各门功课和平均分大于或等于 85 分的成绩显示为蓝色，低于 60 分的显示为红色。

① 选择"成绩表"中的 D3:G18 单元格区域，按住 Ctrl 键，拖动鼠标左键选择 I3:I18 区域，单击"开始"选项卡"样式"选项组中的"条件格式"选项，在下拉列表中选择"管理规则"命令，弹出"条件格式规则管理器"对话框，单击"新建规则"按钮，弹出"编辑格式规则"对话框，如图 4-59 所示。

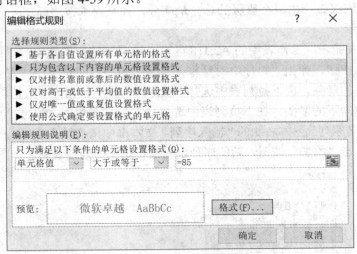

图 4-59 "编辑格式规则"对话框

② 在"选择规则类型"下方选择"只为包含以下内容的单元格设置格式"，在"编辑规则说明"下方选择"单元格值""大于或等于""=85"，单击"格式"按钮，在弹出的"设置单元格格式"对话框中设置字体颜色为蓝色，单击"确定"按钮返回到"编辑格式规则"对话框。

③ 单击"确定"按钮返回到"条件格式规则管理器"对话框，重复步骤②，条件设置为"单元格值""小于""=60"，颜色设置为红色，如图 4-60 所示。

图 4-60　"条件格式规则管理器"对话框

④ 单击"确定"按钮完成条件格式设置，结果如图 4-61 所示。

班级	姓名	性别	语文	数学	英语	政治	总分	平均分	排名
						宁海中学高二考试成绩表			
高二(一)班	张江	男	97	83	89	88	357	89.25	1
高二(二)班	高峰	男	92	87	74	84	337	84.25	4
高二(二)班	许嵩	男	90	88	86	83	347	86.75	3
高二(二)班	麦孜	女	58	72	67	66	263	65.75	14
高二(三)班	张玲铃	女	89	67	92	87	335	83.75	6
高二(三)班	赵丽娟	女	76	67	78	97	318	79.5	10
高二(三)班	王硕辉	男	76	56	72	67	271	67.75	13
高二(三)班	李朝	男	76	85	84	83	328	82	7
高二(三)班	张杰	男	82	83	81	80	326	81.5	9
高二(三)班	刘小丽	女	54	67	62	66	249	62.25	15
高二(三)班	刘梅	女	62	70	52	63	247	61.75	16
高二(三)班	许如润	男	87	83	90	88	348	87	2
高二(三)班	王霞	女	82	73	82	80	317	79.25	11
高二(二)班	江海河	男	92	86	74	84	336	84	5
高二(二)班	刘晓霞	女	90	84	80	74	328	82	7
高二(一)班	李平	男	72	75	69	80	296	74	12

图 4-61　"条件格式"设置结果

(2) 按各个班级统计出每个班级的总分最高分，并且要求按"高二(一)、高二(二)、高二(三)"序列显示。

① 选择"成绩表"工作表中的 A2:J18 区域，选择"数据"选项卡"排序和筛选"选项组的"排序"按钮，弹出"排序"对话框，单击"排序"对话框中"主要关键字"右侧文本框右侧向下的箭头，在下拉列表中选择"班级"，排序依据为"数值"。单击"次序"下方文本框右侧向下的箭头，在下拉列表中选择"自定义序列"，弹出"自定义序列"对话框，在"自定义序列"下方右侧的"输入序列"文本框中依次输入"高二(一)""高二(二)""高二(三)"，单击"添加"按钮，新的序列出现在自定义序列列表中，如图 4-62 所示。

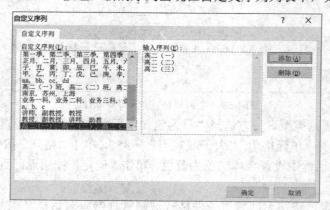

图 4-62　"自定义序列"设置

② 单击"确定"按钮，返回至"排序"对话框，单击"添加条件"按钮，再单击"次

要关键字"右侧文本框右侧的向下箭头，在列表中选择"总分"，排序依据为"数值"，次序选择"降序"，如图 4-63 所示。

图 4-63 "排序"对话框

③ 单击"确定"按钮，返回至 Excel 工作簿界面，"成绩表"中的数据经过排序后，显示出每个班级总分的最高成绩，如图 4-64 所示。

班级	姓名	性别	语文	数学	英语	政治	总分	平均分	排名
高二（一）班	张江	男	97	83	89	88	357	89.25	1
高二（一）班	许如润	女	87	83	90	88	348	87	2
高二（一）班	许嵩	男	90	88	86	83	347	86.75	3
高二（一）班	江海河	男	92	86	74	84	336	84	5
高二（一）班	李平	男	72	75	69	80	296	74	12
高二（一）班	高峰	男	92	87	74	84	337	84.25	4
高二（二）班	刘晓霞	女	90	84	80	74	328	82	7
高二（二）班	张杰	男	82	83	81	80	326	81.5	9
高二（二）班	赵丽娟	女	76	67	78	97	318	79.5	10
高二（二）班	麦孜	女	58	72	67	66	263	65.75	14
高二（三）班	张玲玲	女	89	67	92	87	335	83.75	6
高二（三）班	李朝	男	76	85	84	83	328	82	7
高二（三）班	王霞	女	82	73	82	80	317	79.25	11
高二（三）班	王硕辉	男	76	56	72	67	271	67.75	13
高二（三）班	刘小丽	女	54	67	62	66	249	62.25	15
高二（三）班	刘梅	女	62	70	52	63	247	61.75	16

图 4-64 "排序"样张

（3）复制"成绩表"至新的工作表，并更名为"成绩汇总表"。根据"成绩汇总表"按班级统计出"语文""数学""英语""政治"的平均分，并折叠选项显示汇总项。

① 右击"成绩表"工作表标签，在弹出的快捷菜单中选择"移动或复制"命令。

② 在弹出的"移动或复制工作表"对话框中选择当前工作簿，选择"移至最后"，并选中"建立副本"前的复选框，如图 4-65 所示。

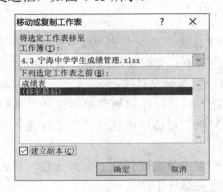

图 4-65 "移动或复制工作表"对话框

③ 双击"成绩表(2)"工作表标签，直接输入新的名称为"成绩汇总表"，按 Enter 键确认输入。

④ 观察"成绩汇总表"的数据区，若数据区没有按照"班级"字段排序，需在汇总数据前先按照字段"班级"排序。

⑤ 单击"成绩汇总表"工作表数据区的任意一个单元格，单击"数据"选项卡"分级显示"选项组中的"分类汇总"按钮，弹出"分类汇总"对话框。在"分类字段"下的文本框中选择"班级"，"汇总方式"选择"平均值"，"选定汇总项"下方的列表中选择"语文""数学""英语""政治""平均分"五个复选框，其他设置默认，如图 4-66 所示。

图 4-66　"分类汇总"对话框

⑥ 单击"确定"按钮，完成数据的分类汇总。单击数据汇总列表中的左上角 1 2 3 中的 2，折叠显示汇总项，如图 4-67 所示。适当调整 A 列的列宽，以便显示出单元格内的数据。

	班级	姓名	性别	语文	数学	英语	政治	总分	平均分	排名
8	高二（一）班 平均值			87.6	83	81.6	84.6		84.2	
14	高二（二）班 平均值			79.6	78.6	76	80.2		78.6	
21	高二（三）班 平均值			73.16667	69.6667	74	74.3333		72.7917	
22	总计平均值			79.6875	76.625	77	79.375		78.1719	

图 4-67　折叠分类汇总后的数据表样张

任务 3　筛选优秀生的名单

复制"成绩表"至新的工作表，并更名为"优秀生"。在"优秀生"工作表中筛选平均分超过 85 分或排名前 5 的名单，并将筛选结果自 A20 开始显示，最后将工作簿以原文件名、原文件类型保存至自己的学号文件夹。

(1) 右击"成绩表"工作表标签，在快捷菜单中选择"移动或复制"命令。

(2) 在弹出的"移动或复制"对话框中选择当前工作簿，选择"移至最后"，并选中"建立副本"前的复选框。

(3) 单击"优秀生"工作表中数据区任意一个单元格，单击"数据"选项卡，首先将光标置于 L2，参考图 4-68 建立筛选条件。

班级	姓名	性别	语文	数学	英语	政治	总分	平均分	排名		平均分	排名
高二（一）班	张江	男	97	83	89	88	357	89.25	1		>=85	
高二（一）班	许如润	女	87	83	90	88	348	87	2			<=5
高二（一）班	许嵩	男	90	88	86	83	347	86.75	3			
高二（一）班	江海河	男	92	86	74	84	336	84	5			
高二（一）班	李平	男	72	75	69	80	296	74	12			
高二（二）班	高峰	男	92	87	74	84	337	84.25	4			
高二（二）班	刘晓霞	女	90	84	80	74	328	82	7			
高二（二）班	张杰	男	82	83	81	80	326	81.5	9			
高二（二）班	赵丽娟	女	76	67	78	97	318	79.5	10			
高二（二）班	麦孜	女	58	72	67	66	263	65.75	14			
高二（三）班	张玲玲	女	89	67	92	87	335	83.75	6			
高二（三）班	李朝	男	76	85	84	83	328	82	7			
高二（三）班	王霞	女	82	73	82	80	317	79.25	11			
高二（三）班	王硕辉	男	76	56	72	67	271	67.75	13			
高二（三）班	刘小丽	女	54	67	62	66	249	62.25	15			
高二（三）班	刘梅	女	62	70	52	63	247	61.75	16			

图 4-68 筛选条件区的建立

(4) 单击"排序和筛选"选项组中的"高级"按钮，在弹出的"高级筛选"对话框中，按照图 4-69 所示选择筛选"方式"为"将筛选结果复制到其他位置"，并设置"列表区域"为"$A$2:$J$18"，"条件区域"为"优秀生!$L$2:$M$4"，"复制到"为"优秀生!$A$20"。

图 4-69 "高级筛选"设置对话框

(5) 单击"确定"按钮完成高级筛选，样张如图 4-70 所示。

图 4-70 高级筛选样张

(6) 单击"文件"选项卡下的"另存为"选项，在弹出的"另存为"对话框中更改文件的保存位置为自己的学号文件夹，文件名和文件类型均保持不变，单击"保存"按钮即可。

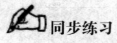 **同步练习**

调入考生文件夹中的"4.3 数据分析与管理.xlsx"，参考样(见图 4-71～图 4-74)，按照下列要求操作：

(1) 计算"条件格式"工作表中每位学生的总分和平均分，并设置各科成绩和平均分显示的格式，若各科成绩和平均分大于或等于 85 则显示为红色，低于 60 则显示为蓝色，如图 4-71 所示。

(2) 复制"条件格式"工作表并使之位于"自定义筛选"工作表之前，并重命名为"排序"，要求按照"总分"字段降序排序，在"总分"相同的情况下，按照"语文"字段降序排序，在"语文"相同的情况下，按照"英语"字段降序排序，如图 4-71 所示。

座号	姓名	语文	英语	数学	史地	程序	会计	经济	总分	平均
\multicolumn{11}{c}{信息系二年级1班　期中考成绩表}
1	方欣凰	67	44	100	80	100	93	71	555	79.3
2	王思涵	53	48	45	70	62	74	52	404	57.7
3	王昭燕	78	64	45	80	72	84	77	500	71.4
4	朱雅琴	80	82	90	86	84	97	90	609	87.0
5	何盈萱	79	54	90	78	78	91	83	553	79.0
6	余思娴	66	92	90	70	88	93	80	579	82.7
7	吴美秀	56	52	55	64	77	70	72	446	63.7
8	沈明慧	73	62	25	66	58	71	54	409	58.4
9	周佩如	69	68	70	72	71	88	65	503	71.9
10	周淑怡	79	58	80	82	68	83	78	528	75.4
11	林玉颖	64	70	55	76	84	94	78	521	74.4
12	林信男	63	72	85	64	59	76	66	485	69.3
13	林淑婷	61	60	40	52	83	70	83	449	64.1
14	林湘璇	75	78	85	84	90	95	76	583	83.3
15	林逸泠	86	62	80	68	70	84	62	512	73.1
16	邱姵绮	89	86	90	92	94	94	92	637	91.0
17	洪米琪	65	64	80	76	86	95	73	539	77.0
18	马佩馨	88	58	70	78	78	99	88	559	79.9
19	张如樱	77	62	70	82	63	85	72	511	73.0
20	张佩君	78	64	45	74	74	75	78	488	69.7
21	张淑菁	81	74	75	84	90	99	69	566	80.9
22	张惠萍	84	72	95	88	94	100	87	620	88.6

条件格式　排序　自定义筛选　分类汇总

图 4-71   条件格式和排序样张

(3) 复制"自定义筛选"工作表并使之位于"分类汇总"工作表之前，并重命名为"高级筛选"，在"自定义筛选"工作表中筛选出男员工工龄超过 10 年的员工信息，如图 4-72 所示。

姓名	年龄	职务	电话	籍贯	性别	学历	工龄
\multicolumn{8}{c}{营销部门人员通讯簿}
任剑侠	45	职员	3579821	重庆	男	大学	12
孟志汉	51	职员	3652131	北京	男	大学	17
陈重谋	46	职员	3468452	四川	男	大学	14

图 4-72   自定义筛选样张

(4) 在"高级筛选"工作表中筛选出年龄小于 30 岁或者学历为研究生的员工信息，并且将筛选出的数据自 A16 单元格开始存放，如图 4-73 所示。

	A	B	C	D	E	F	G	H	I	J	K
1	营销部门人员通讯簿										
2	姓名	年龄	职务	电话	籍贯	性别	学历	工龄		年龄	学历
3	缪可儿	24	职员	3516892	江苏	女	大学	1		<30	
4	风山水	35	职员	3452897	江苏	男	大学	7			研究生
5	令巧玲	24	经理	3685497	上海	女	研究生	3			
6	岳佩珊	35	科长	3245169	北京	女	大专	2			
7	任剑侠	45	职员	3579821	重庆	男	大学	12			
8	陆伟荟	50	科长	3548269	四川	女	研究生	4			
9	赵灵燕	24	职员	3612897	上海	女	大专	3			
10	陈怡萱	19	职员	3635987	江苏	女	研究生	1			
11	苏巧丽	24	科长	3456789	北京	女	大学	2			
12	孟志汉	51	职员	3652131	北京	男	大学	17			
13	陈重谋	46	职员	3468452	四川	男	大学	14			
14											
15											
16	姓名	年龄	职务	电话	籍贯	性别	学历	工龄			
17	缪可儿	24	职员	3516892	江苏	女	大学	1			
18	令巧玲	24	经理	3685497	上海	女	研究生	3			
19	陆伟荟	50	科长	3548269	四川	女	研究生	4			
20	赵灵燕	24	职员	3612897	上海	女	大专	3			
21	陈怡萱	19	职员	3635987	江苏	女	研究生	1			
22	苏巧丽	24	科长	3456789	北京	女	大学	2			

图 4-73　高级筛选样张

(5) 在“分类汇总”工作表中，按照“部门名称”汇总出“业绩目标”“达成业绩”“毛利”和“年薪”的总和及平均值，要求“部门名称”按“业务一科”“业务二科”“业务三科”和“业务四科”的顺序显示，并折叠明细数据项，如图 4-74 所示。

	A	B	C	D	E	F	G
1	*公司业务销售统计表						
2	部门名称	主管姓名	业务员姓名	业绩目标	达成业绩	毛利	年薪
7	业务一科 平均值			42500000	28456250	11382500	471000
8	业务一科 汇总			170000000	113825000	45530000	1884000
13	业务二科 平均值			42500000	31865750	12746300	457920
14	业务二科 汇总			170000000	127463000	50985200	1831680
19	业务三科 平均值			41250000	38335625	15334250	354000
20	业务三科 汇总			165000000	153342500	61337000	1416000
25	业务四科 平均值			37500000	44353750	17741500	481500
26	业务四科 汇总			150000000	177415000	70966000	1926000
27	总计平均值			40937500	35752844	14301138	441105
28	总计			655000000	572045500	228818200	7057680

图 4-74　分类汇总样张

案例四　Excel 基础应用——制作成绩表

案例情境

某大学基础部需要统计学生的公共基础课程的成绩，制作一份成绩表，并对成绩表中的数据进行统计分析与计算。

案例素材

…\考生文件夹\大学英语(素材).xlsx

…\考生文件夹\高等数学(素材).xlsx

…\考生文件夹\计算机应用(素材).docx

…\考生文件夹\应用文写作(素材).docx

任务 1　建立各科成绩表

大学基础部根据各科任课教师提供的成绩制作成绩表。

(1) 参考“成绩表”样张，新建一个空白工作簿，将“计算机应用.docx”文档中表格的数据复制到工作表“Sheet1”中对应的单元格，自 A1 开始存放，并将 Sheet1 工作表重命名为“计算机应用”，将新工作簿重命名为“大学公共基础课成绩表.xlsx”。

① 单击“开始”图标，选择“所有程序”，在列表中选择“Microsoft Office 2010”项目下方的“Microsoft Excel 2010”图标，启动 Excel 工作簿。

② 双击打开考生文件夹下方的“计算机应用.docx”文档，选择文档中的所有内容，单击“开始”选项卡下方“剪贴板”项目组中的复制图标。

③ 将光标置于新建的工作簿 1 的 Sheet1 工作表 A1 单元格内，单击“开始”选项卡下方“剪贴板”项目组的粘贴图标。

④ 双击 Sheet1 工作表标签，使其呈反显状态，并输入新的工作表名称“计算机应用”，如图 4-75 所示。

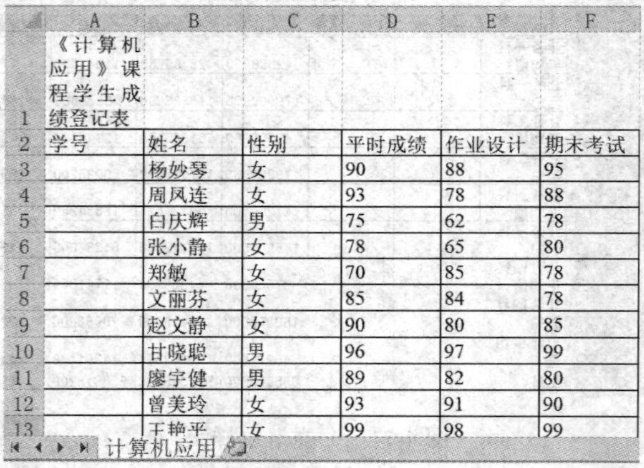

	A	B	C	D	E	F
1	《计算机应用》课程学生成绩登记表					
2	学号	姓名	性别	平时成绩	作业设计	期末考试
3		杨妙琴	女	90	88	95
4		周凤连	女	93	78	88
5		白庆辉	男	75	62	78
6		张小静	女	78	65	80
7		郑敏	女	70	85	78
8		文丽芬	女	85	84	78
9		赵文静	女	90	80	85
10		甘晓聪	男	96	97	99
11		廖宇健	男	89	82	80
12		曾美玲	女	93	91	90
13		王艳平	女	99	98	99

图 4-75　计算机应用工作表导入样张

⑤ 单击“文件”选项卡，在下拉列表中选择“另存为”命令，弹出“另存为”对话框，保存位置选择“学号文件夹”，在“文件名”右侧文本框中输入“大学公共基础课成绩表”，“文件类型”选择“Excel 工作簿(*.xlsx)”，完成工作簿的保存工作。

(2) 根据“大学英语”工作表中的数据，在“计算机应用”工作表中添加学号。

① 双击打开考生文件夹中的“大学英语(素材).xlsx”工作簿，右击列号 B 列，在弹出的快捷菜单中选择“剪切”，再右击 A 列，在快捷菜单中选择“插入剪切的单元格”，实现学号和姓名两列的互换。

② 将光标置于“大学公共基础课成绩表.xlsx”的“计算机应用”工作表的 A3 单元格内，单击“开始”选项卡“编辑”选项组中“Σ 自动求和”右侧的三角形，在下拉列表中

选择"其他函数",弹出"插入函数"对话框,在"搜索函数"下方的文本框中输入"vlookup",单击"转到"按钮,单击"选择函数"下方列表中的"VLOOKUP"函数,如图 4-76 所示。

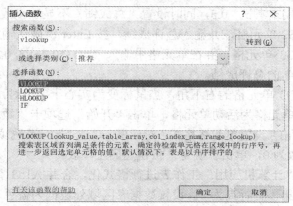

图 4-76 插入 VLOOKUP 函数

③ 单击"确定"按钮。弹出 VLOOKUP 函数参数设置对话框,将光标置于 Lookup_value 右侧的文本框中,并单击"计算机应用"工作表中的 B3 单元格;再将光标移至 Table_array 右侧的文本框中,用鼠标选中"大学英语.xlsx"工作簿 Sheet1 工作表的 A2:B38 单元格区域;在 Col_index_num 右侧的文本框中输入"2",表示返回的是"大学英语.xlsx"工作簿 Sheet1 工作表中数据清单中的第 2 列数据;在 Range_lookup 右侧的文本框中输入"FALSE",表示为大致匹配,如图 4-77 所示。单击"确定"按钮确认公式,返回"计算机应用"工作表中,显示学生杨妙琴的学号,如图 4-78 所示。

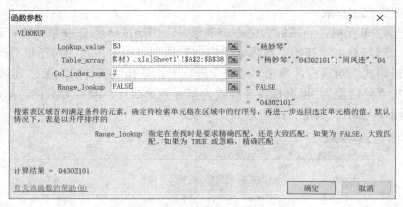

图 4-77 VLOOKUP 函数参数设置

A3		▼	f_x	=VLOOKUP(B3,'[大学英语(素材).xls]Sheet1'!$A$2:$B$38, 2, FALSE)						
	A	B	C	D	E	F	G	H	I	J
1	《计算机应用》课程学生成绩登记表									
2	学号	姓名	性别	平时成绩	作业设计	期末考试				
3	04302101	杨妙琴	女	90	88	95				
4		周凤连	女	93	78	88				

图 4-78 VLOOKUP 函数返回值样张

④ 将光标移至计算机应用工作表 A3 单元格的右下角,当鼠标出现实心十字形时,拖

动鼠标左键向下至 A39，完成所有学生学号的查找填充。

(3) 在"计算机应用"工作表的 G 列计算每位学生的总评成绩：总评成绩＝平时成绩×0.2＋作业设计×0.3＋期末考试×0.5，同时设置"总成绩"不显示小数。

① 将光标移至 G2 单元格，并输入总评成绩，按 Enter 键确认输入。

② 将光标移至 G3 单元格，并在单元格中输入"=D3*0.2+E3*0.3+F3*0.5"，按 Enter 键确认计算杨妙琴同学的总评成绩。

③ 将光标移至 G3 单元格的右下角，当鼠标变为实心十字形时，拖动鼠标至 G39 单元格，此时 G3:G39 单元格为活动单元格，单击"开始"选项卡"数字"选项组右下角的对话框启动器，弹出"设置单元格格式"对话框，单击"数字"选项卡，设置分类为"数值"，并设置小数位数为 0，单击"确定"按钮返回工作表。

(4) 参考样张对"计算机应用"工作表进行格式化，合并 A1:G1 单元格区域，设置字体为黑体 16 号加粗，第 1 行行高为 28。设置数据表区域外边框为蓝色双线(第二列第七行)，内边框为绿色虚线(第一列第二行)；设置第 2 行至第 39 行高均为 18；设置 A2:G2 单元格为居中，字体为加粗，填充为"蓝色 强调文字颜色 1 淡色 80%"。

① 单击"计算机应用"工作表的 A1 单元格，当鼠标为空心十字形时，拖动鼠标至 G1 单元格，选中 A1:G1 单元格区域，然后单击"开始"选项卡"对齐方式"选项组中的"合并后居中"按钮。

② 单击"开始"选项卡"字体"选项组中"字体"右侧的三角形，在下拉菜单中选择"黑体"，在"字号"下拉菜单中选择"16"。

③ 右击行号 1，在弹出的快捷菜单中选择"行高"，设置行高右侧的数据为 28，单击"确定"按钮返回工作表。

④ 单击 A2 单元格，当鼠标为空心十字形时，拖动鼠标至 G39 单元格，选中 A2:G39 单元格区域，然后单击"开始"选项卡"字体"选项组中右下角的对话框启动器，弹出"设置单元格格式"对话框，单击"边框"选项卡，选择线条样式为第二列第七行，颜色为蓝色，单击"外边框"，再选择线条样式为第一列第二行，颜色为绿色，单击"内部"，如图 4-79 所示，单击"确定"按钮返回工作表。

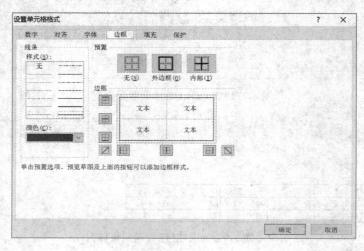

图 4-79　边框设置

⑤　单击第 2 行，按住 Shift 键再单击第 39 行，在弹出的快捷菜单中选择"行高"，设置行高右侧的数据为 18，单击"确定"按钮返回工作表。

⑥　单击 A2 单元格，当鼠标为空心十字形时，拖动鼠标至 G2 单元格，选中 A2:G2 单元格区域，单击"开始"选项卡下方"对齐方式"选项组中的居中▆图标，再单击"开始"选项卡下方"字体"选项组中的加粗**B**图标，继续单击填充颜色🎨▾图标右侧的三角形，在下拉列表中选择填充"蓝色 强调文字颜色 1 淡色 80%"，如图 4-80 所示。

"计算机应用"课程学生成绩登记表

学号	姓名	性别	平时成绩	作业设计	期末考试	总评成绩
04302101	杨妙琴	女	90	88	95	92
04302102	周凤连	女	93	78	88	86
04302103	白庆辉	男	75	62	78	73
04302104	张小静	女	78	65	80	75
04302105	郑敏	女	70	85	78	79
04302106	文丽芬	女	85	84	78	81
04302107	赵文静	女	90	80	85	85
04302108	甘晓聪	男	96	97	99	98
04302109	廖宇健	男	89	82	80	82
04302110	曾美玲	女	93	91	90	91
04302111	王艳平	女	99	98	99	99
04302112	刘显森	男	78	75	87	82
04302113	黄小惠	女	70	83	79	78
04302114	黄斯华	女	65	60	60	61
04302115	李平安	男	60	53	51	53
04302116	彭秉鸿	男	62	65	69	66
04302117	林巧花	女	95	93	90	92
04302118	吴文静	女	90	80	79	82
04302119	何军	男	65	59	58	60
04302120	赵宝玉	男	60	48	53	53
04302121	郑淑贤	女	70	61	67	66
04302122	孙娜	女	90	78	83	83
04302123	曾丝华	女	92	80	81	83
04302124	罗远方	女	75	66	68	69
04302125	何湘萍	女	60	38	53	50
04302126	黄莉	女	92	88	89	89
04302127	刘伟良	男	80	72	77	76
04302128	张翠华	女	90	78	80	81
04302129	刘雅诗	女	65	60	66	64
04302130	林晓旎	女	88	78	83	83
04302131	刘泽标	男	45	33	39	38
04302132	廖玉嫦	女	75	68	71	71
04302133	李立聪	男	72	63	74	70
04302134	李卓勋	女	60	42	55	52
04302135	韩世伟	男	98	96	97	97
04302136	陈美娜	女	75	65	74	72
04302137	李妙嫦	女	85	76	84	82

图 4-80　"计算机应用"课程学生成绩登记表样张

任务 2　复制、移动、插入、删除工作表

跨工作簿进行工作表数据的移动或复制，在日常工作中经常需要使用。插入新的工作表或删除不再使用的工作表，使得工作簿更为完整简洁。

(1) 将"大学英语.xlsx"工作簿中的 Sheet1 工作表复制到"大学公共基础课成绩表.xlsx"工作簿的"计算机应用"工作表之前，并将复制后的工作表 Sheet1 更名为"大学英语"，将"应用文写作.xlsx"工作簿中的"应用文写作"工作表、"高等数学.xlsx"工作簿中的"高

等数学"工作表复制到"大学公共基础课成绩表.xlsx"工作簿中的最后，并调整工作表的顺序从左向右为"大学英语""计算机应用""高等数学""应用文写作"。

① 双击打开考生文件夹中的"大学英语.xlsx"工作簿，右击该工作簿中的 Sheet1 工作表，在弹出的快捷菜单中选择"移动或复制"选项，弹出"移动或复制工作表"对话框，单击"工作簿"下方文本框右侧的三角形，选择"大学公共基础课成绩表"，在"下列选定工作表之前"下方列表中选择"计算机应用"，单击"建立副本"左侧的复选按钮表示复制该工作表，如图 4-81 所示，单击"确定"按钮完成大学英语工作表的复制。双击"大学公共基础课成绩表.xlsx"的 Sheet1 工作表，使其名称呈反显状态，输入"大学英语"后，按 Enter 键表示名称修改确认。

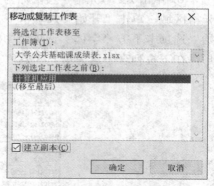

图 4-81　"移动或复制工作表"对话框

② 同理，依次将"应用文写作.xlsx"工作簿中的"应用文写作"工作表、"高等数学.xlsx"工作簿中的"高等数学"工作表复制到"大学公共基础课成绩表.xlsx"工作簿的最后，并按住"高等数学"工作表名称拖动至"应用文写作"工作表之前，如图 4-82 所示。

大学英语 计算机应用 高等数学 应用文写作

图 4-82　工作表顺序样张

(2) 在"大学公共基础课成绩表.xlsx"工作簿中的"大学英语"工作表之前插入一张新的工作表，并将新工作表更名为"各科成绩表"。

① 右击"大学公共基础课成绩表.xlsx"工作簿中的"大学英语"工作表，在弹出的快捷菜单中选择"插入"选项，弹出"插入"对话框，在"常用"选项卡下方选择"工作表"，如图 4-83 所示，单击"确定"按钮。

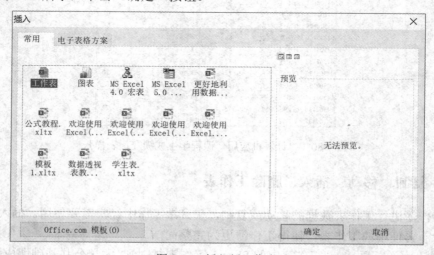

图 4-83　插入新工作表

② 双击工作表名称 Sheet1，使其呈反显状态，并输入"各科成绩表"，按 Enter 键确认输入。

任务3 复制、粘贴与移动单元格的数据

本任务要求掌握数据的复制、选择性复制与粘贴等基本操作。

(1) 参考样张，将"计算机应用"工作表的"学号""姓名""性别"以及"总成绩"列的数据复制到"各科成绩表"工作表中，自 A2 单元格开始存放，D2 单元格内容为"计算机应用"。

① 单击"大学公共基础课成绩表.xlsx"工作簿中"计算机应用"工作表的 A2 单元格，按住 Shift 键后再单击 C39 单元格，选中 A2:C39 连续单元格区域，按 Ctrl+C 组合键复制数据，再单击"各科成绩表"工作表的 A2 单元格，单击"开始"选项卡"剪贴板"选项组"粘贴"下方的三角形，在下拉列表中单击"选择性粘贴"，弹出"选择性粘贴"对话框，在"粘贴"选项中选择"数值"，单击"确定"按钮完成选择性粘贴数值的任务，如图 4-84 所示。

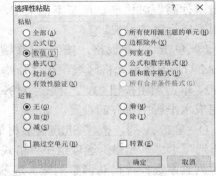

图 4-84 "选择性粘贴"对话框

② 同理，选择"计算机应用"工作表中的 G2:G39 单元格区域，复制并选择性粘贴至"各科成绩表"的 D2 单元格中。

③ 单击"各科成绩表"的 D2 单元格，将"总评成绩"改为"计算机应用"。

(2) 参考样张，分别将"应用文写作"分数、"大学英语"分数、"高等数学"分数，复制到"各科成绩表"中的相应位置，在"各科成绩表"工作表中，将各列成绩的排列顺序调整为"大学英语""计算机应用""高等数学""应用文写作"。

① 同理，选择"应用文写作"的 D1:D38 单元格区域，复制并选择性粘贴至"各科成绩表"的 E2 单元格。

② 同理，选择"大学英语"的 D1:D38 单元格区域，复制并选择性粘贴至"各科成绩表"的 F2 单元格。

③ 同理，选择"高等数学"的 D1:D38 单元格区域，复制并选择性粘贴至"各科成绩表"的 G2 单元格。

④ 单击"各科成绩表"工作表中的 F 列，按 Ctrl+C 组合键复制 F 列数据，右击 D 列，在弹出的快捷菜单中选择"插入剪切的单元格"选项。同理，完成"高等数学"与"应用文写作"两列数据的交换，将各列成绩的排列顺序调整为"大学英语""计算机应用""高等数学""应用文写作"，如图 4-85 所示。

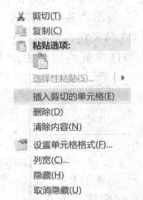

图 4-85 快捷菜单选择"插入剪切的单元格"

(3) 参考样张，在"各科成绩表"的 A1 单元格输入"大学公共基础课各科成绩表"，设置 A1 单元格字体为黑体，字号为 16、加粗，字体颜色为蓝色；设置第 1 行的行高为 28；设置 A2:G2 单元格区域的字体为宋体 12 号加粗，且内容居中显示，调整第 A 列至 G 列的列宽为"自动调整列宽"，调整第 2 行至 39 行的行高为"自动调整行高"。

① 单击"各科成绩表"工作表的 A1 单元格，并输入"大学公共基础课各科成绩表"，按 Enter 键确认输入。单击"开始"选项卡"字体"选项组中"宋体"右侧的三角形，在下拉列表中选择"黑体"，在"字号"文本框中输入"16"，单击加粗按钮"B"，单击字体颜色 △ 右侧的三角形，在下拉列表中选择"蓝色"。

② 右击第 1 行行号，在弹出的快捷菜单中选择"行高"，弹出"行高"对话框，在文本框中输入"28"，按"确定"按钮完成行高的设置。

③ 单击 A2 单元格，按住 Shift 键单击 G2 单元格，选中 A2:G2 连续单元格区域，在"开始"选项卡中设置字号为 12，单击加粗按钮"B"，单击"对齐方式"中的居中 ≣ 按钮完成水平居中对齐的设置。

④ 单击 A 列，按住 Shift 键后再单击 G 列。单击"开始"选项卡"单元格"选项组中"格式"下方的三角形，在下拉列表中选择"自动调整列宽"选项，如图 4-86 所示。同理，设置第 2 行至 39 行所有的行高为"自动调整行高"。

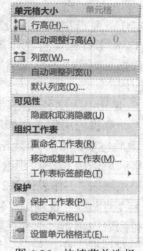

图 4-86　快捷菜单选择
"自动调整列宽"

任务 4　应用函数与单元格绝对地址

本任务要求掌握如何使用各种基础函数的应用，了解相对地址、绝对地址与混合地址的应用。

(1) 参考样张，在 H 列增加"总分"列，使用 SUM 函数计算出每位学生的总分；在 I 增加"名次"列，使用 RANK 函数计算出每位学生的总分排名。

① 单击"各科成绩表"工作表的 H2 单元格，输入"总分"后按 Enter 键确认输入。单击 H3 单元格，单击"开始"选项卡"编辑"选项组中的" Σ 自动求和·"按钮，如图 4-87 所示，H3 单元格的公式为"=SUM(D3:G3)"，公式正确后按 Enter 键确认输入。

图 4-87　SUM 函数的应用

② 单击 H3 单元格，将光标移至 H3 单元格的右下角，当鼠标为实心十字形时，按住鼠标左键拖至 H39 单元格，完成序列的填充。

③ 单击 I2 单元格，输入"名次"后按 Enter 键确认输入。单击 I3 单元格，单击"开始"选项卡"编辑"选项组中" Σ 自动求和·"按钮右侧的三角形，在下拉列表中选择"其他函数"，弹出"插入函数"对话框，在"搜索函数"下方的对话框中输入"rank"，单击右侧"转到"按钮进行搜索，在"选择函数"的下拉列表中选择"RANK"函数，如图 4-88 所示。单击"确定"按钮，弹出"函数参数"设置对话框，将光标置于"Number"右侧的文本框中，用鼠标单击 I3 单元格；将光标置于"Ref"右侧的文本框中，用鼠标拖动选择

I3:I39 单元格区域，由于每一位同学参与排序的序列是一致的，所以需要选中"Ref"右侧的文本框地址"I3:I39"，按 F4 键将相对地址改为绝对地址"$I$3:$I$39"；将光标置于"Order"右侧的文本框中，输入"0"或者不输入任何内容，表示名次是按照总分由高到低进行排名的，如图 4-89 所示，单击"确定"按钮。

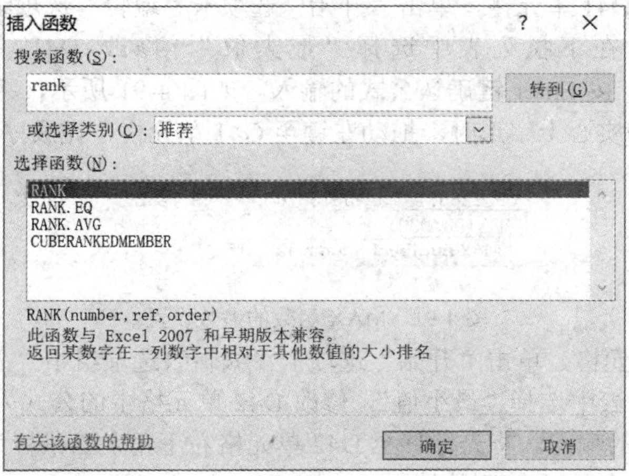

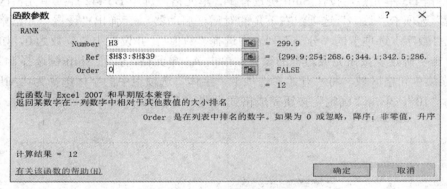

图 4-88 插入 RANK 函数

图 4-89 RANK 函数的参数设置

④ 单击 I3 单元格，将光标移至 I3 单元格的右下角，当鼠标为实心十字形时，按住鼠标左键拖至 I39 单元格，完成序列的填充。

(2) 参考样张，计算出各门课程的"班级平均分""班级最高分"及"班级最低分"，设置所有的成绩均不显示小数，设置 A40:A42 单元格为"橄榄色 强调文字 3 淡色 40%"填充，设置 D40:G42 单元格区域为"白色 背景 1 深色 25%"填充；合并 A1:I1 单元格区域，设置 A2:I42 单元格区域的外边框为蓝色双实线(第二列最后一行)，内部边框设置为蓝色虚线(第一列第二行)，设置"各科成绩表"中数据区 A3:I42 单元格区域的字体为 10 号 Arial。

① 单击"各科成绩表"工作表的 A40 单元格，输入"班级平均分"，按 Enter 键确认输入，将光标置于 D40 单元格，单击"开始"选项卡"编辑"选项组中的"Σ 自动求和·"按钮右侧的三角形，在下拉列表中选择"平均值"，修改 D40 单元格中的公式为"=AVERAGE(D3:D39)"，按 Enter 键确认公式的输入。如图 4-90 所示，将光标移至 D40 单元格的右下角，当鼠标为实心十字形时，拖动左键至 G40 单元格，完成序列的填充。

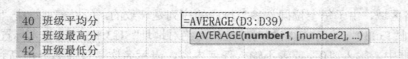

图 4-90　AVERAGE 函数的参数设置

② 同理，单击 D41 单元格，单击"开始"选项卡"编辑"选项组中"Σ 自动求和▾"按钮右侧的三角形，在下拉列表中选择"最大值"，修改 D41 单元格中的公式为"=MAX(D3:D39)"，按 Enter 键确认公式的输入。如图 4-91 所示，将光标移至 D41 单元格右下角，当鼠标为实心十字形时，拖动左键至 G41 单元格，完成序列的填充。

40	班级平均分	69.228571	75.45675676		72.2	71.2
41	班级最高分	=MAX(D3:D39)				
42	班级最低分	MAX(number1, [number2], ...)				

图 4-91　MAX 函数的参数设置

③ 单击 D42 单元格，单击"开始"选项卡"编辑"选项组中"Σ 自动求和▾"按钮右侧的三角形，在下拉列表中选择"最小值"，修改 D42 单元格中的公式为"=MIN(D3:D39)"，按 Enter 键确认公式的输入。将光标移至 D42 单元格右下角，当鼠标为实心十字形时，拖动左键至 G42 单元格，完成序列的填充。

④ 单击 D3 单元格，按住 Shift 键选择 I42 单元格，选中 D3:I42 连续单元格区域，单击"开始"选项卡"数字"选项组右下角的对话框启动器 ▣，弹出"设置单元格格式"对话框，在"数字"选项卡的"分类"列表中选择"数值"，并设置小数位数为 0，如图 4-92 所示，单击"确定"按钮完成边框的设置。单击 A3 单元格，按住 Shift 键选择 I42，选中 A3:I42 连续单元格区域，将"开始"选项卡"字体"选项组中的字体选择为"Arial"，字号选择为"10"，单击"确定"按钮完成格式设置。

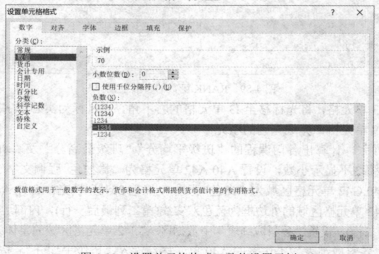

图 4-92　设置单元格格式—数值设置示例

⑤ 选择 A40:A42 单元格区域，单击"开始"选项卡"字体"选项组中填充颜色 ▾ 按钮右侧的三角形，在下拉列表中选择"橄榄色 强调文字 3 淡色 40%"填充。同理，设置 D40:G42 单元格区域为"白色 背景 1 深色 25%"填充。

⑥　单击 A1 单元格，按住 Shift 键再单击 I1 单元格，选择 A1:I1 连续单元格区域，单击"开始"选项卡"对齐方式"选项组中的 合并后居中 按钮，将 A1:I1 单元格区域合并为 A1 单元格。

⑦　单击 A2 单元格，按住 Shift 键再单击 I42 单元格，选中 A2:I42 连续单元格区域，单击"开始"选项卡"字体"选项组中下边框 按钮右侧的三角形，选择"其他边框"选项，弹出"设置单元格格式"对话框，在"边框"选项卡中选择"样式"下方第 2 列第 7 行双实线，在"颜色"下拉列表中选择蓝色，单击"外边框"按钮。同理，选择"样式"第 1 列第 2 行虚线，在"颜色"下拉列表中选择蓝色，单击"内部"按钮，如图 4-93 所示。单击"确定"按钮完成边框的设置，如图 4-94 所示。

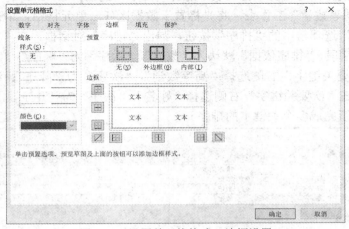

图 4-93　设置单元格格式—边框设置

大学公共基础课各科成绩表

学号	姓名	性别	大学英语	计算机应用	应用文写作	高等数学	总分	名次
04302101	杨妙琴	女	70	92	65	73	300	12
04302102	周凤连	女	60	86	42	66	254	32
04302103	白庆辉	男	46	73	71	79	269	26
04302104	张小静	女	75	75	99	95	344	1
04302105	郑敏	女	78	79	88	98	343	2
04302106	文丽芬	女	93	81	69	43	286	17
04302107	赵文静	女	96	85	65	31	277	22
04302108	甘晓聪	男	36	98	53	71	258	31
04302109	廖宇健	男	35	82	74	84	275	23
04302110	曾美玲	女	缺考	91	67	35	193	33
04302111	上艳平	女	47	99	98	79	323	6
04302112	刘显森	男	96	82	86	74	338	4
04302113	黄小惠	女	76	78	81	85	320	8
04302114	黄斯华	女	94	61	47	94	296	13
04302115	李平安	男	91	53	77	56	277	21
04302116	彭秉鸿	男	72	66	87	62	287	16
04302117	林巧花	女	82	92	41	71	286	18
04302118	吴文静	女	92	82	75	72	321	7
04302119	何军	女	83	60	77	91	311	10
04302120	赵宝玉	男	34	53	96	缺考	183	34
04302121	郑淑贤	女	74	66	88	38	266	27
04302122	孙娜	女	46	83	54	75	258	30
04302123	曾丝华	女	49	83	70	57	259	29
04302124	罗远方	女	72	69	35	90	266	27
04302125	何湘萍	女	81	50	78	95	304	11
04302126	黄莉	女	68	89	91	94	342	3
04302127	刘伟良	男	83	76	62	72	293	14
04302128	张攀华	女	40	81	87	71	279	19
04302129	刘雅诗	女	71	64	缺考	46	181	35
04302130	林晓魔	女	55	83	82	93	313	9
04302131	刘泽标	男	缺考	38	55	77	170	36
04302132	廖玉嫦	女	91	71	73	43	278	20
04302133	李立聪	男	62	70	65	72	269	25
04302134	李卓勋	女	70	52	缺考	缺考	122	37
04302135	韩世伟	男	44	97	81	69	291	15
04302136	陈美娜	女	65	72	70	67	274	24
04302137	李妙嫦	女	96	82	78	74	330	5
班级平均分			69	75	72	71		
班级最高分			96	99	99	98		
班级最低分			34	38	35	31		

图 4-94　大学公共基础课各科成绩表样张

任务5　排序和筛选各科成绩表

　　针对数据表中的数据进行排序，掌握"与""或"关系的筛选，满足不同用户针对不同数据显示的要求。

　　(1) 在"大学英语"工作表中，将"大学英语"列的成绩按升序排列，在"高等数学"工作表中，以"性别"为主要关键字降序排列，以"高等数学"为第二关键字降序排列，以"姓名"为第三关键字升序排列。

　　① 单击"大学英语"工作表的 D1 单元格，单击"开始"选项卡"编辑"选项组中"排序和筛选"下方的三角形，在下拉列表中选择"升序"选项。

　　② 单击"高等数学"工作表，将光标置于数据区任一单元格中，单击"数据"选项卡"排序和筛选"选项组中的"排序"按钮，弹出"排序"对话框，在"主要关键字"右侧选择"性别"字段，"排序依据"默认为"数值"，"次序"为"降序"；单击"添加条件"按钮后，在"次要关键字"右侧选择"高等数学"，"次序"为"降序"；继续单击"添加条件"按钮后，在"次要关键字"右侧选择"姓名"，"次序"为"升序"，如图 4-95 所示，单击"确定"按钮完成多个关键字的排序。

图 4-95　"排序"对话框

　　(2) 复制"各科成绩表"置于"大学英语"工作表前，并重命名为"自动筛选"，在"自动筛选"工作表中删除第 40 至 42 行的数据，再复制"自动筛选"工作表置于其后，并重命名为"高级筛选"。

　　① 右击"各科成绩表"工作表，在弹出的快捷菜单中选择"移动或复制工作表"，工作簿为当前工作簿，"下列选定工作表之前"选择"大学英语"工作表，选中"建立副本"前的复选框按钮，如图 4-96 所示，单击"确定"按钮，完成工作表的复制。

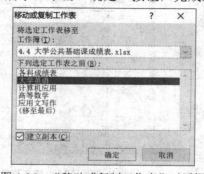

图 4-96　"移动或复制工作表"对话框

② 双击"各科成绩表(2)"工作表名称，使其呈反显状态，输入"自动筛选"后，按
Enter 键确认输入，单击第 40 行，按住 Shift 键再单击第 42 行，右击选定区域，在快捷菜
单中选择"删除"命令，删除第 40 至 42 行共 3 行数据。

③ 右击"自动筛选"工作表，在弹出的快捷菜单中选择"移动或复制工作表"，工作
簿依然为当前工作簿，在"下列选定工作表之前"选择"自动筛选"工作表，选中"建立
副本"前的复选框按钮，单击"确定"按钮，完成工作表的复制。

④ 双击"自动筛选(2)"工作表名称，使其呈反显状态，输入"高级筛选"后，按 Enter
键确认输入。

(3) 在"自动筛选"工作表中筛选出同时满足以下四个条件的数据记录："性别"为女；
姓"黄"或姓名中最后一个字为"静"；"计算机应用"的成绩在 80 分～90 分之间；"名次"
在前 8 名。

① 单击"自动筛选"工作表，将光标置于数据区任意位置处，单击"数据"选项卡
下方"排序和筛选"选项组中的"筛选"按钮，在数据区的列名右侧出现筛选按钮。

② 单击"性别"字段右侧的三角形筛选按钮，在下拉列表中去除"男"前面的复选
按钮，单击"确定"按钮完成性别筛选。

③ 单击"姓名"字段右侧的三角形筛选按钮，在下拉列表中选择"文本筛选"选项，
如图 4-97(a)所示，在右侧展开的列表中选择"开头是"选项，如图 4-97(b)所示，弹出"自
定义自动筛选方式"对话框，在"姓名"的"开头是"右侧的文本框中输入"黄"，单击
"或"单选框按钮，在下方的下拉列表中选择"结尾是"，并在其右侧的文本框中输入"静"，
如图 4-98 所示，单击"确定"按钮完成自定义筛选条件的设置。

(a) 自动筛选选项

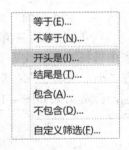
(b) 文本筛选选项

图 4-97 筛选选项

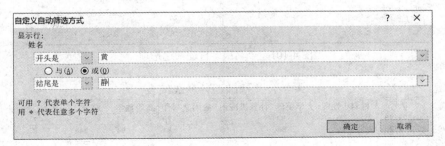

图 4-98 "姓名"自动筛选选项

④ 单击"计算机应用"字段右侧的三角形筛选按钮，在下拉列表中选择"数字筛选"选项，如图 4-99(a)在右侧展开的列表中选择"介于"选项，如图 4-99(b)弹出"自定义自动筛选方式"对话框，在"计算机应用"下方的"大于或等于"右侧文本框中输入"80"，在下方"小于或等于"右侧文本框中输入"90"，如图 4-100 所示，单击"确定"按钮完成"计算机应用"字段的筛选。

(a) 自动筛选选项

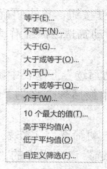

(b) 数字筛选选项

图 4-99　筛选选项

图 4-100　"计算机应用"自动筛选选项

⑤ 单击"名次"字段右侧的三角形筛选按钮，在下拉列表中选择"数字筛选"选项，在右侧展开的列表中选择"小于或等于"选项，弹出"自定义自动筛选方式"对话框，在"名次"选项下方"小于或等于"右侧文本框中输入"8"，如图 4-101 所示，单击"确定"按钮完成名次筛选，筛选结果如图 4-102 所示。

图 4-101　"名次"自动筛选选项

大学公共基础课各科成绩表

学号	姓名	性别	大学英语	计算机应用	应用文写作	高等数学	总分	名次
04302118	吴文静	女	92	82	75	72	321	7
04302126	黄莉	女	68	89	91	94	342	3

图 4-102　自动筛选样张

（4）参考样张，在"高级筛选"工作表中筛选出女生总分小于 200 或男生总分大于等于 300 的学生记录，并将筛选结果自 A42 开始显示；在"高级筛选"工作表中筛选出女生姓"曾"或男生三个字最后一个为"聪"的学生记录，并将筛选结果自 A50 开始显示。

① 参考如图 4-103 所示的样张，在"高级筛选"工作表的 K2:L4 单元格区域输入筛选条件，单击数据区任意一个单元格，单击"数据"选项卡"排序和筛选"选项组中的"高级"，弹出"高级筛选"对话框，在"方式"下方选择"将筛选结果复制到其他位置"选项，"列表区域"的范围是"$A$2:$I$39"，一般是默认设置无须选择。如数据区域不对，可通过鼠标拖动选择筛选列表区域的数据区。在"条件区域"右侧列表中选择"高级筛选"工作表的 K2 至 L4 单元格区域，在"复制到"右侧文本框中单击"高级筛选"工作表的 A42 单元格，如图 4-104 所示，单击"确定"按钮完成高级筛选，筛选结果如图 4-105 所示。

	A	B	C	D	E	F	G	H	I	J	K	L
1					大学公共基础课各科成绩表							
2	学号	姓名	性别	大学英语	计算机应用	应用文写作	高等数学	总分	名次		性别	总分
3	04302101	杨妙琴	女	70	92	65	73	300	12		女	<200
4	04302102	周凤连	女	60	86	42	66	254	32		男	>=300
5	04302103	白庆辉	男	46	73	71	79	269	26			
6	04302104	张小静	女	75	75	99	95	344	1			
7	04302105	郑敏	女	78	79	88	98	343	2			

图 4-103 高级筛选条件区样例

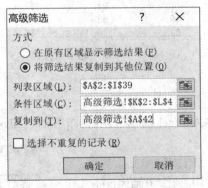

图 4-104 "高级筛选"对话框

学号	姓名	性别	大学英语	计算机应用	应用文写作	高等数学	总分	名次
04302110	曾美玲	女	缺考	91	67	35	193	33
04302112	刘显森	男	96	82	86	74	338	4
04302119	何军	男	83	60	77	91	311	10
04302129	刘雅诗	女	71	64	缺考	46	181	35
04302134	李卓勋	女	70	52	缺考	缺考	122	37

图 4-105 高级筛选结果样张

② 参考如图 4-106 所示的样张，在"高级筛选"工作表的 N2:O4 单元格区域输入筛选条件，单击数据区任意一个单元格，单击"数据"选项卡"排序和筛选"选项组中的"高级"，弹出"高级筛选"对话框，在"方式"下方选择"将筛选结果复制到其他位置"选项，"列表区域"的范围是"$A$2:$I$39"，一般是默认设置无须选择。如数据区域不对，可通过鼠标拖动选择筛选列表区域的数据区。在"条件区域"右侧列表中选择"高级筛选"工作表的 N2 至 O4 单元格区域，在"复制到"右侧文本框中单击"高级筛选"工作表的 A50 单元格，如图 4-107 所示，单击"确定"按钮完成高级筛选，筛选结果如图 4-108 所示。

学号	姓名	性别	大学英语	计算机应用	应用文写作	高等数学	总分	名次
大学公共基础课各科成绩表								
04302101	杨妙琴	女	70	92	65	73	300	12
04302102	周凤连	女	60	86	42	66	254	32
04302103	白庆辉	男	46	73	71	79	269	26

性别	总分		姓名	性别
女	<200		曾*	女
男	>=300		??聪	男

图 4-106　高级筛选条件区样例

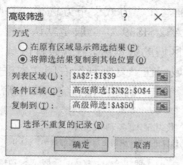

图 4-107　"高级筛选"对话框

学号	姓名	性别	大学英语	计算机应用	应用文写作	高等数学	总分	名次
04302108	甘晓聪	男	36	98	53	71	258	31
04302110	曾美玲	女	缺考	91	67	35	193	33
04302123	曾丝华	女	49	83	70	57	259	29
04302133	李立聪	男	62	70	65	72	269	25

图 4-108　高级筛选结果样张

同步练习

调入考生文件夹中的"4.4 Excel 基础应用-制作考勤表.xlsx",参考样张(见图 4-109)按照下列要求操作：

(1) 新建"考勤表.xlsx"工作簿。

① 将"4.4 Excel 基础应用-制作考勤表.xlsx"工作簿中 Sheet1 工作表的内容复制至新的工作簿中，并将新工作簿命名为"考勤表.xlsx"。

② 将"考勤表.xlsx"的 Sheet1 工作表更名为"一月考勤"。

③ 参考"考勤表(样张).xlsx"工作簿中"一月考勤"的格式对"考勤表.xlsx"中的"一月考勤"工作表进行相应的格式设置。

(2) 复制、移动、插入、删除工作表。

① 设置完格式后，将"一月考勤"工作表复制至同一工作簿的其他两个工作表，并分别命名为"二月考勤"和"三月考勤"。

② 参考样张修改其中的"加班天数"和"请假天数"两列数据，如图 4-110 和图 4-111 所示。

图 4-109　"一月考勤"样张

	A	B	C	D	E	F	G
1	欣欣公司考勤表						
2	员工编号	姓名	性别	部门	职务	加班天数	请假天数
3	001	李新	男	办公室	总经理	3	0
4	002	王文辉	男	销售部	经理	0	0
5	003	孙英	女	办公室	文员	1	1
6	004	张在旭	男	开发部	工程师	0	0
7	005	金翔	男	销售部	销售员	0	0
8	006	郝心怡	女	办公室	文员	5	0
9	007	扬帆	男	销售部	销售员	0	0
10	008	黄开芳	女	客服部	经理	0	0
11	009	张磊	男	开发部	经理	2	0
12	010	王春晓	女	销售部	销售员	0	0
13	011	陈松	男	开发部	工程师	1	0
14	012	姚玲	女	客服部	工程师	0	0
15	013	张雨涵	女	销售部	销售员	0	0
16	014	钱民	男	开发部	工程师	3	0
17	015	王力	男	客服部	经理	0	2
18	016	高晓东	男	客服部	工程师	0	0
19	017	张平	男	销售部	销售员	0	0
20	018	黄莉莉	女	开发部	文员	1	3

图 4-110 "二月考勤"样张

	A	B	C	D	E	F	G
1	欣欣公司考勤表						
2	员工编号	姓名	性别	部门	职务	加班天数	请假天数
3	001	李新	男	办公室	总经理	2	0
4	002	王文辉	男	销售部	经理	0	0
5	003	孙英	女	办公室	文员	0	1
6	004	张在旭	男	开发部	工程师	0	0
7	005	金翔	男	销售部	销售员	0	0
8	006	郝心怡	女	办公室	文员	0	0
9	007	扬帆	男	销售部	销售员	3	0
10	008	黄开芳	女	客服部	文员	0	2
11	009	张磊	男	开发部	经理	0	0
12	010	王春晓	女	销售部	销售员	0	0
13	011	陈松	男	开发部	工程师	0	0
14	012	姚玲	女	客服部	工程师	4	0
15	013	张雨涵	女	销售部	销售员	0	0
16	014	钱民	男	开发部	工程师	0	0
17	015	王力	男	客服部	经理	1	2
18	016	高晓东	男	客服部	工程师	0	0
19	017	张平	男	销售部	销售员	0	0
20	018	黄莉莉	女	开发部	文员	0	3

图 4-111 "三月考勤"样张

(3) 复制、粘贴与移动单元格的数据。

① 参考样张制作"一季度加班"工作表，统计 1～3 月份的加班天数，如图 4-112 所示。

② 计算出一个季度的加班总天数。

	A	B	C	D	E	F	G
1	员工编号	姓名	部门	一月加班天数	二月加班天数	三月加班天数	一季度加班天数
2	001	李新	办公室	3	3	2	8
3	002	王文辉	销售部	5	0	0	5
4	003	孙英	办公室	0	1	0	1
5	004	张在旭	开发部	0	0	0	0
6	005	金翔	销售部	0	0	0	3
7	006	郝心怡	办公室	0	5	0	5
8	007	扬帆	销售部	0	0	3	3
9	008	黄开芳	客服部	0	0	0	0
10	009	张磊	开发部	6	2	0	8
11	010	王春晓	销售部	0	0	0	0
12	011	陈松	开发部	2	1	0	3
13	012	姚玲	客服部	0	0	4	4
14	013	张雨涵	销售部	0	0	0	0
15	014	钱民	开发部	0	3	0	3
16	015	王力	客服部	1	0	1	2
17	016	高晓东	客服部	0	0	0	0
18	017	张平	销售部	0	0	0	0
19	018	黄莉莉	开发部	2	1	0	3

图 4-112 "一季度加班"工作表

(4) 排序考勤表。

① 参考样张将"一季度加班"工作表复制到"排序"工作表，如图 4-113 所示。

② 按照"部门"字段进行升序排序。

图 4-113 "排序"工作表样张

(5) 筛选考勤表

① 参考样张将"一季度加班"工作表复制到"自动筛选"和"高级筛选"工作表。

② 在"自动筛选"工作表中筛选出部门为"销售部"，且加班天数超过 2 天的人员记录，如图 4-114 所示。

图 4-114 自动筛选样张

③ 在"高级筛选"工作表中筛选出一月加班天数大于等于 3 天，或二月加班天数大于等于 3 天，或三月加班天数大于等于 3 天的人员记录，如图 4-115 所示。

图 4-115 高级筛选条件区和样张

案例五　Excel 高级应用——制作成绩统计表

案例情境

某大学基础部需要通过学生的公共基础课程的成绩，统计各门功课每个分数段的人数和考试情况。

案例素材

...\考生文件夹\Excel 高级应用-制作成绩统计表.xlsx

任务 1　单元格的引用

通过跨工作表的引用进行成绩统计，了解不同地址的引用。

(1) 从"各科成绩表"中，将四门课程的"班级平均分""班级最高分"和"班级最低分"的数据引用到"成绩统计表"中的相应单元格中。

① 单击"4.5Excel 高级应用-制作成绩统计表.xlsx"工作簿中"成绩统计表"工作表的 B3 单元格，输入"="，单击"各科成绩表"的"D39"，公示栏中显示"=各科成绩表!D39"时，按 Enter 键确认引用。

② 单击"成绩统计表"工作表的 B3 单元格，将鼠标移至该单元格右下角，当鼠标指针为实心十字形时，拖动鼠标左键至 E3 单元格，完成公式序列的填充。

③ 单击"成绩统计表"工作表的 B3 单元格，按住 Shift 键的同时单击 E3 单元格，选中 B3:E3 单元格区域，将鼠标移至选定区域的右下角，当鼠标指针为实心十字形时，拖动鼠标左键至 E5 单元格，完成各门功课班级最高分、班级最低分的成绩填充，如图 4-116 所示。

成绩统计表

课程	大学英语	计算机应用	高等数学	应用文写作
班级平均分	69.23	75.46	71.2	72.2
班级最高分	96	98.7	98	99
班级最低分	34	38.4	31	35

图 4-116　成绩统计表各门功课平均分、最高分、最低分引用样张

(2) 统计函数 COUNTA 及 COUNT 的使用，将"各科成绩表"中各门课程的"应考人数""参考人数"和"缺考人数"的统计结果放置到"成绩统计表"中的相应单元格中。

① 统计"大学英语"课程的应考人数，在"成绩统计表"工作表中的 B6 单元格中输入"=COUNTA(各科成绩表!D2:D38)"公式，按 Enter 键确认公式输入。

② 统计"大学英语"课程的参考人数，在"成绩统计表"工作表中的 B7 单元格输入"=COUNT(各科成绩表!D2:D38)"公式，按 Enter 键确认公式输入。

③ 统计"大学英语"课程的缺考人数，在"成绩统计表"工作表中的 B8 单元格输入"=B6-B7"公式，按 Enter 键确认公式输入。

④ 单击 B6 单元格，按住 Shift 键的同时单击 B8 单元格，选中 B6:B8 单元格区域，将鼠标移至该区域右下角，当鼠标为实心十字形时，拖动鼠标左键至 E8 单元格，如图 4-117 所示。

成绩统计表

课程	大学英语	计算机应用	高等数学	应用文写作
班级平均分	69.23	75.46	71.2	72.2
班级最高分	96	98.7	98	99
班级最低分	34	38.4	31	35
应考人数	37	37	37	37
参考人数	35	37	35	35
缺考人数	2	0	2	2

图 4-117　应考、参考、缺考人数计算样张

任务 2　COUNTIF 函数的应用

将"各科成绩表"中各门课程各分数段人数的统计结果放置到"成绩统计表"中的相应单元格中。

统计"大学英语"等各门课程成绩在不同分数段间的人数、及格率和优秀率，利用公式在"成绩统计表"中计算出各门功课的及格率(成绩在 60 分以上的学生)和优秀率(成绩在 90 分以上的学生)，并设置及格率和优秀率的值为百分比、2 位小数显示。

(1) 统计"大学英语"课程成绩在 90 分以上的人数。单击"成绩统计表"工作表的 B9 单元格，单击"开始"选项卡"编辑"选项组中"Σ自动求和·"按钮右侧的三角形，在下拉列表中选择"其他函数"，在弹出的如图 4-118 所示的"插入函数"对话框的"搜索函数"下方文本框中输入"countif"，单击"转到"，在"选择函数"下方列表中选择"COUNTIF"函数，单击"确定"按钮，弹出"函数参数"对话框，在"COUNTIF"函数下方的"Range"引用对话框中，用鼠标选择"各科成绩表!D2:D38"，在"Criteria"右侧的文本框中输入">=90"确定筛选条件，如图 4-119 所示，单击"确定"按钮，完成 90 分以上大学英语人数的统计。

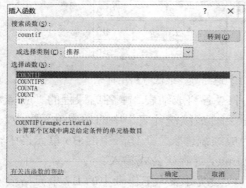

图 4-118　"插入函数"对话框进行

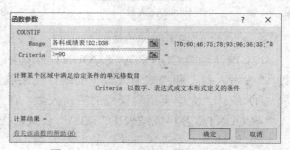

图 4-119　COUNTIF 函数参数设置

(2) 统计"大学英语"课程成绩在80～89分之间的人数。单击"成绩统计表"工作表的 B10 单元格，同理打开"COUNTIF"函数参数设置对话框，在"COUNTIF"函数下方的"Range"引用对话框中，用鼠标选择"各科成绩表!D2:D38"，在"Criteria"右侧文本框中输入">=80"，单击"确定"按钮，筛选出大学英语80分以上的人数，单击"B10"单元格，在公式编辑栏中修改 B10 单元格公式为"=countif(各科成绩表!D2:D38,">=80")-成绩统计表!B9"，公式正确后，按 Enter 键确认公式完成对 80～89 分之间大学英语人数的统计，如图 4-120 所示。

B10		f_x	=COUNTIF(各科成绩表!D2:D38,">=80")-成绩统计表!B9				
	A	B	C	D	E	F	G	H
1	成绩统计表							
2	课程	大学英语	计算机应用	高等数学	应用文写作			
3	班级平均分	69.23	75.46	71.2	72.2			
4	班级最高分	96	98.7	98	99			
5	班级最低分	34	38.4	31	35			
6	应考人数	37	37	37	37			
7	参考人数	35	37	35	35			
8	缺考人数	2	0	2	2			
9	90-100(人)	8						
10	80-89(人)	4						

图 4-120　统计 80～89 分之间的人数

(3) 统计"大学英语"课程成绩在70～79分之间的人数。单击"成绩统计表"工作表的 B11 单元格，同理打开"COUNTIF"函数参数设置对话框，在"COUNTIF"函数下方的"Range"引用对话框中，用鼠标选择"各科成绩表!D2:D38"，在"Criteria"右侧文本框中输入">=70"，单击"确定"按钮，筛选出大学英语70分以上的人数，单击"B11"单元格，在公式编辑栏中修改 B11 单元格公式为"=countif(各科成绩表!D2:D38,">=70")-成绩统计表!B9-成绩统计表!B10"，公式正确后，按 Enter 键确认公式完成对 70～79 分之间大学英语人数的统计，如图 4-121 所示。

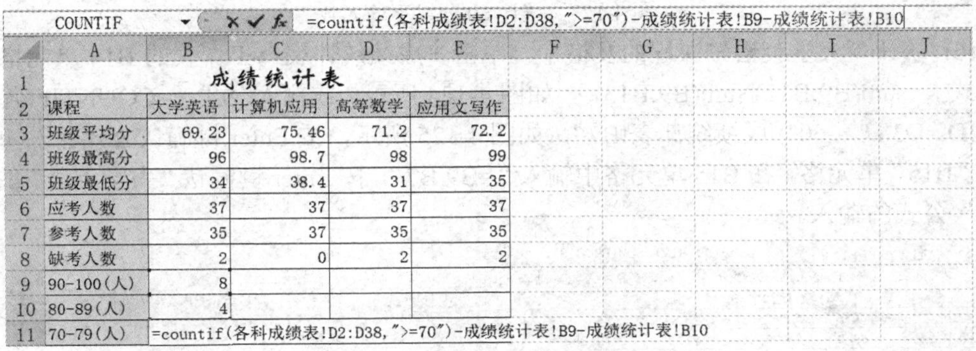

COUNTIF		× ✓ f_x	=countif(各科成绩表!D2:D38,">=70")-成绩统计表!B9-成绩统计表!B10						
	A	B	C	D	E	F	G	H	I	J
1	成绩统计表								
2	课程	大学英语	计算机应用	高等数学	应用文写作				
3	班级平均分	69.23	75.46	71.2	72.2				
4	班级最高分	96	98.7	98	99				
5	班级最低分	34	38.4	31	35				
6	应考人数	37	37	37	37				
7	参考人数	35	37	35	35				
8	缺考人数	2	0	2	2				
9	90-100(人)	8							
10	80-89(人)	4							
11	70-79(人)	=countif(各科成绩表!D2:D38,">=70")-成绩统计表!B9-成绩统计表!B10							

图 4-121　统计 70～79 分之间的人数

(4) 统计"大学英语"课程成绩在60～69分之间的人数。单击"成绩统计表"工作表的 B12 单元格，同理打开"COUNTIF"函数参数设置对话框，在"COUNTIF"函数下方的"Range"引用对话框中，用鼠标选择"各科成绩表!D2:D38"，在"Criteria"右侧文本框中输入">=60"，单击"确定"按钮，筛选出大学英语60分以上的人数，单击"B12"单元格，在公式编辑栏中修改 B12 单元格公式为"=countif(各科成绩表!D2:D38,">=60")-成绩统计表!B9-成绩统计表!B10-成绩统计表!B11"，公式正确后，按 Enter 键确认公式完成对 60～69 分之间大学英语人数的统计，如图 4-122 所示。

COUNTIF	▼	✕ ✔ fx	=countif(各科成绩表!D2:D38,">=60")-成绩统计表!B9-成绩统计表!B10-成绩统计表!B11								
	A	B	C	D	E	F	G	H	I	J	K
1			成绩统计表								
2	课程	大学英语	计算机应用	高等数学	应用文写作						
3	班级平均分	69.23	75.46	71.2	72.2						
4	班级最高分	96	98.7	98	99						
5	班级最低分	34	38.4	31	35						
6	应考人数	37	37	37	37						
7	参考人数	35	37	35	35						
8	缺考人数	2	0								
9	90-100(人)	8									
10	80-89(人)	4									
11	70-79(人)	9									
12	60-69(人)	=countif(各科成绩表!D2:D38,">=60")-成绩统计表!B9-成绩统计表!B10-成绩统计表!B11									

图 4-122　统计 60～69 分之间的人数

(5) 统计"大学英语"课程成绩在 60 分以下的人数。单击"成绩统计表"工作表的 B13 单元格，同理打开"COUNTIF"函数参数设置对话框，在"COUNTIF"函数下方的 "Range"引用对话框中，用鼠标选择"各科成绩表!D2:D38"，在"Criteria"右侧文本框中输入"<60"，单击"确定"按钮，筛选出大学英语 60 分以下的人数，如图 4-123 所示。

COUNTIF	▼	✕ ✔ fx	=COUNTIF(各科成绩表!D2:D38,"<60")			
	A	B	C	D	E	F	G
1			成绩统计表			
2	课程	大学英语	计算机应用	高等数学	应用文写作	
3	班级平均分	69.23	75.46	71.2	72.2	
4	班级最高分	96	98.7	98	99	
5	班级最低分	34	38.4	31	35	
6	应考人数	37	37	37	37	
7	参考人数	35	37	35	35	
8	缺考人数	2	0	2	2	
9	90-100(人)	8				
10	80-89(人)	4				
11	70-79(人)	9				
12	60-69(人)	4				
13	60以下(人)	=COUNTIF(各科成绩表!D2:D38,"<60")				
14	及格率	COUNTIF(range, criteria)				

图 4-123　统计 60 分以下的人数

(6) 统计"大学英语"课程的及格率。单击"成绩统计表"工作表的 B14 单元格，输入公式"=sum(B9:B12)/sum(B9:B13)"，如图 4-124 所示，或输入公式"=COUNTIF(各科成绩表!D2:D38,">=60")/成绩统计表!B7"，如图 4-125 所示，按 Enter 键确认公式输入，同理单击"B15"单元格，在 B15 单元格中输入"=B9/B7"，按 Enter 键确认"大学英语"的"优秀率"公式的输入。

COUNTIF	▼	✕ ✔ fx	=SUM(B9:B12)/SUM(B9:B13)		
	A	B	C	D	E	F
1			成绩统计表		
2	课程	大学英语	计算机应用	高等数学	应用文写作
3	班级平均分	69.23	75.46	71.2	72.2
4	班级最高分	96	98.7	98	99
5	班级最低分	34	38.4	31	35
6	应考人数	37	37	37	37
7	参考人数	35	37	35	35
8	缺考人数	2	0	2	2
9	90-100(人)	8			
10	80-89(人)	4			
11	70-79(人)	9			
12	60-69(人)	4			
13	60以下(人)	10			
14	及格率	=SUM(B9:B12)/SUM(B9:B13)			
15	优秀率	SUM(number1, [number2], ...)			

图 4-124　"大学英语"及格率统计样张 1

COUNTIF	▼	✕ ✔ fx	=COUNTIF(各科成绩表!D2:D38,">=60")/成绩统计表!B7				
	A	B	C	D	E	F	G	H
1			成绩统计表				
2	课程	大学英语	计算机应用	高等数学	应用文写作		
3	班级平均分	69.23	75.46	71.2	72.2		
4	班级最高分	96	98.7	98	99		
5	班级最低分	34	38.4	31	35		
6	应考人数	37	37	37	37		
7	参考人数	35	37	35	35		
8	缺考人数	2	0	2	2		
9	90-100(人)	8					
10	80-89(人)	4					
11	70-79(人)	9					
12	60-69(人)	4					
13	60以下(人)	10					
14	及格率	=COUNTIF(各科成绩表!D2:D38,">=60")/成绩统计表!B7					
15	优秀率	COUNTIF(range, criteria)					

图 4-125　"大学英语"及格率统计样张 2

(7) 单击 B9 单元格，按住 Shift 键的同时按住 B15 单元格，选中 B9:B15 单元格区域，光标移至单元格区域右下角，当鼠标为实心十字形时，拖动鼠标至 E15 单元格，完成其他各门功课分数段人数的统计。

(8) 单击 B14 单元格，按住 Shift 键的同时按住 E15 单元格，选中 B14:E15 单元格区域，单击"开始"选项卡"数字"选项组的百分比 % 符号，并单击两次增加小数位数 符号。最终的成绩统计表样张如图 4-126 所示。

成绩统计表

课程	大学英语	计算机应用	高等数学	应用文写作
班级平均分	69.23	75.46	71.2	72.2
班级最高分	96	98.7	98	99
班级最低分	34	38.4	31	35
应考人数	37	37	37	37
参考人数	35	37	35	35
缺考人数	2	0	2	2
90-100（人）	8	6	8	4
80-89（人）	4	12	2	8
70-79（人）	9	13	13	10
60-69（人）	4	5	4	6
60以下（人）	10	6	8	7
及格率	71.43%	83.78%	77.14%	80.00%
优秀率	22.86%	16.22%	22.86%	11.43%

图 4-126 成绩统计表样张

任务 3 逻辑判断函数 IF 的使用

通过 IF 函数的嵌套使用，对不同等级进行判断。

(1) 参考样张，复制"各科成绩表"置于最后一张，并重命名为"各科等级表"，删除"总分"和"名次"两列数据，同时删除"班级平均分""班级最高分"和"班级最低分"三行数据，删除"各科等级表"中的所有科目的成绩。

① 右击"各科成绩表"工作表，在弹出的快捷菜单中选择"移动或复制"选项，弹出"移动或复制工作表"对话框，在对话框中的"下列选定工作表之前"下方列表中选择"(移至最后)"选项，选中"建立副本"选项前方的复选框按钮，单击"确定"按钮完成工作表的复制。

② 双击"各科成绩表(2)"工作表名称，使其呈反显状态，输入"各科等级表"名称，按 Enter 键确认名称输入。

③ 拖动选择 H 列和 I 列，右击选择区域，在弹出的快捷菜单中选中"删除"命令。

④ 拖动选择 39 行至 41 行，右击选择区域，在弹出的快捷菜单中选中"删除"命令。

⑤ 单击 D2 单元格，按住 Shift 键的同时单击 G38 单元格，选中 D2:G38 单元格区域，单击 Del(ete)按键，删除所有学生的课程成绩，如图 4-127 所示。

学号	姓名	性别	大学英语	计算机应用	高等数学	应用文写作
04302101	杨妙琴	女				
04302102	周凤连	女				
04302103	白庆辉	男				
04302104	张小静	女				

图 4-127 "各科等级表"无成绩数据样张

(2) 利用 IF 函数对"各科成绩表"中的"应用文写作"成绩进行等级设置，等级结果置于"各科等级表"的对应单元格中，若"应用文写作"成绩在 60 分以上的，在"各科等级表"中"应用文写作"的对应位置设置为"及格"，否则为"不及格"。利用 IF 嵌套函数对"各科成绩表"中的"大学英语""计算机应用""高等数学"三门课程的分数，在"各科等级表"中的对应科目中进行如表 4-1 所示的相应等级设置。

表 4-1 成绩与等级对应表

分　数	等　级
缺考	缺考
分数≥90	A
90＞分数≥80	B
80＞分数≥70	C
70＞分数≥60	D
分数＜60	E

① 单击"各科等级表"工作表的 G2 单元格，单击"开始"选项卡"编辑"选项组中" Σ 自动求和·"按钮右侧的三角形，在下拉列表中选择"其他函数"，在弹出"插入函数"对话框的"搜索函数"下方文本框中输入"if"，单击"转到"，如图 4-128 所示，在"选择函数"下方列表中选择"IF"函数，单击"确定"按钮，弹出"函数参数"对话框，参考如图 4-129 所示函数参数进行设置。

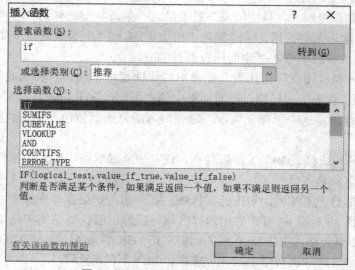

图 4-128 通过插入函数搜索 IF 函数

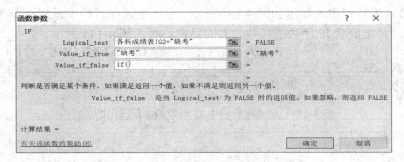

图 4-129　IF 函数第 1 层应用

② 在公式编辑栏中的显示如图 4-130 所示。单击公式编辑栏中最后一个参数中 "if()" 括号的中间，弹出嵌套 IF 函数的参数设置对话框，参考图 4-131 和图 4-132 所示。

	A	B	C	D	E	F	G	H
IF				fx	=IF(各科成绩表!G2="缺考","缺考",if())			
1	学号	姓名	性别	大学英语	计算机应用	高等数学	应用文写作	
2	04302101	杨妙琴	女				考",if())	

图 4-130　公式编辑栏中 IF 函数第 1 层应用的公式

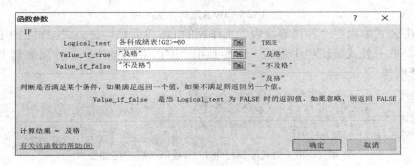

图 4-131　IF 函数第 2 层应用

	A	B	C	D	E	F	G	H	I	J	K
IF				fx	=IF(各科成绩表!G2="缺考","缺考",IF(各科成绩表!G2>=60,"及格","不及格"))						
1	学号	姓名	性别	大学英语	计算机应用	高等数学	应用文写作				
2	04302101	杨妙琴	女				不及格"))				

图 4-132　公式编辑栏中 IF 函数第 2 层应用的公式

③ 单击 "各科等级表" 工作表的 D2 单元格，同理插入 IF 函数，在弹出的 "函数参数" 对话框中，参照图 4-133 所示进行参数设置。

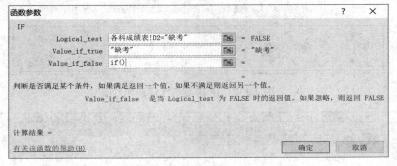

图 4-133　IF 函数第 1 层应用

④ 在公式编辑栏中的显示如图 4-134 所示。单击公式编辑栏中最后一个参数中"if()"括号的中间，弹出嵌套 IF 函数的参数设置对话框，参考图 4-135 所示。

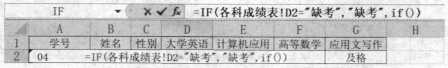

图 4-134　公式编辑栏中 IF 函数第 1 层应用的公式

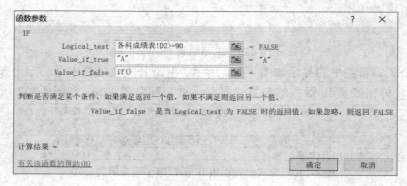

图 4-135　IF 函数第 2 层应用

⑤ 单击公式编辑栏"各科等级表"工作表的 D2 单元格，在公式编辑栏中的显示如图 4-136 所示。单击公式编辑栏中最后一个参数中"if()"括号的中间，弹出嵌套 IF 函数的参数设置对话框。

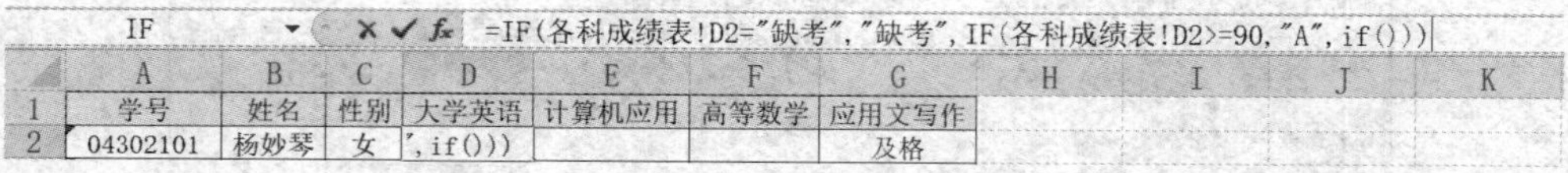

图 4-136　公式编辑栏中 IF 函数第 2 层应用的公式

⑥ 同理，依次输入如图 4-137 所示的参数，参数输入完毕后，此时公式编辑栏中的显示如图 4-138 所示。

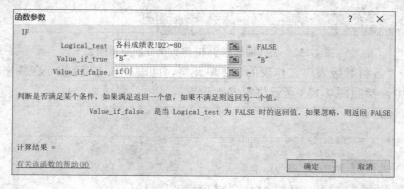

图 4-137　IF 函数第 3 层应用

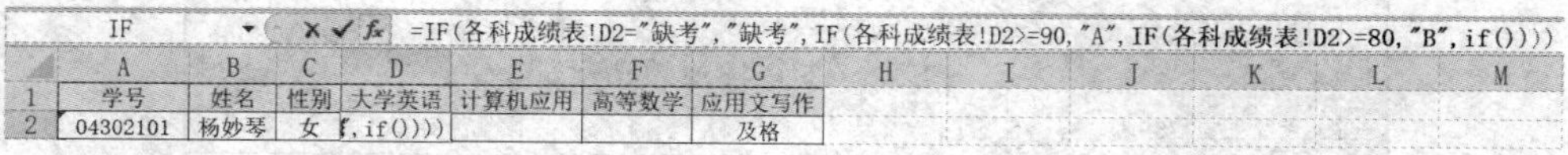

图 4-138　公式编辑栏中 IF 函数第 3 层应用的公式

⑦ 同理，再次单击公式编辑栏中最后一个参数中"if()"括号的中间，弹出嵌套 IF 函数的参数设置对话，参照图 4-139 对话框进行参数设置，此时公式编辑栏中的显示如图 4-140 所示。

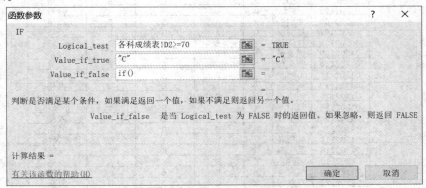

图 4-139 IF 函数第 4 层应用

图 4-140 公式编辑栏中 IF 函数第 4 层应用的公式

⑧ 同理，再次单击公式编辑栏中最后一个参数中"if()"括号中间，弹出嵌套 IF 函数的参数设置对话，参照图 4-141 对话框进行参数设置，此时公式编辑栏中的显示如图 4-142 所示，单击"确定"按钮完成 IF 函数 5 层嵌套的应用。

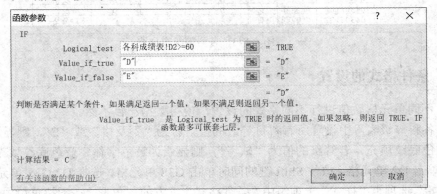

图 4-141 IF 函数第 5 层应用

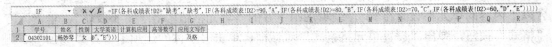

图 4-142 公式编辑栏中 IF 函数第 5 层应用的公式

⑨ 单击"各科等级表"工作表的 D2 单元格，移至单元格右下角，当鼠标为实心十字形时，拖动至 F2 单元格。

⑩ 单击"各科等级表"工作表的 D2 单元格，按住 Shift 键的同时单击 G2 单元格，选择 D2:G2 单元格区域，将光标移至该区域右下角，当鼠标为实心十字形时，拖动至 G38 单元格，完成所有同学等级序列的填充，如图 4-143 所示。

学号	姓名	性别	大学英语	计算机应用	高等数学	应用文写作
04302101	杨妙琴	女	C	A	C	及格
04302102	周凤连	女	D	B	D	不及格
04302103	白庆辉	男	E	C	C	及格
04302104	张小静	女	C	C	A	及格
04302105	郑敏	女	C	C	A	及格
04302106	文丽芬	女	A	B	E	及格
04302107	赵文静	女	A	B	E	及格
04302108	甘晓聪	男	E	A	C	不及格
04302109	廖宇健	男	E	B	B	及格
04302110	曾美羚	女	缺考	A	E	及格
04302111	王艳平	女	E	A	C	及格
04302112	刘显森	男	A	B	C	及格
04302113	黄小惠	女	C	C	B	及格
04302114	黄斯华	女	A	D	A	不及格
04302115	李平安	男	A	E	E	及格
04302116	彭秉鸿	男	C	D	D	及格
04302117	林巧花	女	B	A	C	不及格
04302118	吴文静	女	A	B	C	及格
04302119	何军	男	B	E	A	及格
04302120	赵宝玉	男	E	E	缺考	及格
04302121	郑淑贤	女	C	D	E	及格
04302122	孙娜	女	E	B	C	不及格
04302123	曾丝华	女	C	B	E	及格
04302124	罗远方	女	E	D	A	不及格
04302125	何湘萍	女	B	E	A	及格
04302126	黄莉	女	D	B	A	及格
04302127	刘伟良	男	B	C	C	及格
04302128	张翠华	女	E	B	C	及格
04302129	刘雅诗	女	C	D	E	缺考
04302130	林晓旋	女	E	B	A	及格
04302131	刘泽标	男	缺考	E	C	不及格
04302132	廖玉嫦	女	A	C	E	及格
04302133	李立聪	男	D	C	C	及格
04302134	李卓勋	女	C	E	缺考	缺考
04302135	韩世伟	男	E	A	D	及格
04302136	陈美娜	女	D	C	D	及格
04302137	李妙嫦	女	A	B	C	及格

图 4-143　各科等级表样张

任务 4　条件格式的设置

针对不同单元格数值进行不同格式的设置，使得数据一目了然。

在"各科等级表"中设置所有科目等级的值，若为"不及格"或"E"，则显示为红色字体、黄色底纹填充，若等级的值为"缺考"，则显示为黄色字体、蓝色底纹填充。

(1) 单击 D2 单元格，按住 Shift 键的同时单击 G38 单元格，选择 D2:G38 单元格区域，单击"开始"选项卡"样式"选项组中"条件格式"下方的三角形，在下拉菜单中选择"新建规则"，弹出"新建格式规则"对话框，在"选择规则类型"下拉列表中选择"只为包含以下内容的单元格设置格式"，编辑规则下方的"单元格值"等于"不及格"，单击下方"格式"按钮，弹出"设置单元格格式"对话框，单击"字体"选项卡下方"颜色"右侧的三角形，在下拉选项中选择"红色"，再单击"填充"选项卡下方的黄色底纹进行填充，单击"确定"按钮返回"新建格式规则"对话框，如图 4-144 所示，单击"确定"按钮完成"不及格"条件格式的设置。

(2) 选择 D2:G38 单元格区域，单击"开始"选项卡"样式"选项组中"条件格式"下方的三角形，在下拉菜单中选择"新建规则"，弹出"新建格式规则"对话框，同理设置等级"E"的条件格式，如图 4-145 所示。

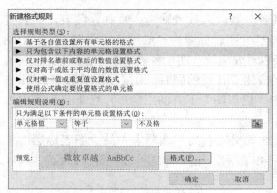
图 4-144　"不及格"条件格式设置

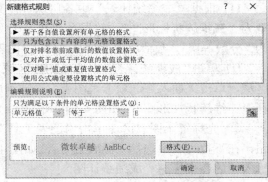
图 4-145　"E"等级条件格式设置

（3）选择 D2:G38 单元格区域，单击"开始"选项卡"样式"选项组中"条件格式"下方的三角形，在下拉菜单中选择"新建规则"，弹出"新建格式规则"对话框，同理设置"缺考"的条件格式，如图 4-146 所示。

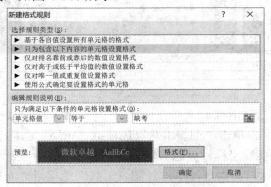
图 4-146　"缺考"条件格式设置

（4）选择 D2:G38 单元格区域，单击"开始"选项卡"样式"选项组中"条件格式"下方的三角形，在下拉菜单中选择"管理规则"，弹出"条件格式规则管理器"对话框，所有当前活动单元格的条件格式规则如图 4-147 所示。

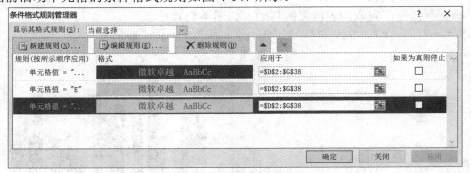
图 4-147　条件格式规则管理器

任务 5　图表的创建与编辑

根据数据表创建满足不同需求的图表，使得成绩分布图一目了然。

(1) 根据"成绩统计表"中各门课程及其各分数段人数及缺考人数制作图表，图表类型为"三维簇状柱形图"，数据系列产生在"行"，图表标题为"成绩统计图"，分类(X)轴为"分数等级"，数值(Z)轴为"人数"，将图表以"成绩统计图"名称生成一张新的工作表。

① 单击"成绩统计表"中的 A2:E2 区域，按住 Ctrl 键的同时，用鼠标拖动选中 A8:E13 区域，单击"插入"选项卡"图表"选项组中"柱形图"下方的三角形，在下拉列表中选择"三维簇状柱形图"，如图 4-148 所示。

② 光标置于图表区，单击"图表工具"选项组"布局"选项卡中的"图表标题"按钮，在下拉列表中选择"图表上方"，如图 4-149 所示，删除图表区的"图表标题"内容，输入新的图表标题"成绩统计图"。

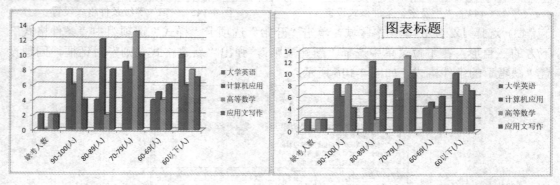

图 4-148　成绩统计图样张 1　　　　　　　　图 4-149　成绩统计图样张 2

③ 光标置于图表区，单击"图表工具"选项组"布局"选项卡中的"坐标轴标题"，在下拉列表中选择"主要横坐标轴标题"，在右侧列表中选择"坐标轴下方标题"，修改"坐标轴标题"为"分数等级"。同理，单击"图表工具"选项组"布局"选项卡中的"坐标轴标题"，在下拉列表中选择"主要纵坐标轴标题"，在右侧列表中选择"竖排标题"，修改"坐标轴标题"为"人数"。

④ 右击图表空白区域，在弹出的快捷菜单中选择"移动图表"，弹出"移动图表"对话框，单击"新工作表"选项，在右侧的文本框中输入"成绩统计图"，如图 4-150 所示，单击"确定"按钮，完成图表位置的移动，如图 4-151 所示。

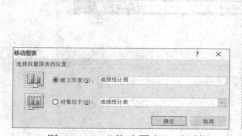

图 4-150　"移动图表"对话框

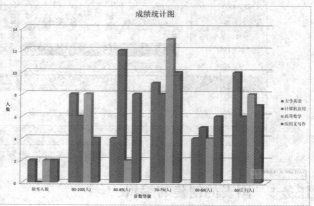

图 4-151　成绩统计图样张 3

(2) 对图表的外观进行修饰，将图表标题设置为"幼圆、22 号、蓝色、加粗"，将图表区的填充效果设置为"羊皮纸",将背景墙的填充效果设置为"水滴",为图例添加"阴影边框""向右下偏移"。

① 单击图表标题"成绩统计图",单击"开始"选项卡"字体"选项组,选择"字体"为幼圆,在"字号"文本框中输入"22",单击加粗按钮 **B**,单击字体颜色 **A**,在下拉列表中选择蓝色,如图4-152所示。

图 4-152 图表标题格式设置

② 右击图表区,在弹出的快捷菜单中选择"设置图表区域格式",弹出"设置图表区格式"对话框,如图4-153所示,单击左侧的"填充"选项卡,在右侧选择"图片或纹理填充",单击"纹理"右侧的三角形,在列表中选择"羊皮纸",单击"关闭"按钮返回图表。

③ 右击图表背景墙区域,在弹出的快捷菜单中选择"设置背景墙格式",弹出"设置图表区格式"对话框,单击左侧的"填充"选项卡,在右侧选择"图片或纹理填充",单击"纹理"右侧的三角形,在列表中选择"水滴",单击"关闭"按钮返回图表,图表格式如图4-154所示。

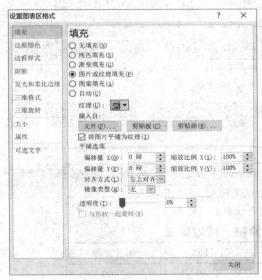

图 4-153 图表背景填充设置

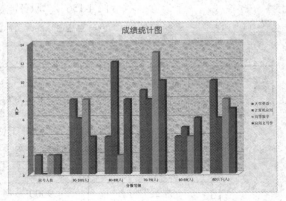

图 4-154 成绩统计图样张4

同步练习

调入考生文件夹中的"4.5 Excel 高级应用-制作工资统计表.xlsx",按照下列要求操作:

1. 函数与公式的计算

(1) 将"工资表(素材)"工作簿中的 Sheet1 工作表名称改为"一月工资"。

(2) 在"一月工资"工作表中计算出"职务工资""职务津贴""绩效工资""单位养老

金""单位医疗""单位失业金""单位公积金""工伤保险金""生育保险金""出勤奖惩"
"个人公积金""个人养老金""个人失业金""个人医疗""大病""单位保险金""工会"
"所得税"和"实发工资"。参考样张，按照下列提示进行各项薪资的计算：

① 计算职工职务工资、职务津贴和绩效工资。

利用 IF 函数，计算出每位职工的职务工资、职务津贴、绩效工资。如计算李新的职务工资，则 G4=IF(E4="总经理", 9000, IF(E4="经理", 6000, IF(E4="工程师", 4500, 3000)))，如图 4-155 所示；如计算李新的职务津贴，则 H4 =IF(E4="总经理", 4000, IF(E4="经理", 3200, IF(E4="工程师", 1800, 1200)))，如图 4-156 所示；如计算李新的绩效工资，则 I4 = IF(E4 = "总经理", 2800, IF(E4="经理", 2000, IF(E4="工程师", 1400, 1200)))，如图 4-157 所示。各等级对应的职务工资和职务津贴如表 4-2 所示。

G4				fx	=IF(E4="总经理", 9000, IF(E4="经理", 6000, IF(E4="工程师", 4500, 3000)))						
A	B	C	D	E	F	G	H	I	J	K	L
1											
2 员工编号	姓名	性别	部门	职务					应发项目		
3					基本工资	职务工资	职务津贴	绩效工资	单位养老金	单位医疗	单位失业金
4 001	李新	男	办公室	总经理	¥9,880.00	¥9,000.00					

图 4-155　"职务工资"计算公式样张

H4				fx	=IF(E4="总经理", 4000, IF(E4="经理", 3200, IF(E4="工程师", 1800, 1200)))						
A	B	C	D	E	F	G	H	I	J	K	L
员工编号	姓名	性别	部门	职务					应发项目		
					基本工资	职务工资	职务津贴	绩效工资	单位养老金	单位医疗	单位失业金
001	李新	男	办公室	总经理	¥9,880.00	¥9,000.00	¥4,000.00				

图 4-156　"职务津贴"计算公式样张

I4				fx	=IF(E4="总经理", 2800, IF(E4="经理", 2000, IF(E4="工程师", 1400, 1200)))						
A	B	C	D	E	F	G	H	I	J	K	L
									应发项目		
员工编号	姓名	性别	部门	职务	基本工资	职务工资	职务津贴	绩效工资	单位养老金	单位医疗	单位失业金
001	李新	男	办公室	总经理	¥9,880.00	¥9,000.00	¥4,000.00	¥2,800.00			

图 4-157　"绩效工资"计算公式样张

表 4-2　职务工资、津贴、绩效标准

职务	职务工资	职务津贴	绩效工资
总经理	9000	4000	2800
经理	6000	3200	2000
工程师	4500	1800	1400
销售员或文员	3000	1200	1200

② 计算五险一金。

五险一金的缴纳基数是每位员工的基本工资×缴纳比例。如计算李新的单位养老金，则 J4= F4*20%，以此类推计算出李新的单位医疗、单位失业金、单位公积金、工伤保险金、生育保险金，利用序列填充的功能，计算出每位员工的五险一金。同时计算出每位员工的个人公积金、个人养老金、个人失业金、个人医疗、大病、工会(每月 6 元)等代扣款项。
险种及缴纳比例如表 4-3 所示。

表 4-3 保险单位与个人缴纳比例

险种	单位缴纳比例	个人缴纳比例
养老保险	20%	8%
医疗保险	9%	2%+10 元(大病医疗)
失业保险	1.5%	0.5%
住房公积金	8%	8%
工伤保险	0.5%	0
生育保险	0.5%	0

在代扣选项中，计算出单位保险金的总额，如计算李新的各五险一金：

单位养老金计算公式：J4 = F4*20%；

个人养老金计算公式：R4 = F4*8%；

单位医疗计算公式：K4 = F4*9%；

个人医疗计算公式：T4 = F4*2%；

单位失业金计算公式：L4 = F4*1.5%；

个人失业金计算公式：S4 = F4*0.5%；

单位公积金计算公式：M4 = F4*8%；

个人公积金计算公式：Q4 = F4*8%；

工伤保险金计算公式：N4 = F4*0.5%；

生育保险金计算公式：O4 = F4*0.5%；

单位保险金代扣款项计算公式：V4 = J4+K4+L4+M4+N4+O4。

③ 计算。

所得税额=(工资薪金所得 − 五险一金 − 扣除数) × 适用税率−速算扣除数

个税起征点：3500 元(最新标准已调至 5000 元，计算方法不变，请读者注意)。

如计算李新的个人所得税，则 X4=IF((SUM(F4:O4)−SUM(Q4:W4)−3500)<=1500, (SUM(F4:O4)−SUM(Q4:W4)−3500)*3%, IF((SUM(F4:O4)−SUM(Q4:W4)−3500)<=4500, (SUM(F4:O4)−SUM(Q4:W4)−3500)*10%−105, IF((SUM(F4:O4)−SUM(Q4:W4)−3500)<=9000, (SUM(F4:O4)−SUM(Q4:W4)−3500)*20%−555, (SUM(F4:O4)−SUM(Q4:W4)−3500)*25%−1005)))，利用序列填充的功能，计算出每位员工的所得税。税级、税率、速算扣除数等对照表如表 4-4 所示。

表 4-4 个税扣除比例

级数	含税级距	税率(%)	速算扣除数
1	<=1500	3	0
2	>1500&<=4500	10	105
3	>4500&<=9000	20	555
4	>9000&<=35000	25	1005

④ 计算出勤奖惩。

在"一月考勤表"工作表中计算出一月加班的总天数：

一月加班总天数 = 一月加班天数 – 一月请假天数(如：F2 = D2 – E2)

"一月考勤表"工作表样张如图 4-158 所示。

	A	B	C	D	E	F
1	员工编号	姓名	部门	一月加班天数	一月请假天数	一月加班总天数
2	001	李新	办公室	3	0	3
3	002	王文辉	销售部	5	0	5
4	003	孙英	办公室	0	1	-1
5	004	张在旭	开发部	0	0	0
6	005	金翔	销售部	3	0	3
7	006	郝心怡	办公室	0	0	0
8	007	扬帆	销售部	0	0	0
9	008	黄开芳	客服部	0	2	-2
10	009	张磊	开发部	6	0	6
11	010	王春晓	销售部	0	0	0
12	011	陈松	开发部	2	0	2
13	012	姚玲	客服部	0	0	0
14	013	张雨涵	销售部	0	0	0
15	014	钱民	开发部	0	0	0
16	015	王力	客服部	1	2	-1
17	016	高晓东	客服部	0	0	0
18	017	张平	销售部	0	0	0
19	018	黄莉莉	开发部	2	3	-1

图 4-158　"一月考勤表"工作表样张

在"一月工资"工作表中计算出每位员工的出勤奖惩，如计算李新的出勤奖惩，则 P4 =F4/28*一月考勤表!F2。

⑤ 计算实发工资。

实发工资 = 应发项目 – 代扣款项

如计算李新的实发工资，则 Y4=SUM(F4:P4)–SUM(Q4:X4)，利用序列填充的功能计算出每位员工的实发工资。

(3) 函数(COUNTA、COUNTIF、SUM、MAX、MIN、AVERAGE)的应用。

① 在"一月工资"工作表中的 AB4 单元格中，利用 COUNTA 函数统计出本公司的员工人数，如：AB4=COUNTA(B4:B21)，如图 4-159 所示。

公司总人数	18

图 4-159　COUNTA 函数的应用

② 在"一月工资"工作表中的 AB7:AB10 单元格中，利用 COUNTIF 函数分别统计出各部门的人数，如统计办公室的人数，则 AB7=COUNTIF($D$4:$D$21, AA7)，利用序列填充的功能，统计出其他部门的人数，如图 4-160 所示。

部门	人数
办公室	3
开发部	5
销售部	6
客服部	4

图 4-160　COUNTIF 函数的应用

③ 在"一月工资"工作表中，利用 SUM 函数、MAX 函数、MIN 函数和 AVERAGE 分别计算出实发工资总额、最高实发工资、最低实发工资和平均实发工资。

实发工资总额计算公式：AB12=SUM(Y4:Y21)；

最高实发工资计算公式：AB13=MAX(Y4:Y21)；

最低实发工资计算公式：AB14=MIN(Y4:Y21)；

平均实发工资计算公式：AB15=AVERAGE(Y4:Y21)。

"一月工资"工作表计算样张如图 4-161 所示。

实发工资总额	198740
最高实发工资	20816
最低实发工资	7386
平均实发工资	11041

图 4-161 "一月工资"工作表计算样张

2. 条件格式的设置

在"一月考勤表"工作表的"一月加班总天数"对应的数值中，凡是"一月加班总天数"大于 0 的，其对应的"一月加班总天数"单元格设置为蓝色加粗，凡是"一月加班总天数"小于 0 的，其对应的"一月加班总天数"单元格设置为红色加粗，如图 4-162 所示。

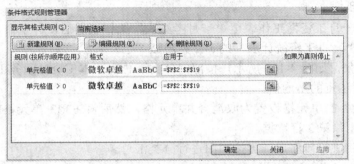

图 4-162 "一月考勤表"中条件格式设置对话框

"一月考勤表"工作表样张如图 4-163 所示。

	A	B	C	D	E	F
1	员工编号	姓名	部门	一月加班天数	一月请假天数	一月加班总天数
2	001	李新	办公室	3	0	3
3	002	王文辉	销售部	5	0	5
4	003	孙英	办公室	0	1	-1
5	004	张在旭	开发部	0	0	0
6	005	金翔	销售部	3	0	3
7	006	郝心怡	办公室	0	0	0
8	007	扬帆	销售部	0	0	0
9	008	黄开芳	客服部	0	2	-2
10	009	张磊	开发部	6	0	6
11	010	王春晓	销售部	0	0	0
12	011	陈松	开发部	2	0	2
13	012	姚玲	客服部	0	0	0
14	013	张雨函	销售部	0	0	0
15	014	钱民	开发部	0	0	0
16	015	王力	客服部	1	2	-1
17	016	高晓东	客服部	0	0	0
18	017	张平	销售部	0	0	0
19	018	黄莉莉	开发部	2	3	-1

图 4-163 "一月考勤表"工作表样张

3. 工作表格式化

参考样张，如图 4-164 所示，将“一月工资”工作表和“一月考勤表”工作表进行格式化，要求所有金额设置为货币格式，小数点保留 2 位。

**公司工资表

员工编号	姓名	性别	部门	职务	应发项目											代扣款项								实发工资
					基本工资	职务工资	职务津贴	绩效工资	单位养老金	单位医疗	单位失业金	单位公积金	工伤保险金	生育保险金	出勤奖惩	个人公积金	个人养老金	个人失业金	个人医疗	大病	单位保险金	工会	所得税	
001	李新	男	办公室	总经理	¥9,880.00	¥9,000.00	¥4,000.00	¥2,800.00	¥1,976.00	¥889.20	¥148.20	¥790.40	¥49.40	¥49.40	¥1,058.57	¥790.40	¥790.40	¥49.40	¥197.60	¥10.00	¥3,902.60	¥6.00	¥4,079.05	¥20,815.72
002	王文辉	男	销售部	经理	¥7,530.00	¥6,000.00	¥3,200.00	¥2,000.00	¥1,506.00	¥677.70	¥112.95	¥602.40	¥37.65	¥37.65	¥1,344.64	¥602.40	¥602.40	¥37.65	¥150.60	¥10.00	¥2,974.35	¥6.00	¥2,450.24	¥16,215.36
003	孙英	女	办公室	文员	¥3,250.00	¥3,000.00	¥1,200.00	¥1,200.00	¥650.00	¥292.50	¥48.75	¥260.00	¥16.25	¥16.25	(¥116.07)	¥260.00	¥260.00	¥16.25	¥65.00	¥10.00	¥1,283.75	¥6.00	¥351.55	¥7,565.13
004	张在旭	男	开发部	工程师	¥5,800.00	¥4,500.00	¥1,800.00	¥1,400.00	¥1,160.00	¥522.00	¥87.00	¥464.00	¥29.00	¥29.00	¥0.00	¥464.00	¥464.00	¥29.00	¥116.00	¥10.00	¥2,291.00	¥6.00	¥1,227.20	¥11,183.80
005	金翔	男	销售部	销售员	¥4,280.00	¥3,000.00	¥1,200.00	¥1,200.00	¥856.00	¥385.20	¥64.20	¥342.40	¥21.40	¥21.40	¥458.57	¥342.40	¥342.40	¥21.40	¥85.60	¥10.00	¥1,690.60	¥6.00	¥519.44	¥8,811.33
006	郝心怡	女	办公室	文员	¥3,180.00	¥3,000.00	¥1,200.00	¥1,200.00	¥636.00	¥286.20	¥47.70	¥254.40	¥15.90	¥15.90	¥0.00	¥254.40	¥254.40	¥15.90	¥63.60	¥10.00	¥1,256.10	¥6.00	¥342.57	¥7,633.13
007	扬帆	男	销售部	销售员	¥4,830.00	¥3,000.00	¥1,200.00	¥1,200.00	¥966.00	¥434.70	¥72.45	¥386.40	¥24.15	¥24.15	¥0.00	¥386.40	¥386.40	¥24.15	¥96.60	¥10.00	¥1,907.85	¥6.00	¥609.09	¥8,711.36
008	黄开芳	女	客服部	文员	¥3,150.00	¥3,000.00	¥1,200.00	¥1,200.00	¥630.00	¥283.50	¥47.25	¥252.00	¥15.75	¥15.75	(¥225.00)	¥252.00	¥252.00	¥15.75	¥63.00	¥10.00	¥1,244.25	¥6.00	¥340.13	¥7,386.13
009	张磊	男	开发部	经理	¥7,800.00	¥6,000.00	¥3,200.00	¥2,000.00	¥1,560.00	¥702.00	¥117.00	¥624.00	¥39.00	¥39.00	¥1,671.43	¥624.00	¥624.00	¥39.00	¥156.00	¥10.00	¥3,081.00	¥6.00	¥2,505.25	¥16,707.18
010	王春晓	女	销售部	销售员	¥4,860.00	¥3,000.00	¥1,200.00	¥1,200.00	¥972.00	¥437.40	¥72.90	¥388.80	¥24.30	¥24.30	¥0.00	¥388.80	¥388.80	¥24.30	¥97.20	¥10.00	¥1,919.70	¥6.00	¥613.98	¥8,730.92
011	陈松	男	开发部	工程师	¥6,300.00	¥4,500.00	¥1,800.00	¥1,400.00	¥1,260.00	¥567.00	¥94.50	¥504.00	¥31.50	¥31.50	¥450.00	¥504.00	¥504.00	¥31.50	¥126.00	¥10.00	¥2,488.50	¥6.00	¥1,324.63	¥11,943.88
012	姚玲	女	客服部	工程师	¥6,540.00	¥4,500.00	¥1,800.00	¥1,400.00	¥1,308.00	¥588.60	¥98.10	¥523.20	¥32.70	¥32.70	¥0.00	¥523.20	¥523.20	¥32.70	¥130.80	¥10.00	¥2,583.30	¥6.00	¥1,373.53	¥11,640.58
013	张雨涵	女	销售部	销售员	¥4,600.00	¥3,000.00	¥1,200.00	¥1,200.00	¥920.00	¥414.00	¥69.00	¥368.00	¥23.00	¥23.00	¥0.00	¥368.00	¥368.00	¥23.00	¥92.00	¥10.00	¥1,817.00	¥6.00	¥571.60	¥8,561.40
014	钱民	男	开发部	工程师	¥5,830.00	¥4,500.00	¥1,800.00	¥1,400.00	¥1,166.00	¥524.70	¥87.45	¥466.40	¥29.15	¥29.15	¥0.00	¥466.40	¥466.40	¥29.15	¥116.60	¥10.00	¥2,302.85	¥6.00	¥1,232.09	¥11,203.36
015	王力	男	客服部	经理	¥6,683.00	¥6,000.00	¥3,200.00	¥2,000.00	¥1,336.60	¥601.47	¥100.25	¥534.64	¥33.42	¥33.42	(¥238.68)	¥534.64	¥534.64	¥33.42	¥133.66	¥10.00	¥2,639.79	¥6.00	¥2,277.66	¥14,114.31
016	高晓东	男	客服部	工程师	¥5,800.00	¥4,500.00	¥1,800.00	¥1,400.00	¥1,160.00	¥522.00	¥87.00	¥464.00	¥29.00	¥29.00	¥0.00	¥464.00	¥464.00	¥29.00	¥116.00	¥10.00	¥2,291.00	¥6.00	¥1,227.20	¥11,183.80
017	张平	男	销售部	销售员	¥4,850.00	¥3,000.00	¥1,200.00	¥1,200.00	¥970.00	¥436.50	¥72.75	¥388.00	¥24.25	¥24.25	¥0.00	¥388.00	¥388.00	¥24.25	¥97.00	¥10.00	¥1,915.75	¥6.00	¥612.35	¥8,724.40
018	黄莉莉	女	开发部	文员	¥3,320.00	¥3,000.00	¥1,200.00	¥1,200.00	¥664.00	¥298.80	¥49.80	¥265.60	¥16.60	¥16.60	(¥118.57)	¥265.60	¥265.60	¥16.60	¥66.40	¥10.00	¥1,311.40	¥6.00	¥362.96	¥7,608.27

公司总人数	18

部门	人数
办公室	3
开发部	5
销售部	6
客服部	4

实发工资总额	198740
最高实发工资	20816
最低实发工资	7386
平均实发工资	11041

图 4-164　“一月工资”工资表样张

4. 分类汇总

(1) 复制“一月工资”工作表至“一月考勤表”工作表之后，并重命名为“一月工资统计表”，并将“一月工资统计表”的 J-X 列隐藏。

(2) 参考样张，如图 4-165 所示，按部门分类汇总出基本工资、职务工资、职务津贴、绩效工资和实发工资的平均值。

① 将 A2:Y2 的单元格设置为取消合并单元格，然后将 F3:I3 单元格的内容复制粘贴至 F2:I2，最后删除第 3 行数据。

② 按照部门进行排序后，再按部门进行分类汇总。

	A	B	C	D	E	F	G	H	I	Y
1	**公司工资表									
2	员工编号	姓名	性别	部门	职务	基本工资	职务工资	职务津贴	绩效工资	实发工资
3	001	李新	男	办公室	总经理	¥9,880.00	¥9,000.00	¥4,000.00	¥2,800.00	¥20,815.72
4	003	孙英	女	办公室	文员	¥3,250.00	¥3,000.00	¥1,200.00	¥1,200.00	¥7,565.13
5	006	郝心怡	女	办公室	文员	¥3,180.00	¥3,000.00	¥1,200.00	¥1,200.00	¥7,633.13
6				办公室 汇总		¥16,310.00	¥15,000.00	¥6,400.00	¥5,200.00	¥36,013.98
7	004	张在旭	男	开发部	工程师	¥5,800.00	¥4,500.00	¥1,800.00	¥1,400.00	¥11,183.80
8	009	张磊	男	开发部	经理	¥7,800.00	¥6,000.00	¥3,200.00	¥2,000.00	¥16,707.18
9	011	陈松	男	开发部	工程师	¥6,300.00	¥4,500.00	¥1,800.00	¥1,400.00	¥11,943.88
10	014	钱民	男	开发部	工程师	¥5,830.00	¥4,500.00	¥1,800.00	¥1,400.00	¥11,203.36
11	018	黄莉莉	女	开发部	文员	¥3,320.00	¥3,000.00	¥1,200.00	¥1,200.00	¥7,608.27
12				开发部 汇总		¥29,050.00	¥22,500.00	¥9,800.00	¥7,400.00	¥58,646.48
13	008	黄开芳	女	客服部	文员	¥3,150.00	¥3,000.00	¥1,200.00	¥1,200.00	¥7,386.13
14	012	姚玲	女	客服部	工程师	¥6,540.00	¥4,500.00	¥1,800.00	¥1,400.00	¥11,640.58
15	015	王力	男	客服部	经理	¥6,683.00	¥6,000.00	¥3,200.00	¥2,000.00	¥14,114.31
16	016	高晓东	男	客服部	工程师	¥5,800.00	¥4,500.00	¥1,800.00	¥1,400.00	¥11,183.80
17				客服部 汇总		¥22,173.00	¥18,000.00	¥8,000.00	¥6,000.00	¥44,324.81
18	002	王文辉	男	销售部	经理	¥7,530.00	¥6,000.00	¥3,200.00	¥2,000.00	¥16,215.36
19	005	金翔	男	销售部	销售员	¥4,280.00	¥3,000.00	¥1,200.00	¥1,200.00	¥8,811.33
20	007	扬帆	男	销售部	销售员	¥4,830.00	¥3,000.00	¥1,200.00	¥1,200.00	¥8,711.36
21	010	王春晓	女	销售部	销售员	¥4,860.00	¥3,000.00	¥1,200.00	¥1,200.00	¥8,730.92
22	013	张雨涵	女	销售部	销售员	¥4,600.00	¥3,000.00	¥1,200.00	¥1,200.00	¥8,561.40
23	017	张平	男	销售部	销售员	¥4,850.00	¥3,000.00	¥1,200.00	¥1,200.00	¥8,724.40
24				销售部 汇总		¥30,950.00	¥21,000.00	¥9,200.00	¥8,000.00	¥59,754.77
25				总计		¥98,483.00	¥76,500.00	¥33,400.00	¥26,600.00	¥198,740.03

图 4-165　“一月工资统计表”工资表样张

5. 图表

参考样张，如图 4-166 所示，根据“一月工资”工作表中“部门”和“人数”两列数据创建一个三维饼图，并作为新工作表插入，其名称为“各部门人数”统计图。

图 4-166 "一月工资"部门人数三维饼图

案例六 Excel 综合应用——制作工资条

案例情境

某单位需要制作员工工资条，通过 Excel 中的 VBA 实现员工每人一张工资条。

案例素材

...\考生文件夹\综合应用-制作工资条.xlsm

任务 1 工资表的各项计算

通过 VLOOKUP 等函数完成工资表各项费用的计算，统计员工应发工资。

(1) 在工作表"教学奖"的 E 列，利用公式计算超额教学工作量奖金(超过额定工作量=工作量－额定，超过额定工作量每课时奖 20 元，不超不奖)。

① 单击"教学奖"工作表 E2 单元格，在单元格中输入"=if()"函数；单击公式编辑栏的 ƒx 图标，弹出 IF 函数参数设置对话框，在"Logical_test"右侧的文本框中输入"D2>C2"，在"Value_if_true"右侧的文本框中输入"(D2-C2)*20"，在"Value_if_false"右侧的文本框中输入"0"，如图 4-167 所示，单击"确定"按钮完成超额教学工作量奖金的计算。

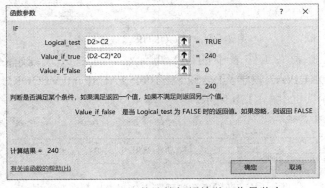

图 4-167 用 IF 函数计算超额教学工作量奖金

② 单击 E2 单元格，移动鼠标至 E 单元格右下角，当鼠标变成实心十字形时，拖动鼠标左键至 E106 单元格，完成所有教师教学奖的计算，如图 4-168 所示。

	A	B	C	D	E
1	工号	姓 名	定额（课时）	工作量（课时）	教学奖（元）
2	0101	孙文晔	40	52	240
3	0102	周文山	36	54	360
4	0103	赵祥超	32	41	180
5	0104	钟永进	36	30	0
6	0105	凌飞	36	44	160
7	0106	周小顺	32	40	160
8	0107	蒋培	36	30	0
9	0108	胡丹	28	33	100
10	0109	马继欣	40	46	120
11	0110	朱志勇	28	36.5	170
12	0111	朱祥云	40	40	0
13	0112	刘觅	36	48	240

图 4-168　教学奖计算样张

(2) 利用 VLOOKUP、ISNA 等函数，将"教学奖""科研奖""其他扣款"合并到"工资表"工作表的对应列。

① 单击"工资表"工作表中的 D2 单元格，在公式编辑栏中输入"=vlookup()"函数，单击公式编辑栏的 f_x 图标，弹出 VLOOKUP 函数参数设置对话框，在"Lookup_value"右侧的文本框中输入"A2"，单击"Table_array"右侧的文本框，通过鼠标选择"教学奖"工作表中的 A2:E106 单元格，在"Col_index_num"右侧的文本框中输入"5"表示返回引用区域中第 5 列的数值，在"Range_lookup"右侧的文本框中输入"false"实现精确匹配，如图 4-169 所示，单击"确定"按钮。

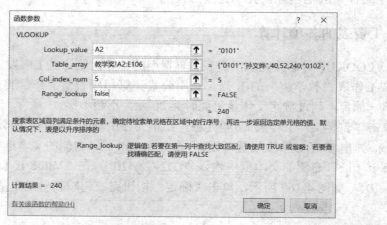

图 4-169　VLOOKUP 函数的应用

② 单击"工资表"工作表中的 E2 单元格，通过公式编辑栏修改 E2 公式为"=IF(ISNA(VLOOKUP(A2,教学奖!\$A\$2:\$E\$106,5,FALSE)),0,VLOOKUP(A2,教学奖!\$A\$2:\$E\$106,5, FALSE))"，如图 4-170 所示。

IF		× ✓ fx	=IF(ISNA(VLOOKUP(A2,教学奖!\$A\$2:\$E\$106,5,FALSE)),0,VLOOKUP(A2,教学奖!\$A\$2:\$E\$106,5,FALSE))										
	A	B	C	D	E	F	G	H	I	J	K	L	M	N
1	工号	姓 名	部门	工资	教学奖	科研奖	其它扣款	应发合计	扣税	实发				
2	0101	孙文晔	一系	4900	FALSE))									
3	0102	周文山	一系	5000										

图 4-170　通过函数实现跨工作表引用教学奖数据

③ 复制"工资表"工作表中的 E2 单元格公式,粘贴在 F2 单元格,修改 F2 单元格公式为"=IF(ISNA(VLOOKUP(A2,科研奖!\$A\$2:\$C\$18, 3, FALSE)), 0, VLOOKUP(A2,科研奖!\$A\$2:\$C\$18, 3, FALSE))",如图 4-171 所示。

图 4-171　通过函数实现跨工作表引用科研奖数据

④ 同理复制"工资表"工作表中的 E2 单元格公式,粘贴在 G2 单元格,修改 G2 单元格公式为" =IF(ISNA(VLOOKUP(A2, 其它扣款!\$A\$2:\$C\$25, 3, FALSE)), 0, VLOOKUP(A2, 其它扣款!\$A\$2:\$C\$25, 3, FALSE))",如图 4-172 所示。

图 4-172　通过函数实现跨工作表引用其他扣款数据

⑤ 单击 E2:G2 单元格区域,将光标移至该区域右下角,当鼠标为实心十字形时,拖动鼠标至 G106,完成所有教师教学奖、科研奖和其他扣款值的查找。

(3) 计算应发合计(应发合计 = 工资 + 教学奖 + 科研奖 - 其他扣款)。

① 单击 H2 单元格,在 H2 单元格中输入公式"=D2+E2+F2-G2",如图 4-173 所示,按 Enter 键确认"应发合计"列的计算。

	A	B	C	D	E	F	G	H	I	J
1	工号	姓 名	部门	工资	教学奖	科研奖	其它扣款	应发合计	扣税	实发
2	0101	孙文晖	一系	4900	240	500	50	=D2+E2+F2-G2		

图 4-173　应发合计计算示例

② 单击 H2 单元格,将光标移至该区域右下角,当鼠标为实心十字形时,拖动鼠标至 H106,完成所有教师应发合计的计算。

任务 2　VBA 程序扩展 Excel 功能

通过 VBA 程序扩展 Excel 功能,了解 VBA 程序的基本语法。

(1) 完成模块 1 中自定义函数"计税()"程序代码(见附程序代码),并在"工资表"工作表的 I 列调用计税()函数计算个人所得税。

① 单击"文件"选项卡"选项"命令,在"Excel 选项"对话框中选择"自定义功能区",单击右侧"开发工具"左侧的复选按钮,添加"开发工具"选项,如图 4-174 所示,单击"确定"按钮后,主菜单项自动增加"开发工具"选项卡。

② 单击"开发工具"选项卡"代码"选项组中的 图标,单击左侧"工程"下方的"模块 1",在右侧窗口显示其代码,按照图 4-175 所示的标准补充代码,代码如图 4-176 所示。

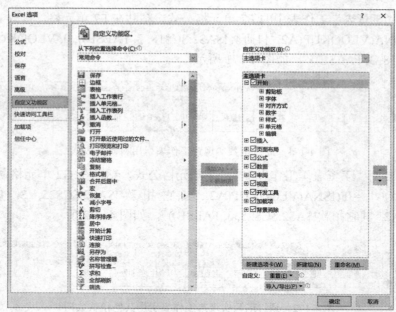

图 4-174　Excel 选项中添加"开发工具"选项

附计税方法：本例个人所得税=应纳税所得税×适用税率-速算扣除数
应纳税所得额=应发合计-3500

个税计算7级标准：

应纳税所额	适用税率	速算扣除数(元)	
应纳税额不超过1500元		3%	0
应纳税额超过1500元至4500元		10%	105
应纳税额超过4500元至9000	20%	555	
应纳税额超过9000元至35000元		25%	1005
应纳税额超过35000元至55000元		30%	2755
应纳税额超过55000元至80000元		35%	5500
应纳税额超过80000元		45%	13505

图 4-175　个税计算标准

```
4.6 Excel综合应用-制作工资表.xlsm - 模块1 (代码)
(通用)                                    计税
Function 计税(curP As Currency)
    Dim curT As Currency
    curP = curP - 3500           '3500为扣除数
    If curP > 0 Then
        Select Case curP
            Case Is <= 1500
                curT = curP * 0.03
            Case Is <= 4500
                curT = curP * 0.1 - 105
            Case Is <= 9000
                curT = curP * 0.2 - 555
            Case Is <= 35000
                curT = curP * 0.25 - 1005
            Case Is <= 55000
                curT = curP * 0.3 - 2755
            Case Is < 80000
                curT = curP * 0.35 - 5505
            Case Else
                curT = curP * 0.45 - 13505
        End Select

        计税 = curT
    Else

        计税 = 0

    End If
End Function
Sub 插入空行()
```

图 4-176　补充计税代码

③ 返回"工资表"工作表中，单击 I2 单元格，输入公式"=计税(H2)"，按 Enter 键

确认，完成员工孙文晔的扣税计算。

④ 单击 I2 单元格，将光标移至该区域右下角，当鼠标为实心十字形时，拖动鼠标至 I106，完成所有教师扣税的计算。

(2) "工资表"工作表中，计算实发工资(实发 = 应发合计 − 扣税)。

① 单击"工资表"工作表的 J2 单元格，输入公式"=H2−I2"，按 Enter 键确认，完成员工孙文晔的实发工资计算。

② 单击 J2 单元格，将光标移至该区域右下角，当鼠标为实心十字形时，拖动鼠标至 J106，完成所有教师实发工资的计算，如图 4-177 所示。

工号	姓 名	部门	工资	教学奖	科研奖	其它扣款	应发合计	扣税	实发
0101	孙文晔	一系	4900	240	500	50	5590.00	104	5486.00
0102	周文山	一系	5000	360	0	80	5280.00	73	5207.00
0103	赵祥超	一系	3760	180	0	0	3940.00	13.2	3926.80
0104	钟永进	一系	4058	0	0	0	4058.00	16.74	4041.26
0105	凌飞	一系	4900	160	0	0	5060.00	51	5009.00
0106	周小顺	一系	3815	160	0	0	3975.00	14.25	3960.75
0107	蒋培	一系	3957	0	0	100	3857.00	10.71	3846.29
0108	胡丹	一系	3904	100	200	0	4204.00	21.12	4182.88
0109	马继欣	一系	3786	120	200	0	4106.00	18.18	4087.82
0110	朱志勇	一系	3747	170	0	0	3917.00	12.51	3904.49
0111	朱祥云	一系	3860	0	0	0	3860.00	10.8	3849.20
0112	刘觅	一系	5500	240	0	50	5690.00	114	5576.00
0113	汪红	一系	3865	360	0	50	4175.00	20.25	4154.75
0114	李明	一系	5700	180	0	0	5880.00	133	5747.00
0115	周子川	一系	5800	100	200	0	6100.00	155	5945.00
0116	周作冰	一系	4560	160	0	0	4720.00	36.6	4683.40
0117	黄佳呈	一系	4858	160	0	0	5018.00	46.8	4971.20

图 4-177　工资表样张

(3) 复制"工资表"工作表数据至"工资条"工作表中。

① 单击"工资表"工作表中的任意一个单元格，按 Ctrl+A 组合键选定工资表中的所有单元格，再按 Ctrl+C 组合键完成复制。

② 单击"工资条"工作表的 A1 单元格，按 Ctrl+V 组合键完成工资表数据的粘贴。

(4) 在模块 1 的"插入空行()"中，试增加代码实现在"工资条"工作表自动插入空行及其表头(可用录制宏功能，获得插入空行的代码)。

① 可以通过录制宏的方式，获取插入行的代码。

② 单击"开发工具"选项卡"代码"选项组中的"录制宏"，弹出"录制新宏"对话框，如图 4-178 所示。为了快速获取插入行的代码，可直接单击"确定"按钮开始录制，此时，鼠标和键盘均属于录制状态，右击"工资条"的第 3 行行号，在弹出的快捷菜单中选择"插入"选项，默认在第 3 行的上方插入新行。

③ 单击"开发工具"选项卡"代码"选项组中的 ■ 停止录制，单击"开发工具"选项卡"代码"选项组下方的"宏"，在"宏"对话框中选择"宏 1"，在右侧列表中单击"编辑"选项，打开宏命令，通过观察发现，插入行的命令为"Rows(i).Insert"，再右击第 3 行，在弹出的快捷

图 4-178　"录制新宏"对话框

菜单中选择"删除"命令，删除刚刚新插入的行。

④ 单击"开发工具"选项卡"代码"选项组中的 ![Visual Basic] 图标，单击左侧"工程"下方的"模块1"，在右侧窗口显示其代码，按照图 4-179 所示的标准补充代码，首先通过 CountA 统计"工资表"工作表中的行数，从最后一行到第 3 行进行循环，每循环一次行数减 1，然后在最后一行上方通过 Insert 命令插入一行，并且将第 1 行的数据拷贝至最后一行，最后再在最后一行的上方插入一行，依次循环，直到第 3 行结束。

```
Sub 插入空行()

    num = Application.CountA(Columns(1))
    For i = num To 3 Step -1
        Rows(i).Insert
        Rows(1).Copy Rows(i)
        Rows(i).Insert
    Next i

End Sub
```

图 4-179　插入空行代码

(5) 执行"插入空行()"过程，在"工资条"工作表中插入空行。

① 单击"开发工具"选项卡"代码"选项组中下方的"宏"，在"宏"对话框中选择"插入空行"，单击右侧"执行"按钮执行宏命令。

② 当执行完毕后，"工资条"工作表中生成每一位员工的工资条，可以选择打印裁剪后发给每一位员工，样张如图 4-180 所示。

	A	B	C	D	E	F	G	H	I	J
1	工号	姓 名	部门	工资	教学奖	科研奖	其它扣款	应发合计	扣税	实发
2	0101	孙文晔	一系	4900	240	500	50	5590.00	104	5486.00
3										
4	工号	姓 名	部门	工资	教学奖	科研奖	其它扣款	应发合计	扣税	实发
5	0102	周文山	一系	5000	360	0	80	5280.00	73	5207.00
6										
7	工号	姓 名	部门	工资	教学奖	科研奖	其它扣款	应发合计	扣税	实发
8	0103	赵祥超	一系	3760	180	0	0	3940.00	13.2	3926.80
9										
10	工号	姓 名	部门	工资	教学奖	科研奖	其它扣款	应发合计	扣税	实发
11	0104	钟永进	一系	4058	0	0	0	4058.00	16.74	4041.26
12										
13	工号	姓 名	部门	工资	教学奖	科研奖	其它扣款	应发合计	扣税	实发
14	0105	凌飞	一系	4900	160	0	0	5060.00	51	5009.00
15										
16	工号	姓 名	部门	工资	教学奖	科研奖	其它扣款	应发合计	扣税	实发
17	0106	周小顺	一系	3815	160	0	0	3975.00	14.25	3960.75
18										
19	工号	姓 名	部门	工资	教学奖	科研奖	其它扣款	应发合计	扣税	实发
20	0107	蒋培	一系	3957			100	3857.00	10.71	3846.29

图 4-180　工资条样张

(6) 保存工作簿"4.6 Excel 综合应用-制作工资条.xlsx"及其代码，存放于"学号文件夹"中。

① 在"MicrosoftVisualBasicforApplications-4.6Excel 综合应用-制作工资条.xlsx-[模块1(代码)]"窗口中，单击保存按钮 ![] 保存代码。

② 单击"文件"选项卡中的"另存为"选项，在弹出的"另存为"对话框中选择"学号文件夹"，文件名为"4.6 Excel 综合应用-制作工资条.xlsx"，文件类型保持不变。

同步练习

调入考生文件夹中的“4.6 Excel 综合应用-饮料店销售数据分析.xlsx”，按照下列要求操作：

(1) 用 VLOOKUP 函数求出“销售记录”工作表中各种饮料的“单位”“进价”和“售价”。要求如下：

① 将“饮料价格”工作表中的 B3:E44 单元格区域命名为“价格”区域如图 4-181 所示。

	A	B	C	D	E	F
1		饮料价格表				
2	序号	饮料名称	单位	进价	售价	
3	1	可口可乐	听	1.70	2.10	
4	2	百事可乐	听	1.60	2.00	
5	3	可口可乐(1L)	瓶	2.10	2.60	
6	4	百事可乐(1L)	瓶	2.00	2.50	
7	5	雪碧	听	1.70	2.20	
8	6	雪碧(1L)	瓶	2.00	2.50	
9	7	七喜	听	1.70	2.20	
10	8	七喜(1L)	瓶	2.00	2.60	

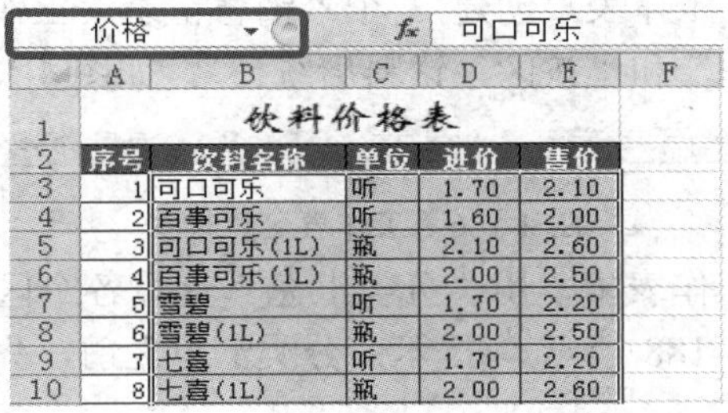

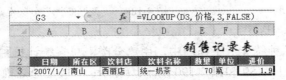

图 4-181　单元格区域重命名

② 用 VLOOKUP 函数在“销售记录”工作表中查找饮料“单位”“进价”和“售价”。

a. 计算统一奶茶的单位：F3=VLOOKUP(D3, 价格, 2, FALSE)，如图 4-182 所示；

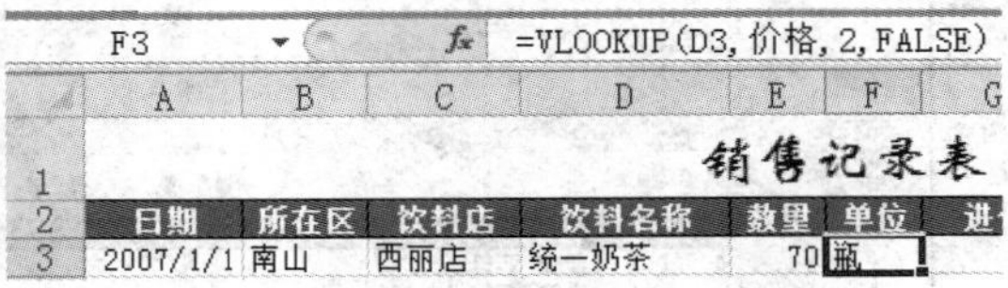

图 4-182　利用公式查找“单位”样张

b. 计算统一奶茶的进价：G3=VLOOKUP(D3, 价格, 3, FALSE)，如图 4-183 所示；

图 4-183　利用公式查找“进价”样张

c. 计算统一奶茶的售价：H3=VLOOKUP(D3, 价格, 4, FALSE)，如图 4-184 所示。

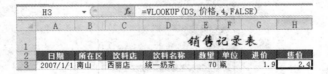

图 4-184　利用公式查找“售价”样张

③ 在“销售记录”工作表中计算“销售额”和“毛利润”如图 4-185 所示。

a. 计算统一奶茶的销售额：I3=E3*H3；

b. 计算统一奶茶的毛利润：J3=(H3-G3)*E3。

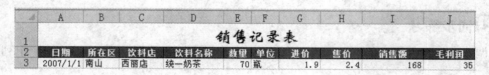

图 4-185　"销售额"和"毛利润"计算样张

④ 对"销售记录"工作表单元格进行格式设置。

(2) 利用"分类汇总"选项分别按不同的要求对"销售额"和"毛利润"进行统计。要求如下：

① 利用"销售记录"工作表，创建 3 个"销售记录"工作表副本，并重命名为"按区统计""按饮料品种统计"和"按区、饮料店统计"，如图 4-186 所示。

图 4-186　工作表名称样张

② 在"按区统计"工作表中，用"分类汇总"计算各个区的饮料"销售额"和"毛利润"，如图 4-187 和图 4-188 所示。(提示：分类汇总之前，先按照"所在区"字段进行排序。)

图 4-187　"按区统计"
　　　　　分类汇总对话框

图 4-188　"按区统计"分类汇总样张 1

③ 在"按饮料品种统计"工作表中，用"分类汇总"统计每种饮料的"销售额"和"毛利润"总和，如图 4-189 和图 4-190 所示。(提示：分类汇总之前，先按照"饮料名称"字段进行排序。)

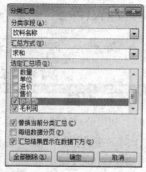

图 4-189　"按饮料品种统计"分类汇总对话框

	A	B	C	D	E	F	G	H	I	J
1				销售记录表						
2	日期	所在区	饮料店	饮料名称	数量	单位	进价	售价	销售额	毛利润
33				百事可乐 汇总					2548	509.6
64				百事可乐(1L) 汇总					3417.5	683.5
95				菠萝啤 汇总					1843.2	460.8
126				非常可乐 汇总					1676	335.2
157				芬达 汇总					2400	480
188				光明纯牛奶 汇总					2669	628
219				光明酸奶 汇总					2462.4	518.4
250				果粒橙 汇总					4539	907.8
281				红茶 汇总					3570	680
312				红牛 汇总					7123.2	1696
343				汇源果汁 汇总					7849.8	1602

图 4-190　"按饮料品种统计"分类汇总样张

④ 将"毛利润"按降序排序，找出"毛利润"最大的饮料，如图 4-191 所示。

	A	B	C	D	E	F	G	H	I	J
1				销售记录表						
2	日期	所在区	饮料店	饮料名称	数量	单位	进价	售价	销售额	毛利润
33				葡萄汁 汇总					7194	1798.5

图 4-191　按饮料品种统计工作表中按"毛利润"字段排序

(3) 用"嵌套分类汇总"统计各个区和各饮料店的饮料"销售额"和"毛利润"。要求如下：

① 在"按区、饮料店统计"工作表中将"主要关键字"选择为"所在区"，次要关键字选择为"饮料店"进行排序，如图 4-192 所示。

② 进行第一次"分类汇总"(分类字段为"所在区")，用"分类汇总"计算各个区的饮料"销售额"和"毛利润"，如图 4-193 所示。

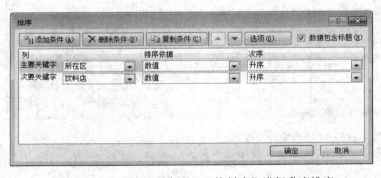 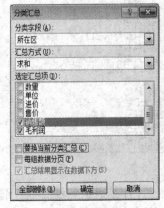

图 4-192　分别按"所在区""饮料店"进行升序排序　　图 4-193　"按区统计"分类汇总对话框

③ 进行第二次"分类汇总"(分类字段为"饮料店")，用"分类汇总"计算各个饮料店的饮料"销售额"和"毛利润"，如图 4-194 所示。(提示：分类汇总时一定要取消"替换当前分类汇总"。)"按区、饮料店统计"分类汇总样张如图 4-195 所示。

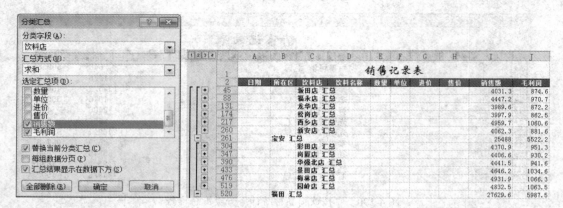

图 4-194 "按饮料店统计"   图 4-195 "按区、饮料店统计"分类汇总样张
      分类汇总对话框

(4) 用"数据透视表"统计各个区每种饮料的"销售额",并求出"销售额"最大的饮料。要求如下:

① 在"销售记录"工作表中建立数据透视表,并将"饮料名称"拖动到"行"上,"所在区"拖动到"列"上,"销售额"拖动到"数据"区域中,把数据透视表重命名为"销售统计"。

② 在"销售统计"工作表中对"总计"列按"降序"排序,找出"销售额"最大的饮料,如图 4-196 所示。

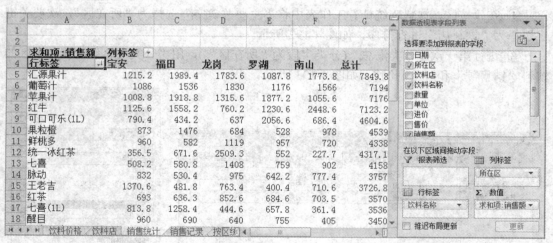

图 4-196 "销售统计"数据透视表样张

(5) 在"销售统计"工作表中,找出各个区"销售额"最大的饮料。参考样张(见图 4-197)完成如下要求:

① 在"销售统计"工作表中,用 MAX 函数找出每个区"销售额"最大的饮料的"销售额"。如计算宝安区最大销售额:J4=MAX(B5:B46)。

② 在"销售统计"工作表中,用 VLOOKUP 函数找出各区"最大销售额"所对应的"饮料名称"。如计算宝安区最大销售额对应的饮料名称:J5=VLOOKUP(J4, B5:H46, 7, FALSE)。

图 4-197 "销售统计"工作表样张

(6) 制作图表，比较"销售额"和"毛利润"。参考样张(见图 4-198 和图 4-199)完成如下要求：

① 选中"按区统计"工作表中的汇总数据(福田、罗湖、南山三个区的销售额和毛利润的汇总项)。

② 在"图表向导"对话框中选择"带数据标记的折线图"。

③ 参考样张分别设置图表标题、X 轴和 Y 轴标题、图例。

④ 参考样张对图表区域进行格式化设置。

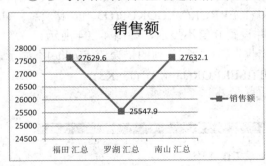

图 4-198 销售额图表

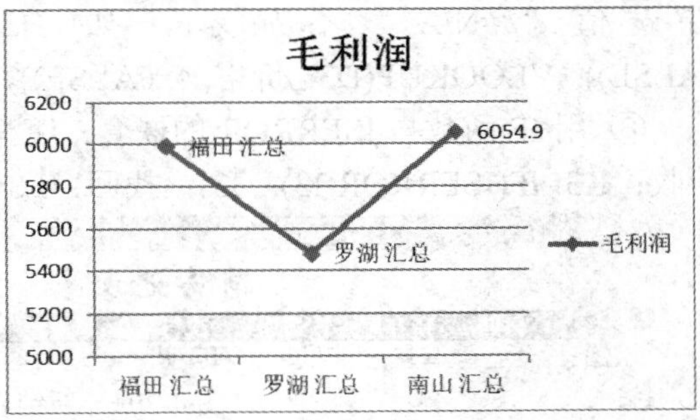

图 4-199 毛利润图表

(7) 制作更方便、更实用的"新销售记录"工作表。参考样张(见图 4-200～图 4-202)完成如下要求：

① 创建"销售记录"工作表的副本，然后将其重命名为"新销售记录"。删除其中的"毛利润"列，清除所有数据区的数据(保留标题行)，插入 3 个新列"实收""应收"和"找回"。

② 对"所在区"列、"饮料店"列和"饮料名称"列进行数据有效性设置。

图 4-200 "所在区"列的有效性设置

图 4-201 "饮料店"列的有效性设置

图 4-202　"饮料名称"列的有效性设置

③ 创建"应收"和"找回"列的公式，算法如下：

$$销售额 = 数量 × 售价$$

$$应收 = 销售额$$

$$找回 = 实收 - 应收$$

(8) 使"新销售记录"工作表更完美，参考样张(见图 4-203)完成如下要求：

① 在"新销售记录"工作表中将不需要显示的列("单位""进价")隐藏起来。

② 利用 IF 函数和 ISERROR 函数的嵌套，使"新销售记录"工作表中的"售价"的错误值"#N/A"不显示，如 H3=IF(ISERROR(VLOOKUP(D3, 价格格, 4, FALSE)), ,VLOOKUP(D3, 价格, 4, FALSE))，并设置 0 值不显示，如图 4-204 所示。

③ 用 IF 函数与 ISERROR 的嵌套，使"应收"和"找回"列的错误值(#Value)不显示，应收：K3=IF(ISERROR(I3), , I3)；找回：L3=IF(ISERROR(J3-K3), (J3-K3))。

图 4-203　新销售记录工作表样张

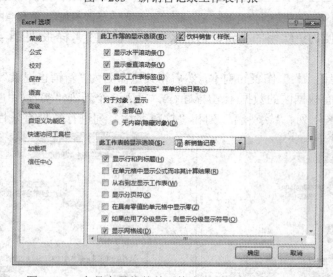

图 4-204　在具有零值的单元格中显示零的设置对话框

项目五 演示文稿

学习目标

PowerPoint 2010 是目前办公应用软件中最实用、功能最强大、设计最灵活的演示文稿制作软件。运用 PowerPoint 2010 不仅可以制作出优美、生动的幻灯片，而且还可以使演示文稿具有专业水准的演示效果，从而帮助用户制作出适应不同需求的演示文稿。

本项目将向用户介绍演示文稿的创建、演示页面的设置、演示文稿的简单操作及保存和播放等功能，以及幻灯片的版式、母版与主题背景等基础知识与操作技巧，使用户轻松掌握幻灯片使用的基本方法和技巧，为今后制作具有专业水准的演示文稿打下坚实的基础。

本章知识点

(1) 演示文稿的基本操作：利用模板制作演示文稿；插入、删除、复制、移动及编辑幻灯片；插入文本框、图片、SmartArt 图形及其他对象。

(2) 演示文稿的修饰方法：文字、段落、对象格式设置；幻灯片的主题、背景设置、母版应用。

(3) 幻灯片的动画设置：幻灯片中对象的动画设置、幻灯片间切换效果设置。

(4) 幻灯片中超链接的操作：超链接的插入、删除、编辑。

(5) 演示文稿的放映方式设置和保存。

(6) PowerPoint 嵌入或链接其他应用程序对象的方法。

重点与难点

(1) 版式、母版和主题的使用。

(2) 幻灯片切换和幻灯片动画的设置。

(3) 超级链接的插入、删除、编辑。

(4) 演示文稿的放映方式设置。

案例一　制作"计算机的那些事"演示文稿

案例情境

电子与信息技术系的张老师打算在课堂教学中，给同学们介绍一下计算机以及信息技术方面的知识。他需要利用 PowerPoint 2010 演示文稿制作软件制作一份可以播放相关图片的视频，以及用于上课的 PPT。要求视频中播放一些与计算机的发展、技术、人物、公司等方面相关的图片，并在 PPT 中对一些著名的 IT 公司做进一步介绍。最后，要将制作好的文件保存至指定的文件目录下。

案例素材

...\考生文件夹\...

任务 1　制作"计算机的那些事"视频

(1) 利用"古典型相册"模板快速制作关于计算机的相册，根据下列操作步骤将案例素材中的图片插入到相册中，并添加适当的文字说明。

① 单击"开始"菜单中的"所有程序"，打开菜单中的"Microsoft Office"，在其下级菜单中单击"Microsoft PowerPoint 2010"，启动 PowerPoint 2010，如图 5-1 所示。

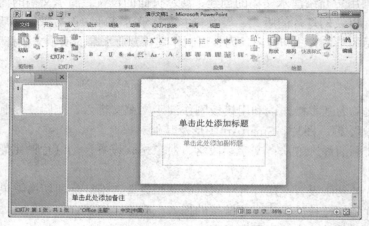

图 5-1　启动 PowerPoint

② 在功能区，单击"文件"选项卡，在下拉菜单中单击"新建"选项，在"可用的模板和主题"区单击"样本模板"选项，弹出如图 5-2 所示的对话框，在对话框中选择"古典型相册"，单击右侧的"创建"按钮。

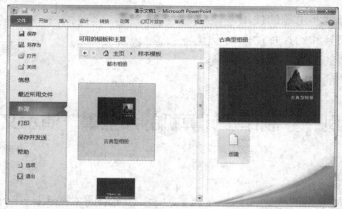

图 5-2　创建相册

③ 在"设计"选项卡上的"主题"组中，单击按钮，展开"所有主题"列表，如图5-3 所示；选择"内置"的"Office 主题"。

图 5-3　应用"Office 主题"

④ 如图 5-4 所示，将第一张幻灯片的标题"古典型相册"修改为"计算机的那些事"。

图 5-4　修改相册封面标题

⑤ 如图 5-5 所示，鼠标右键单击第一张幻灯片中的图片，在弹出的快捷菜单中选择"更改图片"，弹出"插入图片"对话框。

图 5-5　更改原有图片

⑥ 如图 5-6 所示，在"插入图片"对话框中，打开案例素材中的任务一文件夹，选择图片"计算机.jpg"，单击"插入"按钮。

图 5-6　"插入图片"对话框

⑦ 如图 5-7 所示，单击所选图片，功能区会出现"图片工具—格式"选项卡，在"格式"选项卡上的"图片样式"组中，选择"映像圆角矩形"样式。相册的封面效果如图 5-8 所示。

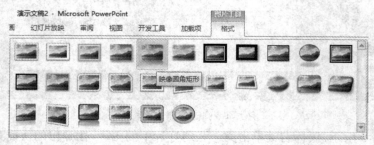

图 5-7　选择图片样式

图 5-8　相册封面效果

⑧ 如图 5-9 所示，在第 2 张幻灯片中，鼠标左键单击幻灯片中的图片，按下键盘上的 Del(ete)键删除原有图片，单击图标▨添加图片，弹出"插入图片"对话框。

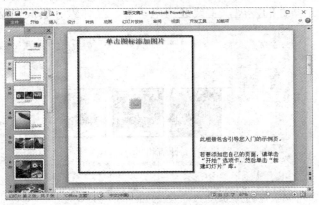

图 5-9　删除原有图片

⑨ 如图 5-10 所示，在"插入图片"对话框中，打开案例素材中的"任务一"文件夹，选择图片"图灵.jpg"，单击"插入"按钮。

图 5-10　"插入图片"对话框

⑩ 如图 5-11 所示，修改占位符中的文字说明为"艾伦·麦席森·图灵(Alan Mathison

Turing，1912 年 6 月 23 日-1954 年 6 月 7 日)，英国数学家、逻辑学家，被称为计算机科学之父，人工智能之父。"

图 5-11 修改文字说明

⑪ 参考图 5-12 所示的效果，在第 3 张幻灯片中，将图片依次更改为 ENIAC.jpg、小型机.jpg、笔记本.jpg，将占位符文字"选择版式"更改为"计算机的小型化"，添加其余文字"计算机主要元器件的发展，主要经历电子管、晶体管、集成电路"。

图 5-12 第 3 张幻灯片效果

⑫ 参考图 5-13 所示的效果，在第 4 张幻灯片中，将图片更改为冯·诺依曼.jpg，修改占位符中的文字说明为"冯·诺依曼(John von Neumann，1903 年 12 月 28 日-1957 年 2 月 8 日)，原籍匈牙利，布达佩斯大学数学博士。20 世纪最重要的数学家之一，开创了冯·诺依曼代数。为研制电子计算机提供了基础性的方案。"

图 5-13 第 4 张幻灯片效果

⑬ 参考图 5-14 所示的效果，在第 5 张幻灯片中，删除原有的三张图片，依次插入图片大数据.jpg、云计算.jpg、人工智能.jpg，修改占位符中的文字说明为"大数据、云计算、人工智能"。

图 5-14 第 5 张幻灯片效果

⑭ 参考图 5-15 所示的效果，在第 6 张幻灯片中，将图片依次更改为乔布斯.jpg、盖茨.jpg、扎克伯格.jpg。

图 5-15 第 6 张幻灯片效果

⑮ 参考图 5-16 所示的效果，在第 7 张幻灯片中，删除原有图片，单击图标▨，添加全页图片未来.jpg。

图 5-16 第 7 张幻灯片效果

⑯ 按下键盘上的 F5 键，放映幻灯片。

(2) 调整第 5 张幻灯片中第 3 张图片的参数：锐化 50%，亮度+40%，对比度+40%，饱和度 400%。

① 如图 5-17 所示，单击选择第 5 张幻灯片中的第 3 张图片，此时功能区出现"图片工具—格式"选项卡，在"格式"选项卡上的"调整"组中单击按钮 ，在"锐化和柔化"区选择"锐化 50%"。

图 5-17　调整图片锐化

② 如图 5-18 所示，在"亮度和对比度"区选择"亮度 +40%，对比度 +40%"。

图 5-18　调整图片亮度和对比度

③ 如图 5-19 所示，在"格式"选项卡上的"调整"组中，单击按钮 ，在"颜色饱和度"区选择"饱和度 400%"。

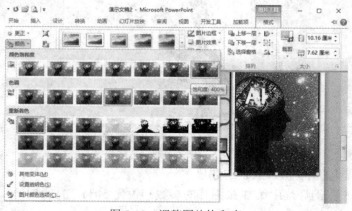

图 5-19　调整图片饱和度

(3) 插入有关苹果、微软和腾讯公司 logo 图片的第 8 张幻灯片。

① 在"幻灯片/大纲"窗格中，光标定位在第 7 张幻灯片之后，单击功能区的"开始"选项卡，单击"新建幻灯片"按钮的下拉箭头，单击选择"相册节"版式，插入一张该版式的幻灯片，如图 5-20 所示。

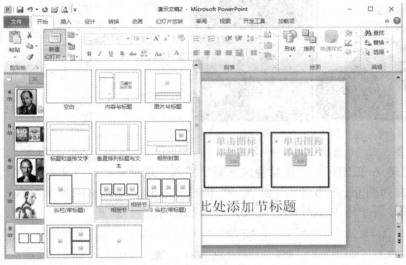

图 5-20　插入新幻灯片

② 参考图 5-21 所示的效果，在新幻灯片中，单击图标■添加图片 apple.jpg、微软.jpg 和腾讯.jpg，并且添加标题"伟大的公司"。

图 5-21　第 8 张幻灯片效果

(4) 调整第 6 张幻灯片中第 1 张图片的大小缩放为 90%，插入横排文本框。为第 7 张幻灯片插入竖排文本框。

① 在第 6 张幻灯片中右击图片乔布斯.jpg，在弹出的快捷菜单中，如图 5-22 所示，选择"大小和位置"，弹出"设置图片格式"对话框，在该对话框中改变图片的缩放比例，高度和宽度均为 90%，如图 5-23 所示。

图 5-22　设置图片大小和位置　　　　　图 5-23　"设置图片格式"对话框

　　② 选定第 6 张幻灯片，在功能区选择"插入"选项卡，单击文本组的"文本框"按钮，在图片乔布斯.jpg 下方拖动，插入一个横排文本框，如图 5-24 所示，输入文字"他们的故事"，并设置字体大小为 40，效果如图 5-25 所示。

图 5-24　插入横排文本框

图 5-25　第 6 张幻灯片效果

　　③ 参考图 5-26 所示的效果，选定第 7 张幻灯片，在幻灯片中插入一个竖排文本框，输入文字"未来，你会来吗？"，并设置字体大小为 40。

图 5-26　插入竖排文本框

(5) 移动、隐藏相关幻灯片。

① 在"幻灯片/大纲"窗格中，用鼠标左键直接拖动第 7 张幻灯片到第 8 张幻灯片之后，实现移动第 7 张幻灯片的操作。

② 在"幻灯片/大纲"窗格中，鼠标右击第 7 张幻灯片，在弹出的快捷菜单中选择"隐藏幻灯片"命令，实现对该幻灯片的隐藏操作，如图 5-27 所示。

图 5-27　隐藏幻灯片

(6) 设置所有幻灯片的切换方式。

① 如图 5-28 所示，在"转换"选项卡上的"切换到此幻灯片"组中，单击选择"涟漪"切换效果。

图 5-28　选择切换效果

② 如图 5-29 所示，在"转换"选项卡上的"计时"组中，单击选择"全部应用"切换效果。

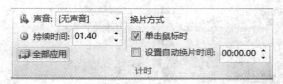

图 5-29　选择"全部应用"切换效果

(7) 保存相册，并发送成视频。

① 单击快速启动工具栏上的保存按钮 ，弹出"另存为"对话框，将制作好的相册以文件名"计算机的那些事.pptx"保存到学号文件夹中，如图 5-30 所示。

图 5-30　保存演示文稿文件

② 在功能区中选择"文件"选项卡，如图 5-31 所示，在下拉菜单中选择"保存并发送"功能，然后在"文件类型"区选择创建视频，调整"放映每张幻灯片的秒数"为 2 秒，最后单击右侧的"创建视频"按钮，创建视频"计算机的那些事.wmv"。

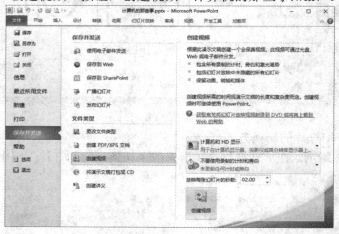

图 5-31　创建视频

③ 如图 5-32 所示，需要注意，在状态栏的进程条结束后视频才能创建完成。

图 5-32　创建视频进程条

任务 2 制作"IT 公司简介"演示文稿

(1) 利用"公司简介.txt"文件中的文字材料,新建"IT 公司简介.pptx"文件。

① 启动 PowerPoint 2010,在默认新建的"空白演示文稿 1"中为第 1 张幻灯片添加标题"IT 公司简介",如图 5-33 所示。

图 5-33 添加标题

② 在"幻灯片/大纲"窗格单击标题幻灯片后,在键盘上按 8 次 Enter 键插入 8 张新幻灯片。为第 2 张幻灯片添加标题"目录",在标题下方的占位符中依次添加文本"微软""IBM""甲骨文""英特尔""思科""华为""惠普",如图 5-34 所示。

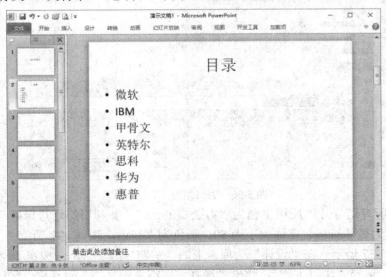

图 5-34 创建目录

③ 依次为剩余的第 3～9 张幻灯片添加标题和文本，标题和文本的内容均保存在"公司简介.txt"文件中，如图 5-35 所示。

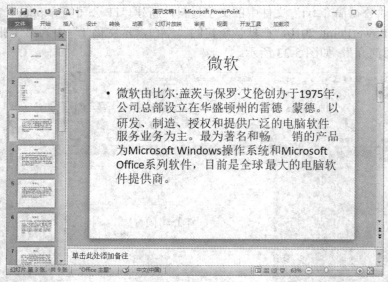

图 5-35　添加标题和文本

④ 单击快速启动工具栏上的保存按钮 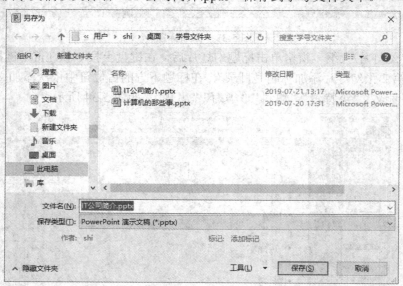，弹出"另存为"对话框，如图 5-36 所示，将制作好的演示文稿以文件名"IT 公司简介.pptx"保存到学号文件夹中。

图 5-36　"另存为"对话框

(2) 设置所有幻灯片的应用主题为"办公桌.thmx"，并利用幻灯片母版修改所有标题的格式：字体为微软雅黑、字体大小为50、颜色为"红色，强调文字颜色2，深色25%"。

① 如图 5-37 所示，在"设计"选项卡上的"主题"组中，单击按钮 ，展开"所有主题"列表,；选择"浏览主题"，弹出"选择主题或主题文档"对话框，如图 5-38 所示，选择"任务二"文件夹下的"办公桌.thmx"主题文件，单击"应用"按钮。

图 5-37 "所有主题"列表

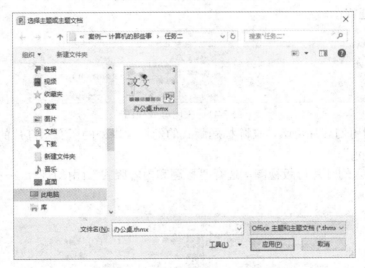

图 5-38 "选择主题或主题文档"对话框

② 如图 5-39 所示，在"视图"选项卡上的"母版视图"组中，单击"幻灯片母版"按钮，进入幻灯片母版视图。

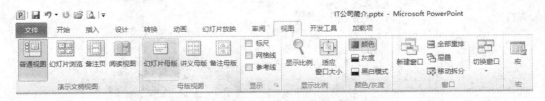

图 5-39 "视图"选项卡

③ 如图 5-40 所示，在幻灯片母版视图中，选择第 1 个幻灯片母版，并设置其标题占位符中文字"单击此处编辑母版标题样式"的字体：字体为微软雅黑、字体大小为 50、颜色为"红色，强调文字颜色 2，深色 25%"。

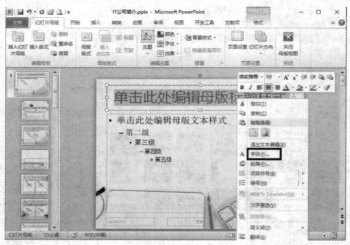

图 5-40　设置母版标题字体

④ 如图 5-41 所示，在"幻灯片母版"选项卡上的"关闭"组中单击"关闭母版视图"按钮，返回普通视图。

图 5-41　关闭母版视图

(3) 再次利用幻灯片母版，在除标题版式的幻灯片以外的所有幻灯片的右上角插入图片"信息技术.jpg"。

① 再次进入幻灯片母版视图，选择"标题和内容版式"(由幻灯片 2～9 使用)，如图 5-42 所示。

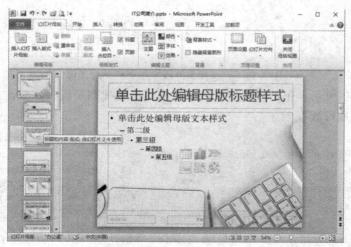

图 5-42　选择"标题和内容版式"

② 如图 5-43 所示，在"插入"选项卡上的"图像"组中单击"图片"按钮，在弹出的"插入图片"对话框中选择图片"信息技术.jpg"，单击"插入"按钮，如图 5-44 所示。

图 5-43 "插入"选项卡

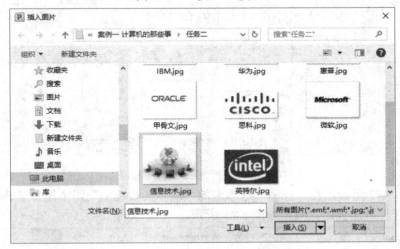

图 5-44 "插入图片"对话框

③ 将图片移动到"标题和内容版式"的右上角，如图 5-45 所示，在"格式"选项卡的"调整"组中选择"删除背景"按钮。

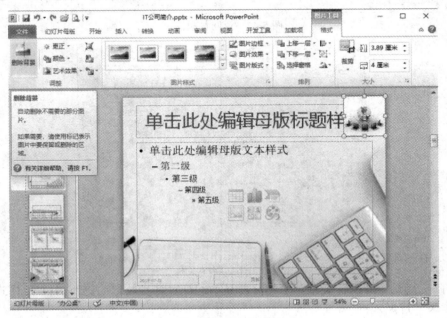

图 5-45 移动图片

④ 如图 5-46 所示，在"背景消除"选项卡的"关闭"组中选择"保留更改"按钮。

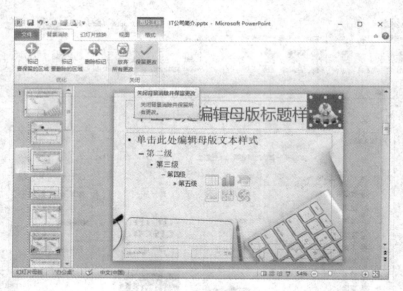

图 5-46　选择"保留更改"按钮

⑤ 如图 5-47 所示，在"视图"选项卡的"演示文稿视图"组中选择"普通视图"按钮，返回幻灯片普通视图，效果如图 5-48 所示。

图 5-47　返回普通视图

图 5-48　图片效果

(4) 除标题幻灯片外，设置其余幻灯片显示幻灯片编号及自动更新的日期(样式为"×××年××月××日")。

① 如图 5-49 所示，在"插入"选项卡上的"文本"组中单击"页眉和页脚"按钮，弹出"页眉和页脚"对话框。

图 5-49　插入页眉和页脚

② 如图 5-50 所示，在"页眉和页脚"对话框中，选中"日期和时间""幻灯片编号""标题幻灯片中不显示"三个选项，并将"自动更新"中的日期样式更改为"××××年××月××日"，最后单击"全部应用"按钮。

(5) 为第 2 张幻灯片(目录)中的文本创建超链接，分别指向同名标题的幻灯片(第 3～9张)，如"微软"链接到第 3 张幻灯片。

① 如图 5-51 所示，在第 2 张幻灯片中，选中文本"微软"；在"插入"选项卡上的"链接"组中单击"超链接"按钮，弹出"插入超链接"对话框。

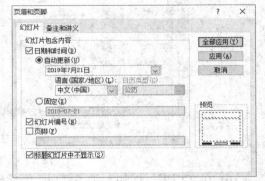

图 5-50　"页眉和页脚"对话框

图 5-51　插入超链接

② 如图 5-52 所示，在"插入超链接"对话框中，在"链接到"列表中单击"本文档中的位置"按钮；在"请选择文档中的位置"区域选择幻灯片标题为"3.微软"，最后单击"确定"按钮。

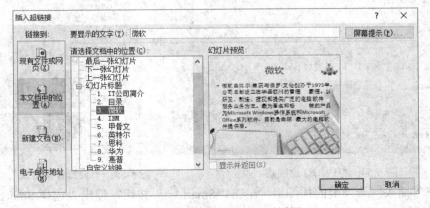

图 5-52　"插入超链接"对话框

③ 用上面相同的方法，为其他文本创建超链接，效果如图 5-53 所示。

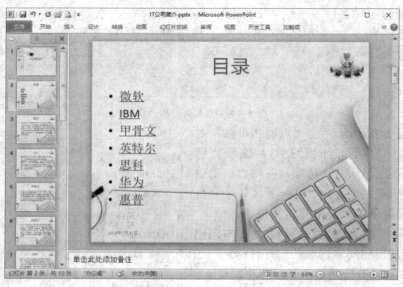

图 5-53　第 2 张幻灯片

(6) 在文档末尾增加一张"空白"版式幻灯片，设置填充纹理为"新闻纸"，隐藏背景图像。插入 SmartArt 图形"图片题注列表"，并为图形块添加相关 IT 公司的图片和文字。

① 在"幻灯片/大纲"窗格选中第 9 张幻灯片，按下 Enter 键，插入一张新幻灯片；如图 5-54 所示，右击第 10 张幻灯片，在弹出的快捷菜单中将版式更改为"空白"。

② 右击第 10 张幻灯片，在弹出的快捷菜单中选择"设置背景格式"命令，弹出"设置背景格式"对话框，如图 5-55 所示，在该对话框中选择"图片或纹理填充"和"隐藏背景图形"选项，并将纹理设置为"新闻纸"，单击"关闭"按钮。

图 5-54　更改幻灯片版式　　　　　　　图 5-55　"设置背景格式"对话框

③ 在"插入"选项卡的插图组，单击"SmartArt"按钮，弹出"选择 SmartArt 图形"对话框，如图 5-56 所示，在该对话框的"图片"类别中，选择"图片题注列表"，单击"确定"按钮。

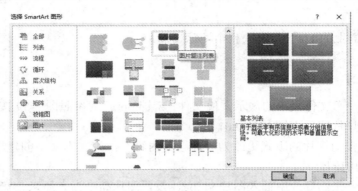

图 5-56 选择 SmartArt 图形

④ 如图 5-57 所示，单击 SmartArt 图形，先在其左侧的"内容"窗格中按下 3 次 Enter 键，增加 3 个图形元素；然后在项目符号位置添加 7 家公司的名称，同时单击图标██，添加同名 logo 图片。单击幻灯片的任意空白处，关闭图形的编辑状态。

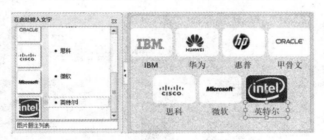

图 5-57 编辑 SmartArt 图形

⑤ 如图 5-58 所示，单击 SmartArt 图形，在"动画"选项卡的动画组中为该图形选择动画效果为"轮子"。

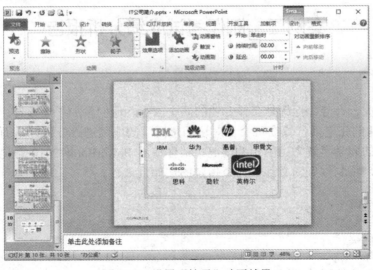

图 5-58 设置"轮子"动画效果

(7) 保存演示文稿。

① 单击快速启动工具栏上的保存按钮██，文件以默认名"IT 公司简介.pptx"保存到

学号文件夹中。

　　② 按下键盘上的 F5 键，放映整个演示文稿。

同步练习

　　编辑"案例一"文件夹中的演示文稿文件"云锦.pptx"，参照图 5-59 按下列要求操作：

　　(1) 所有幻灯片应用主题 Moban01.pot。

　　(2) 将第二张幻灯片的版式更改为"标题和内容"，为文本文字创建超链接，分别指向具有相应标题的幻灯片。

　　(3) 在最后一张幻灯片中插入图片 yj.jpg，设置图片高度为 8 厘米、宽度为 10 厘米，换片方式为单击时图片自左侧飞入。

　　(4) 在所有幻灯片中插入页脚和幻灯片编号，页脚为南京云锦。

　　(5) 将制作好的演示文稿以文件名：南京云锦，文件类型：演示文稿(*.PPTX)保存于学号文件夹中。

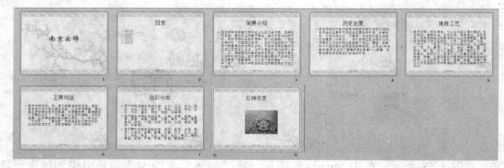

图 5-59　样图

案例二　制作考试成绩分析报告

案例情境

　　谢雨、朱虎、梅芳、程辉是会计专业的四个同学，他们参加了江苏省计算机等级考试(一级)。该专业的张老师打算在班会上对这四位同学的成绩进行分析，从而帮助后续想要参加等级考试的同学了解考试的相关情况。请你使用 PowerPoint 2010 帮他制作班会上使用的演示文稿，将制作好的文件保存至指定的文件目录下。

案例素材

　　…\考生文件夹\…

任务 1　制作"考试成绩分析报告.pptx"

　　(1) 新建一个空白演示文稿，在其中插入标题，表格和图表等元素。

① 启动 PowerPoint 2010，在默认新建的"空白演示文稿 1"中，为第 1 张幻灯片添加标题"考试成绩分析报告"和副标题"计算机等级考试(一级)"；然后，在"幻灯片/大纲"窗格中，按 6 次 Enter 键新建 6 张幻灯片，如图 5-60 所示。

图 5-60 新建演示文稿

② 选择第 2 张幻灯片，添加标题"计算机等级考试成绩表"；单击占位符中的"插入表格"按钮▦，在弹出的"插入表格"对话框中设置 5 行 5 列，如图 5-61 所示，单击"确定"按钮，在幻灯片上生成一个 5 行 5 列的表格。

③ 如图 5-62 所示，先拖动表格右下角，适当调整表格的大小，再将光标置于表格的第一个单元格中，在"表格工具"的"设计"选项卡中，单击"表格样式"组中"边框"的下拉箭头▾，在展开的下拉菜单中选择"斜下框线"选项，为表格添加表头斜线。

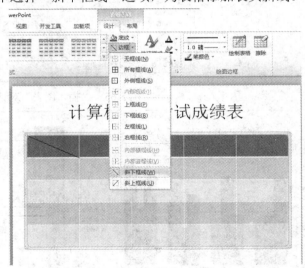

图 5-61 创建表格 图 5-62 添加表头斜线

④ 如图 5-63 所示，在表格中添加文字和数据，并在表格下方插入一个"横排文本框"，输入相关备注文本。如图 5-64 所示，选中相应单元格，在"表格工具"的"布局"选项卡中单击"对齐方式"组中的"居中"和"垂直居中"两个按钮，设置除第一个单元格以外

的所有单元格的文字为水平居中和垂直居中。

图 5-63　添加文字和数据　　　　　　　　　图 5-64　设置文字居中

⑤ 选择第 3 张幻灯片，添加标题"考试成绩情况分析"；单击占位符中的"插入图表"按钮📊，在弹出的"插入图表"对话框中选择"三维簇状柱形图"选项，如图 5-65 所示，单击"确定"按钮，在幻灯片中插入图表的同时打开相关联的 Excel 表格，如图 5-66 所示。

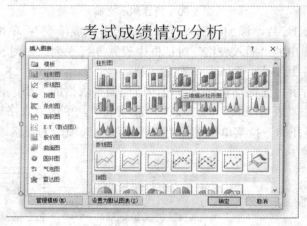

图 5-65　"插入图表"对话框

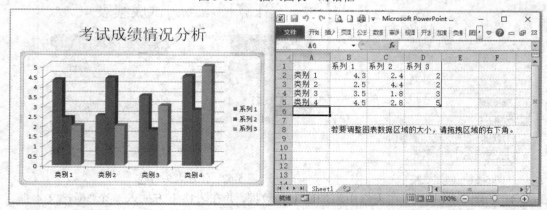

图 5-66　插入图表

在 Excel 表格中拖曳数据区域的右下角，为数据区域增加一列。然后如图 5-67 所示，在 Excel 表格中输入文字和数据，图表会相应地发生变化。

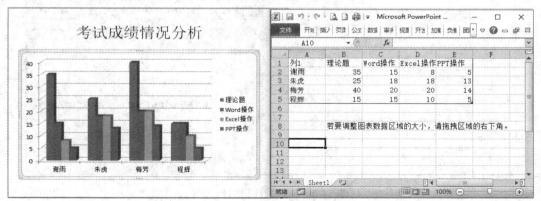

图 5-67　添加文字和数据

⑥ 使用相同的方法，如图 5-68 所示，在第 4 张幻灯片中添加标题"考试成绩总分情况"，插入一个三维饼图反映四位同学考试成绩总分的情况。如图 5-69 所示，鼠标右击生成的三维饼图，弹出快捷菜单，为饼图添加数据标签。

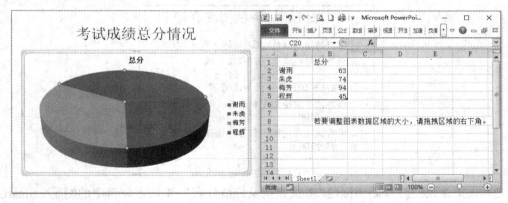

图 5-68　三维饼图

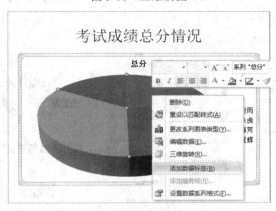

图 5-69　添加数据标签

⑦ 使用相同的方法，如图 5-70 所示，在第 5 张幻灯片中，添加标题"理论成绩和总分对应分析"，插入一个"带数据标记的折线图"反映四位同学理论成绩和总分的对比关系。

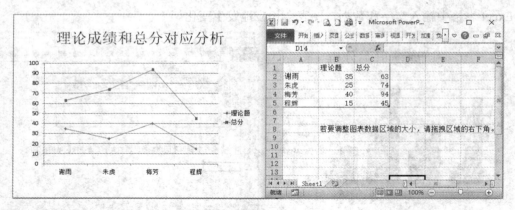

图 5-70 带数据标记的折线图

⑧ 在第 6 张幻灯片添加标题"计算机等级考试情况介绍";在占位符中插入四段文字："计算机等级考试以'重在基础、重在应用'的原则为指导,采取统一命题、统一考试的方式""每年 3 月和 10 月各举行一次考试""一级考试含理论知识和应用技能两部分内容,满分 100 分""二级考试含理论知识和程序设计两部分内容,满分 100 分",如图 5-71 所示。

计算机等级考试情况介绍

- 计算机等级考试以"重在基础、重在应用"的原则为指导,采取统一命题、统一考试的方式
- 每年3月和10月各举行一次考试
- 一级考试含理论知识和应用技能两部分内容,满分100分
- 二级考试含理论知识和程序设计两部分内容,满分100分

图 5-71 添加标题和文本

⑨ 在第 7 张幻灯片添加标题"考试题型及分值分布";单击占位符中的"插入 SmartArt 图形"按钮，在弹出的"选择 SmartArt 图形"对话框中选择"交替流"选项,如图 5-72 所示,单击"确定"按钮。

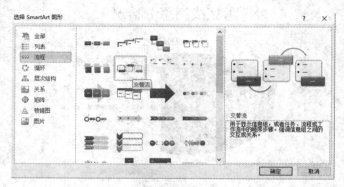

图 5-72 选择 SmartArt 图形

⑩ 如图 5-73 所示,在生成的 SmartArt 图形上右击某个分支蓝色文本框,在弹出的快捷菜单中选择"在后面添加形状"命令,为该图形增加一个分支。

⑪ 选择"SmartArt 工具"中的"设计"选项卡，单击"SmartArt 样式"组中的"更改颜色"按钮 ，在弹出的下拉列表中选择"彩色范围-强调文字颜色"选项，如图 5-74 所示。

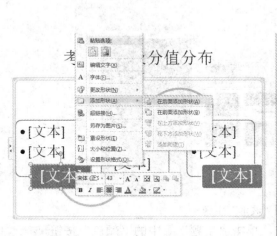

图 5-73 增加图形分支　　　　　　　　　　图 5-74 更改 SmartArt 图形颜色

⑫ 选择"SmartArt 工具"中的"设计"选项卡，单击"SmartArt 样式"组中的"更多"按钮 ，在弹出的下拉列表中选择"白色轮廓"选项，如图 5-75 所示。

⑬ 在 SmartArt 图形中添加相应的文本，图形效果如图 5-76 所示。

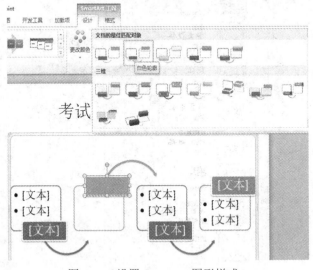

图 5-75 设置 SmartArt 图形样式　　　　　　图 5-76 SmartArt 图形效果

⑭ 按下键盘上的 F5 键，放映幻灯片。

(2) 在主题、切换、动画方案等方面，对演示文稿做进一步优化。

① 选择"功能区"中的"设计"选项卡，单击"主题"组中的"更多"按钮 ，在弹出的下拉列表中选择"波形"主题，如图 5-77 所示，这样演示文稿中的所有幻灯片都将应用选择的主题样式。

图 5-77 应用 "波形" 主题

② 选择 "功能区" 中的 "设计" 选项卡，单击 "主题" 组中的 "颜色" 按钮，在弹出的下拉列表中选择 "气流" 选项，如图 5-78 所示。

③ 选择 "功能区" 中的 "设计" 选项卡，单击 "主题" 组中的 "字体" 按钮，在弹出的下拉列表中选择 "顶峰" 选项，如图 5-79 所示。

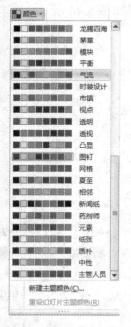

图 5-78 修改主题颜色   图 5-79 修改主题字体

④ 如图 5-80 所示，选择 "功能区" 中的 "转换" 选项卡，选择幻灯片切换效果为 "擦除"，伴有 "风铃" 声，单击 "全部应用" 按钮，此时该演示文稿所有幻灯片的切换方案就设置好了。

图 5-80 设置切换方案

⑤ 单击选中第 7 张幻灯片中的 SmartArt 图形，选择"功能区"中的"动画"选项卡，设置该图形的动画效果为"劈裂"，如图 5-81 所示。

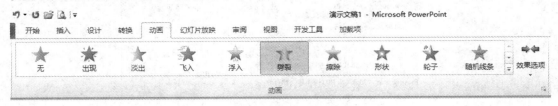

图 5-81 设置动画效果

(3) 保存演示文稿，放映幻灯片同时保留标记墨迹注释。

① 单击快速启动工具栏上的保存按钮，弹出"另存为"对话框，如图 5-82 所示，将制作好的演示文稿以文件名"考试成绩分析报告.pptx"保存到学号文件夹中。

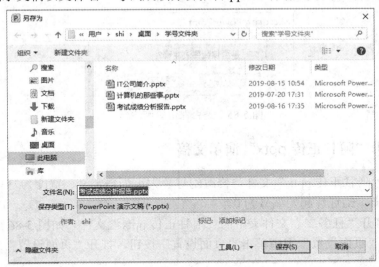

图 5-82 保存文件

② 如图 5-83 所示，在功能区选择"幻灯片放映"选项卡，单击"开始放映幻灯片"组中的"从头开始"按钮，进入演示文稿的放映视图。

图 5-83 从头开始放映幻灯片

③ 放映到第 2 张幻灯片时，单击鼠标右键，在弹出的快捷菜单中选择"指针选项→荧光笔"命令，如图 5-84 所示，为幻灯片中的备注文字绘制标注。

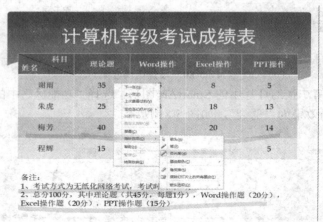

图 5-84　添加标注

④ 继续放映其他幻灯片，并使用相同的方法为幻灯片中的重要内容添加标注，按下 Esc 键退出幻灯片放映，弹出提示对话框询问是否保留墨迹注释，如图 5-85 所示。单击"保留"按钮，将绘制的标注保留在幻灯片中。

图 5-85　是否保留墨迹注释

任务 2　编辑"阿甘正传.pptx"演示文稿

(1) 打开"阿甘正传.pptx"文件，修改幻灯片大小为自定义、宽度为 33.86 厘米、高度为 19.05 厘米、幻灯片起始编号为 0。

① 双击打开"任务二"文件夹中的"阿甘正传.pptx"文件。如图 5-86 所示，在"设计"选项卡的"页面设置"组中单击"页面设置"按钮，打开"页面设置"对话框。

图 5-86　单击"页面设置"按钮

② 如图 5-87 所示，在"页面设置"对话框中，设置"幻灯片大小"为自定义、"宽度"为 33.86 厘米、"高度"为 19.05 厘米，"幻灯片编号起始值"为 0。

图 5-87 "页面设置"对话框

(2) 修改节标题幻灯片版式，将素材文件"风景.png"图片设为背景，删除母版标题占位符和母版文本占位符，将第 2、4 和 7 张幻灯片应用该版式。

① 如图 5-88 所示，在"视图"选项卡的"母版视图"组中单击"幻灯片母版"按钮，进入幻灯片母版视图。

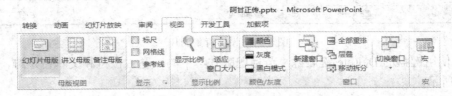

图 5-88 单击"幻灯片母版"按钮

② 如图 5-89 所示，在幻灯片母版视图中选择"节标题版式"。如图 5-90 所示，鼠标右击"节标题版式"，在弹出的快捷菜单中选择"设置背景格式"命令，弹出"设置背景格式"对话框。

图 5-89 节标题版式

图 5-90 设置背景格式

③ 如图 5-91 所示，在"设置背景格式"对话框中，先选择"图片或纹理填充"选项，再单击"文件"按钮，在弹出的"插入图片"对话框中，插入案例素材"任务二"文件夹中的"风景.png"图片文件，最后在"设置背景格式"对话框中单击"关闭"按钮，完成背景图片的设置。

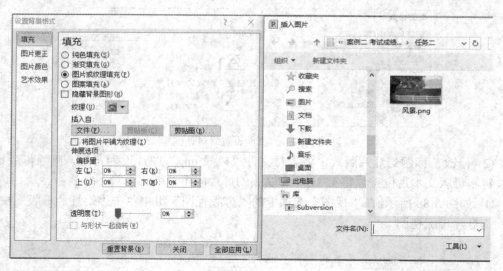

图 5-91　设置背景图片

　　④ 使用键盘的 Del(ete) 键删除 "节标题版式" 中的标题占位符和文本占位符，效果如图 5-92 所示。

图 5-92　删除标题和文本的占位符

　　⑤ 如图 5-93 所示，在 "幻灯片母版" 选项卡的 "关闭" 组中单击 "关闭母版视图" 按钮，退出幻灯片母版视图，返回到普通视图。

图 5-93　关闭母版视图

　　⑥ 如图 5-94 所示，在 "幻灯片/大纲" 窗格中，右击第 2 张幻灯片，在弹出的快捷菜单中修改其版式为 "节标题"，并用同样的方法将第 4 张和第 7 张幻灯片的版式修改为 "节标题" 版式。

图 5-94　修改幻灯片版式

（3）在第 2、4 和 7 张幻灯片前建立"历史背景""剧情简介""经典台词"三个小节，并以此命名；调换"剧情简介"与"经典台词"两节的位置。

① 如图 5-95 所示，选中第 2 张幻灯片，在"开始"选项卡的"幻灯片"组中，单击"节"按钮 ，在弹出的下拉菜单中选择"新增节"命令，在该幻灯片前插入一个无标题节。

② 如图 5-96 所示，继续单击"节"按钮 ，在弹出的下拉菜单中选择"重命名节"命令，弹出"重命名节"对话框。如图 5-97 所示，在该对话框中，修改节名称为"历史背景"，单击"重命名"按钮，完成"历史背景"节的创建。

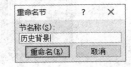

图 5-95　新增节图　　　　　　图 5-96　重命名节　　　　图 5-97　"重命名节"对话框

③ 使用以上同样的方法，在第 4 张幻灯片前创建"剧情简介"节，在 7 张幻灯片前创建"经典台词"节。

④ 如图 5-98 所示，鼠标右击"经典台词"节，在弹出的快捷菜单中选择"向上移动

节"命令，调换"剧情简介"与"经典台词"两节的位置。

⑤ 鼠标右击"经典台词"节，在弹出的快捷菜单中选择"全部折叠"命令，折叠所有节，效果如图 5-99 所示。单击节名称前的箭头▷，可以展开相应的节。

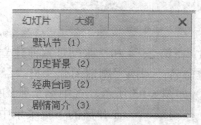

图 5-98　向上移动节　　　　　　　　　图 5-99　折叠所有节

(4) 在第 1 张幻灯片之后插入一张新幻灯片，标题设为"目录"，居中显示。内容区中插入"垂直框列表"的 SmartArt 图形，输入"历史背景""经典台词"和"剧情简介"，样式设为"强烈效果"，更改颜色为"渐变循环-强调文字颜色 3"，分别将文本所在的形状超链接到对应节的第 1 张幻灯片中。

① 在"幻灯片/大纲"窗格中，单击选中第 1 张幻灯片后，按下 Enter 键，新建 1 张新幻灯片，如图 5-100 所示。在新幻灯片上添加标题"目录"，并居中显示。

图 5-100　新建"目录"幻灯片

② 在标题下方的文本占位符中，单击"插入 SmartArt 图形"按钮，在弹出的"选择 SmartArt 图形"对话框中选择"垂直框列表"选项，如图 5-101 所示，单击"确定"按钮。

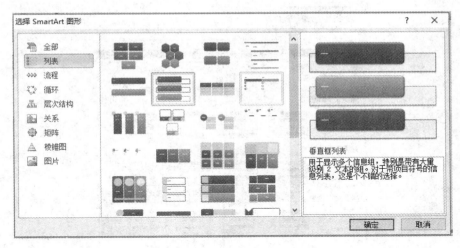

图 5-101　选择 SmartArt 图形

③ 如图 5-102 所示，在垂直框列表中输入文字"历史背景""经典台词"和"剧情简介"。

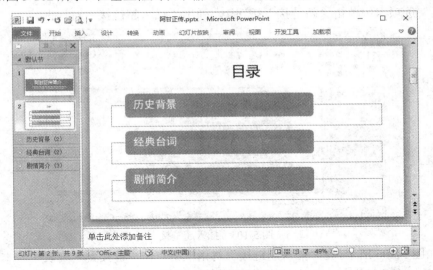

图 5-102　垂直框列表

④ 如图 5-103 所示，单击 SmartArt 图形，选择"功能区"中的"SmartArt 工具—设计"选项卡，在"SmartArt 样式"组中，设置样式设为"强烈效果"。

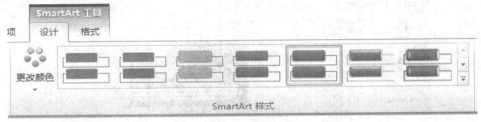

图 5-103　设置 SmartArt 样式

⑤ 如图 5-104 所示，在"功能区"的"SmartArt 工具—设计"选项卡中，单击"更改颜色"按钮 ，在下拉列表中设置颜色设为"渐变循环—强调文字颜色 3"。

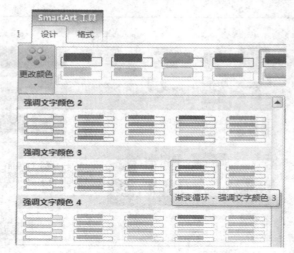

图 5-104　更改 SmartArt 颜色

⑥ 如图 5-105 所示，先单击选中垂直框列表中的第 1 个长方形"历史背景"，然后，在"插入"选项卡中单击"超链接"按钮，弹出"插入超链接"对话框。

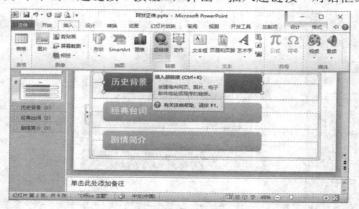

图 5-105　插入超链接

⑦ 如图 5-106 所示，在"插入超链接"对话框中单击"链接到"列表中"本文档中的位置"按钮；在"请选择文档中的位置"区域选择幻灯片标题为"3.幻灯片 3"，最后单击"确定"按钮。

图 5-106　"插入超链接"对话框

⑧ 使用同样的方法，将垂直框列表中的第 2 个长方形"经典台词"链接到第 5 张幻灯片，将第 3 个长方形"剧情简介"链接到第 7 张幻灯片。

(5) 修改第 6 张"经典台词"幻灯片中的图片，删除背景(保持人物主题完整)，设置饱和度为 33%、色温为 11 200 K、图片样式为矩形投影。

① 如图 5-107 所示，单击选择第 6 张幻灯片的图片，功能区出现"图片工具—格式"选项卡，在"图片工具—格式"选项卡上的"调整"组中单击"删除背景"按钮，此时功能区出现"背景消除"选项卡，图片背景基本变成紫色，图片上会出现 8 个控制点，如图 5-108 所示。

图 5-107 "删除背景"按钮

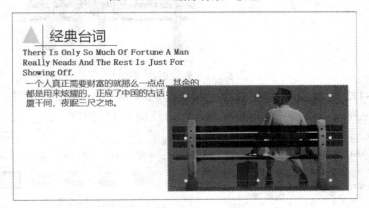

图 5-108 图片变化

② 如图 5-109 所示，调整图片上的控制点，包含图片全部区域。

图 5-109 调整图片控制点

③ 如图 5-110 所示，单击"背景消除"选项卡中的"保留更改"按钮，删除图片背景，效果如图 5-111 所示。

图 5-110　"保留更改"按钮

图 5-111　删除图片背景

④ 如图 5-112 所示，在"图片工具—格式"选项卡上的"调整"组中，单击"颜色"按钮，在下拉列表中设置颜色饱和度为 33%、色调为 11 200 K。

图 5-112　设置颜色饱和度和色调

⑤ 如图 5-113 所示，在"图片工具—格式"选项卡上的"图片样式"组中单击"更多"按钮，在下拉列表中设置图片样式为"矩形投影"。

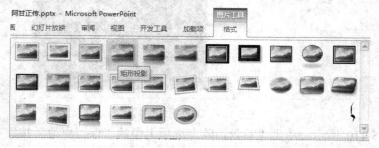

图 5-113　设置图片样式

（6）除标题幻灯片外，为其余所有幻灯片添加幻灯片编号；设置"经典台词"两页的幻灯片切换方式为"传送带"。

① 如图 5-114 所示，在"插入"选项卡上的"文本"组中单击"页眉和页脚"按钮，弹出"页眉和页脚"对话框。

图 5-114　插入页眉和页脚

② 如图 5-115 所示，在"页眉和页脚"对话框中，选中"幻灯片编号""标题幻灯片中不显示"两个选项，最后单击"全部应用"按钮。

③ 如图 5-116 所示，在"幻灯片/大纲"窗格中，单击"经典台词"节。

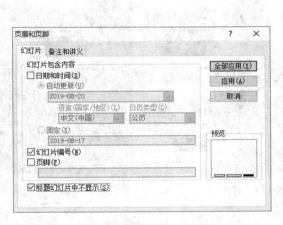

图 5-115　"页眉和页脚"对话框　　　　图 5-116　选择"经典台词"节

④ 如图 5-117 所示，在"转换"选项卡的"切换到此幻灯片"组中设置切换方式为"传送带"。

图 5-117　设置切换方式

（7）保存演示文稿。

单击"文件"选项卡上的"另存为"命令，打开"另存为"对话框，文件以默认名"阿甘正传.pptx"保存到学号文件夹中。

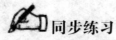同步练习

编辑案例素材"同步练习"文件夹中的演示文稿文件"英国名校.pptx",参照图 5-118,按下列要求操作:

(1) 设置所有主题为 moban02.pot、幻灯片大小为 35 毫米的幻灯片,所有幻灯片的切换方式为棋盘。

(2) 为第一张幻灯片带项目符号的前三行文字创建超链接,分别指向具有相应标题的幻灯片。

(3) 在第二张幻灯片文字下方插入图片 ucl.jpg,设置图片高度、宽度的缩放比例均为 50%,图片动画效果为淡出、持续时间为 1 秒。

(4) 在所有幻灯片中插入自动更新的日期和页脚,日期样式为"××××年××月××日",页脚内容为"英国名校"。

(5) 将制作好的演示文稿以文件名:英国名校,文件类型:演示文稿(*.PPTX)保存至学号文件夹中。

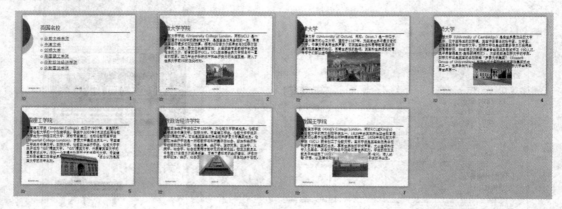

图 5-118　样图

案例三　制作科技讲座报告

案例情境

正德职业技术学院邀请罗教授做一次科技讲座,讲座的内容主要关于云计算和 5G 通信方面。请你使用 PowerPoint 2010 帮他制作"云服务简介"和"5G 简介"这两个 PPT,将制作好的文件保存至指定的文件目录下。

案例素材

...\考生文件夹\...

任务1 编辑"云服务简介.pptx"

(1) 使用"图片素材"文件夹中的图片,制作主题文件为"水墨.thmx",主题字体方案为"跋涉"。

① 如图 5-119 所示,启动 PowerPoint 2010,在"视图"选项卡的母版视图组中单击"幻灯片母版"按钮,进入幻灯片母版视图。

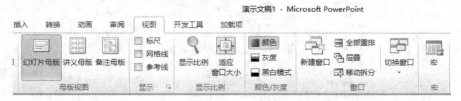

图 5-119 浏览主题

② 如图 5-120 所示,在母版视图的左侧窗格中删除"空白"版式以下的所有版式(保留空白版式),再删除"节标题"版式和"比较"版式。

③ 如图 5-121 所示,在左侧窗格中右击"Office 主题幻灯片母版"缩略图,在弹出的快捷菜单中选择"设置背景格式"命令,弹出"设置背景格式"对话框。如图 5-122 所示,在该对话框中先选择"图片或纹理填充"选项,然后单击"文件"按钮,弹出"插入图片"对话框。

图 5-120 删除版式　　　　图 5-121 设置背景格式　　　　图 5-122 "设置背景格式"对话框

④ 如图 5-123 所示，在"插入图片"对话框中选择"图片素材"文件夹下的"1.jpg"文件，单击"插入"按钮。在"设置背景格式"对话框中单击"关闭"按钮，将图片"1.jpg"设置为主题的背景图片。

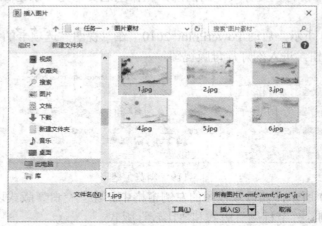

图 5-123　"插入图片"对话框

⑤ 如图 5-124 所示，在"幻灯片母版"选项卡的"编辑主题"组中单击"字体"按钮，在下拉列表中选择字体方案为"跋涉"。

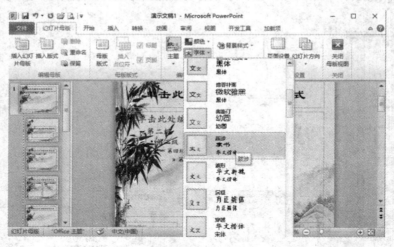

图 5-124　修改主题字体

⑥ 使用同样的方法，将"图片素材"文件夹中的图片"2.jpg"设置为"标题幻灯片"版式的背景图片，"3.jpg"设置为"标题和内容"版式的背景图片，"4.jpg"设置为"两栏内容"版式的背景图片，"5.jpg"设置为"仅标题"版式的背景图片，"6.jpg"设置为"空白"版式的背景图片，如图 5-125 所示。

⑦ 如图 5-126 所示，在"幻灯片母版"选项卡的"编辑主题"组中单击"主题"按钮，在下拉列表中选择"保存当前主题"命令，弹出"保存当前主题"对话框。

⑧ 如图 5-127 所示，在"保存当前主题"对话框中，修改保存路径为"学号文件夹"，修改主题文件名为"水墨.thmx"，单击"保存"按钮。关闭 Powerpoint 2010，不保存演示文稿 1。

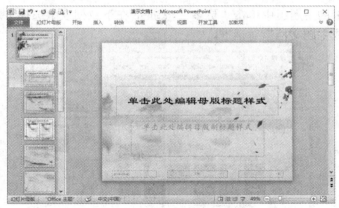

图 5-125 修改版式背景图片

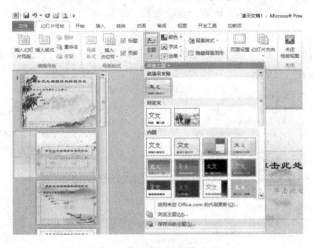

图 5-126 保存当前主题

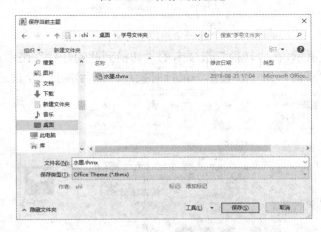

图 5-127 "保存当前主题"对话框

(2) 编辑演示文稿"云服务简介.pptx",设置主题为新建主题"水墨.thmx",设置所有幻灯片的切换效果为溶解,单击鼠标时换片。

① 双击打开"任务一"文件夹中的演示文稿"云服务简介.pptx",如图 5-128 所示,

在"设计"选项卡的主题组中单击"更多"按钮，在下拉列表中选择"浏览主题"命令，弹出"选择主题或主题文档"对话框。

图 5-128　浏览主题

② 如图 5-129 所示，在"选择主题或主题文档"对话框中，选择学号文件夹中的"水墨.thmx"，单击"应用"按钮。

图 5-129　"选择主题或主题文档"对话框

③ 如图 5-130 所示，在"转换"选项卡的"切换到此幻灯片"组中选择幻灯片切换方式为"溶解"，在"计时"组中设置单击鼠标时换片，最后单击"全部应用"按钮。

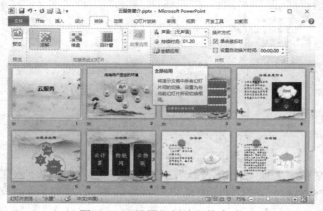

图 5-130　设置幻灯片切换方式

(3) 在第 2 张幻灯片"终端用户面临的环境"中，为"用户""娱乐""安全""通讯""教育""办公""更多"对象分别添加"自左侧擦除"进入动画效果，各对象持续 1 秒依次自动播放出现。

① 如图 5-131 所示，在第 2 张幻灯片中单击选择"用户"对象，在"动画"选项卡的"动画"组中选择进入时"擦除"效果，单击"效果选项"按钮，在下拉列表中选择"自左侧"。在"计时"组中，设置"开始时间"为"上一动画之后"，设置"持续时间"为 1 秒。

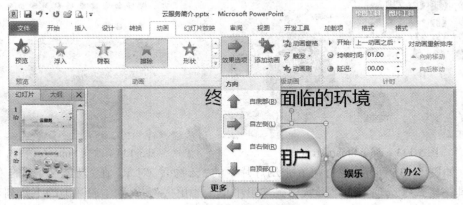

图 5-131 设置对象动画

② 如图 5-132 所示，"用户"对象选中后，在"高级动画"组中双击"动画刷"按钮 ，然后依次单击"娱乐""安全""通讯""教育""办公""更多"对象，将"用户"对象的动画效果复制给其他对象。最后，不能忘记再次单击"动画刷"按钮，关闭动画刷功能。

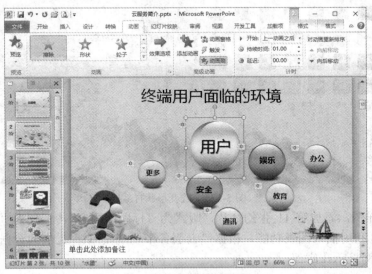

图 5-132 复制动画效果

(4) 将第 6 张"云物联"幻灯片中的 SmartArt 结构改为"垂直公式"，并更改样式为"细微效果"；设置"云物联"对象形状样式为"浅色 1 轮廓，彩色填充-水绿色，强调颜色 5"。

① 选择第 6 张幻灯片中的 SmartArt 图形，在"功能区"中的"SmartArt 工具—设计"选项卡的"布局"组中单击"更多"按钮 ，在弹出的下拉列表中选择"垂直公式"结构，

如图 5-133 所示。

② 如图 5-134 所示，在"功能区"中的"SmartArt 工具—设计"选项卡的"SmartArt 样式"组中单击"更多"按钮，在弹出的下拉列表中选择"细微效果"样式。

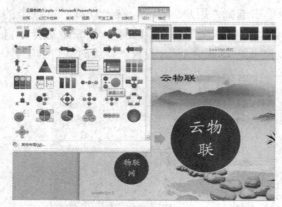 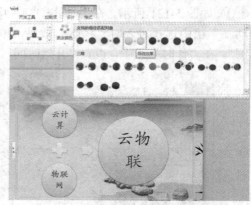

图 5-133　改变 SmartArt 结构　　　　　图 5-134　改变 SmartArt 样式

③ 如图 5-135 所示，选择第 6 张幻灯片中的"云物联"对象，在"功能区"中的"Smart Art 工具—格式"选项卡的"形状样式"组中单击"更多"按钮，在弹出的下拉列表中选择"浅色 1 轮廓，彩色填充-水绿色，强调颜色 5"样式。

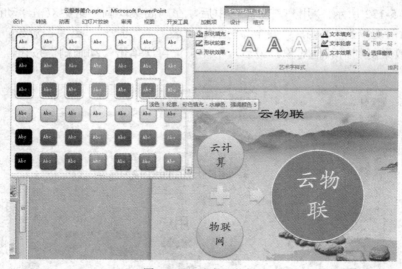

图 5-135　改变形状样式

(5) 参考样图，添加第 11 张幻灯片，版式为"标题和内容"，标题为"云服务市场规模"，在内容区利用插入图表功能，根据"云服务市场规模.txt"提供的数据生成最终的簇状柱形图，图例显示在底部。

① 如图 5-136 所示，在"幻灯片/大纲"窗格中，选择第 10 张幻灯片；选择"功能区"中的"开始"选项卡，单击"幻灯片"组中的"新建幻灯片"按钮，在弹出的下拉列表中选择"标题和内容"选项，插入第 11 张幻灯片。

② 如图 5-137 所示，在新幻灯片中添加标题"云服务市场规模"，单击"插入图表"图标，弹出"插入图表"对话框。

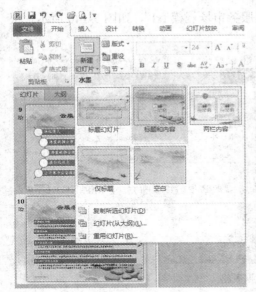

图 5-136 添加新幻灯片

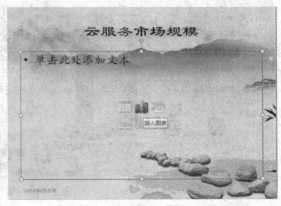

图 5-137 插入图表

③ 如图 5-138 所示，在"插入图表"对话框中，选择"簇状柱形图"，单击"确定"按钮。在幻灯片中插入图表的同时打开相关联的 Excel 表格，如图 5-139 所示。

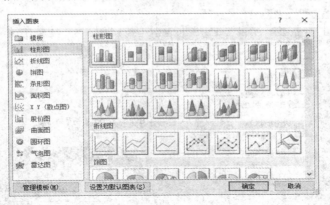

图 5-138 "插入图表"对话框

图 5-139 簇状柱形图

④ 打开"任务一"文件夹中的文本文件"云服务市场规模.txt"，如图 5-140 所示，根据文件中的数据填写图表相关联的 Excel 表格。

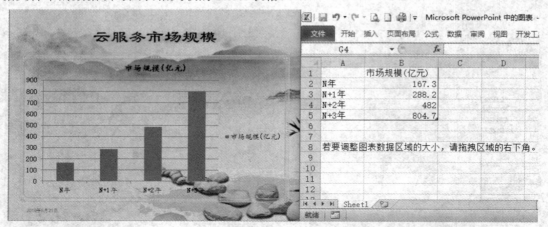

图 5-140　填写数据表格

⑤ 如图 5-141 所示，在"图表工具—布局"选项卡的"标签"组中单击"图例"按钮，在弹出的下拉列表中选择"在底部显示图例"。

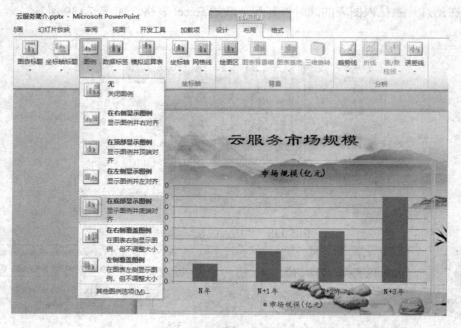

图 5-141　图例显示在底部

(6) 在最后添加一张"空白版式"幻灯片，插入艺术字"谢谢!"，艺术字样式为"渐变填充-灰色，轮廓-灰色"、字体为华文楷体、字号为 80。

① 如图 5-142 所示，在"幻灯片/大纲"窗格中，选择第 11 张幻灯片；选择"功能区"中的"开始"选项卡，单击"幻灯片"组中的"新建幻灯片"按钮，在弹出的下拉列表中选择"空白"版式，插入第 12 张幻灯片。

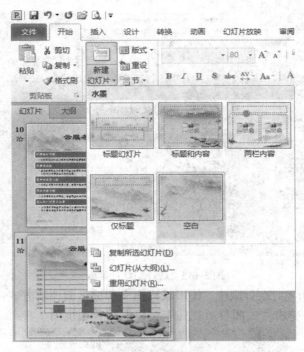

图 5-142　添加新幻灯片

② 如图 5-143 所示，选择"功能区"中的"插入"选项卡，单击"文本"组中的"艺术字"按钮 ，在弹出的艺术字样式列表中选择样式为"渐变填充-灰色，轮廓-灰色"。

③ 如图 5-144 所示，在生成的文本框中添加文字"谢谢!"，设置字体为华文楷体、大小为80。

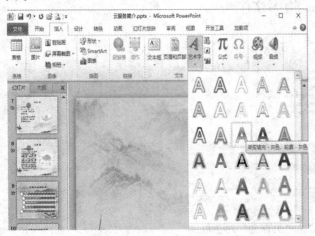

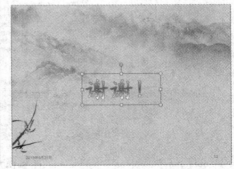

图 5-143　选择艺术字样式　　　　　　　　　图 5-144　插入艺术字

(7) 调换所有幻灯片的编号和日期位置。

① 在"视图"选项卡的母版视图组中单击"幻灯片母版"按钮，进入幻灯片母版视图，在左侧窗格中选择"水墨幻灯片母版"，如图 5-145 所示。

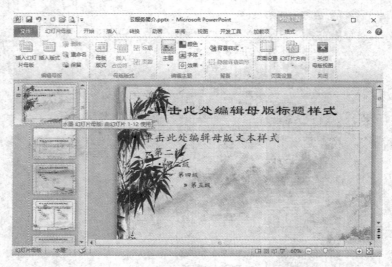

图 5-145　选择幻灯片母版

② 如图 5-146 所示，在母版中，使用鼠标拖曳和键盘微调的方式，将编号和日期的占位符位置进行调换。单击"关闭母版视图"按钮返回普通视图。

图 5-146　调换占位符位置

(8) 将编辑完的演示文稿以文件名"云服务简介.pptx"、保存类型为"演示文稿"，保存在"学号文件夹"中。

如图 5-147 所示，单击"文件"选项卡上的"另存为"命令，打开"另存为"对话框，文件以文件名"云服务简介.pptx"保存到学号文件夹中。

图 5-147　"另存为"对话框

任务 2　制作"5G 简介.pptx"演示文稿

(1) 将"5G 简介.docx"中的文字导入 PowerPoint，自动生成相应的幻灯片，修改第一张幻灯片的版式为"标题幻灯片"，应用内置主题"聚合"。

　　① 打开"任务二"文件夹中的 Word 文档"5G 简介.docx"，选中全部红色文字，打开"段落"对话框，如图 5-148 所示，在该对话框中设置红色文字的"大纲级别"为 1 级，单击"确定"按钮。

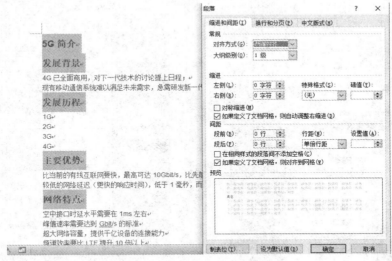

图 5-148　设置大纲级别为 1 级

　　② 使用同样的方式，选中全部蓝色文字，打开"段落"对话框，如图 5-149 所示，在该对话框中设置蓝色文字的"大纲级别"为 2 级，单击"确定"按钮。

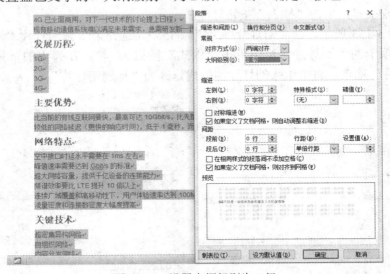

图 5-149　设置大纲级别为 2 级

　　③ 单击"快速访问工具栏"中的"保存"按钮🖫，保存并且关闭 Word 文档"5G 简介.docx"。

　　④ 如图 5-150 所示，启动 PowerPoint 2010，在"幻灯片/大纲"窗格中删除默认新建的标题幻灯片。

　　⑤ 如图 5-151 所示，在"开始"选项卡的"幻灯片"组中单击"新建幻灯片"按钮🖧，在弹出的下拉列表中选择"幻灯片(从大纲)"命令，弹出"插入大纲"对话框。

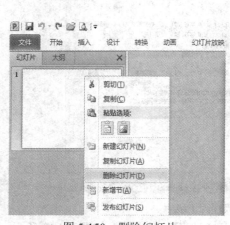

图 5-150　删除幻灯片

图 5-151　选择"幻灯片(从大纲)"命令

⑥ 如图 5-152 所示，在"插入大纲"对话框中选择案例素材"任务二"文件夹下的文件"5G 简介.docx"，单击"插入"按钮。

⑦ 如图 5-153 所示，在"幻灯片/大纲"窗格中，选择第 1 张幻灯片"5G 简介"，在"开始"选项卡的"幻灯片"组中单击"版式"按钮 版式，在弹出的下拉列表中选择"标题幻灯片"选项，将第 1 张幻灯片的版式修改为"标题幻灯片"。

图 5-152　"插入大纲"对话框

图 5-153　修改幻灯片版式

⑧ 如图 5-154 所示，在"设计"选项卡的"主题"组中，选择 PowerPoint 2010 内置的"聚合"主题。

图 5-154 应用"聚合"主题

(2) 在标题幻灯片后添加版式为"标题和内容"的幻灯片，标题为"目录"，内容为其余幻灯片的标题，并为文字添加超链接指向相应的幻灯片，为文字"其它"设置超链接指向 Word 文档"其它.docx"。

① 如图 5-155 所示，在"幻灯片/大纲"窗格中单击标题幻灯片后按下 Enter 键，插入 1 张新幻灯片。为新幻灯片添加标题"目录"，字体为"宋体，红色"，在标题下方的占位符中依次添加文本，字体为"宋体，蓝色"，文本内容为第 3～11 张幻灯片的标题。

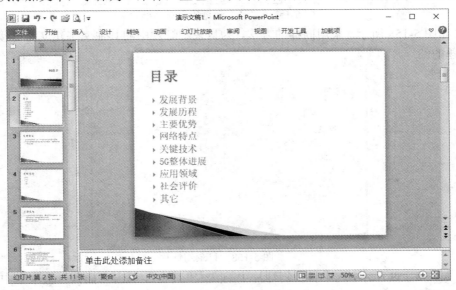

图 5-155 插入"目录"幻灯片

② 如图 5-156 所示，选中文本"发展背景"，单击"插入"选项卡中的"超链接"按钮 ，弹出"插入超链接"对话框。

图 5-156　插入超链接

③ 如图 5-157 所示，在"插入超链接"对话框的"链接到"列表中单击"本文档中的位置"按钮；在"请选择文档中的位置"区域选择幻灯片标题为"发展背景"，最后单击"确定"按钮，为文本插入超链接指向同名标题的幻灯片。

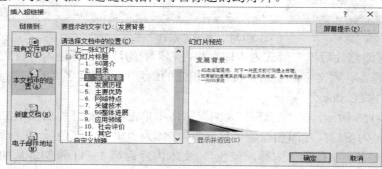

图 5-157　"插入超链接"对话框

④ 如图 5-158 所示，采用同样的方法，为目录幻灯片中的其他文字建立超链接，指向同名标题的幻灯片。

图 5-158　目录幻灯片

⑤ 如图 5-159 所示，选中目录幻灯片中的文本"其它"，单击"插入"选项卡中的"超链接"按钮，在弹出的"插入超链接"对话框的"链接到"列表中单击"现有文件或网页"按钮，设置"查找范围"为"任务二"文件夹，"选择文件""其它.docx"单击"确定"按钮。为文字"其它"设置超链接指向 word 文档"其它.docx"。

图 5-159　"插入超链接"对话框

(3) 在"发展历程"幻灯片右边插入图片"发展历程.jpg"；设置该幻灯片标题的动画效果为"浮入"，方向为"下浮"；图片的动画效果为"轮子"，期间速度为"非常快(0.5秒)"，同时要求伴有"风铃声"；文本的动画效果为"劈裂"，并要求在下一次单击后隐藏该段文本。要求显示完标题后显示文本，接着显示图片。

① 在"幻灯片/大纲"窗格中，单击选中第 4 张幻灯片，如图 5-160 所示，单击"插入"选项卡上的"图片"按钮，弹出"插入图片"对话框。

图 5-160　插入图片

② 如图 5-161 所示，在"插入图片"对话框中，选择案例素材"任务二"文件夹中文件"发展历程.jpg"，单击"插入"按钮。将图片插入幻灯片右侧，适当调整图片位置，效果如图 5-162 所示。

图 5-161　"插入图片"对话框

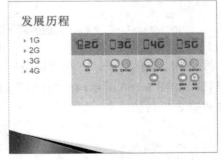

图 5-162　插入图片效果

③ 如图 5-163 所示，选中标题"发展历程"，在"动画"选项卡的"动画"组中选择"浮入"效果，单击"效果选项"按钮选择方向为"下浮"。

④ 如图 5-164 所示，选中图片，在"动画"选项卡的"动画"组中选择"轮子"效果，在"高级动画"组中单击"动画窗格"按钮，在窗口的右侧弹出动画窗格。在动画窗格的项目列表中，左键双击"图片"的动画项目，弹出"轮子"对话框。

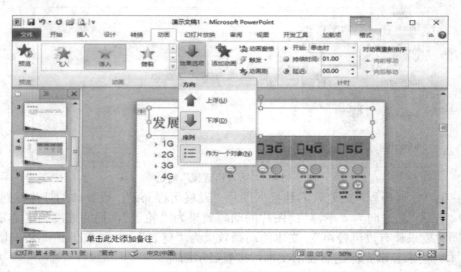

图 5-163　添加标题动画

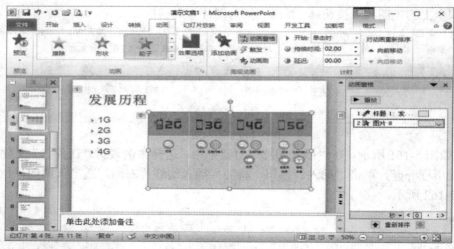

图 5-164　添加图片动画

⑤ 如图 5-165 所示，在"轮子"对话框的"效果"选项卡中设置动画的声音效果为"风铃"。如图 5-166 所示，在"计时"选项卡中，设置动画的期间速度为"非常快(0.5 秒)"，单击"确定"按钮。

图 5-165　设置动画声音

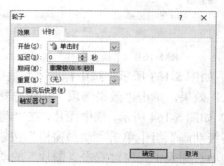

图 5-166　设置动画速度

⑥ 如图 5-167 所示，选中文本框中的内容"1G,2G,3G,4G"，在"动画"选项卡的"动画"组中选择"劈裂"效果。

⑦ 如图 5-168 所示，在动画窗格中单击"4G"后的"更多"按钮，在弹出的下拉列表中选择"效果选项"命令，弹出"劈裂"对话框。

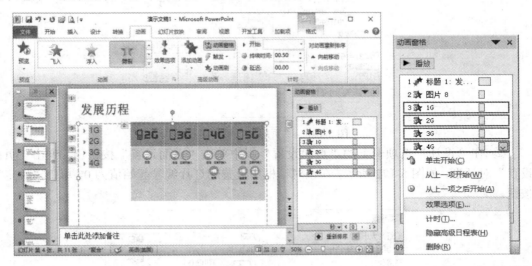

图 5-167　添加文本动画　　　　　　　　　　　图 5-168　选择"效果选项"

⑧ 如图 5-169 所示，在"劈裂"对话框中，选择动画播放后的效果为"下次单击后隐藏"，单击"确定"按钮。

⑨ 如图 5-170 所示，在动画窗格中，单击图片的动画项目，再单击"重新排序"的向下箭头，将该项目移动到文本动画之后。

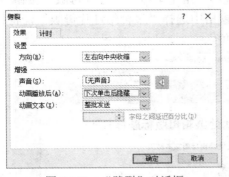

图 5-169　"劈裂"对话框

图 5-170　重新排列动画

(4) 除标题幻灯片外，为其余幻灯片添加日期(自动更新 xxxx 年 xx 月 xx 日)和编号，要求幻灯片起始编号为 0，日期显示在左下角。修改母版文本第一级的项目符号为 ✎，大小为文字大小的 85%，颜色为红色。

① 单击"插入"选项卡的"页眉和页脚"按钮，弹出"页眉和页脚"对话框，如图 5-171 所示，在该对话框中，选中"幻灯片编号""日期和时间""标题幻灯片中不显示"三个选项，并选择"自动更新"的日期形式为"xxxx 年 xx 月 xx 日"，最后单击"全部应用"按钮。

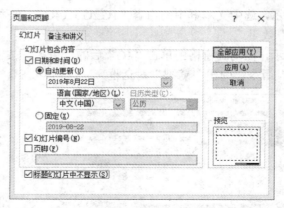

图 5-171 "页眉和页脚"对话框

② 在"设计"选项卡上的"页面设置"组中单击"页面设置"按钮▣，弹出"页面设置"对话框，如图 5-172 所示，在该对话框中设置幻灯片编号起始值为 0，单击"确定"按钮。

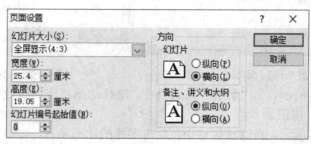

图 5-172 "页面设置"对话框

③ 在"视图"选项卡上的"母版视图"组中单击"幻灯片母版"按钮▣，切换到幻灯片母版视图，如图 5-173 所示，在左侧窗格中选择"聚合幻灯片母版"，将日期的占位符(xxxx 年 xx 月 xx 日)拖动到母版的左下角。

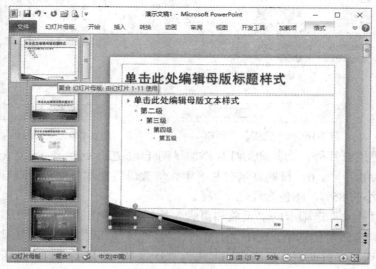

图 5-173 幻灯片母版视图

④　如图 5-174 所示，在左侧窗格中选择"聚合幻灯片母版"，在右侧编辑窗格中，鼠标选中第一级文本"单击此处编辑母版文本样式"。

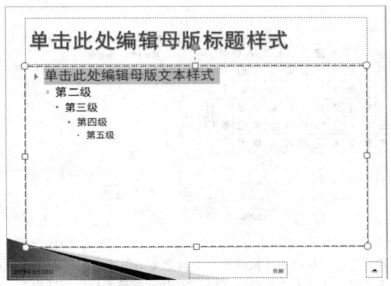

图 5-174　选择第一级文本

⑤　右击第一级文本，弹出快捷菜单，如图 5-175 所示，选择"项目符号"子菜单中的"项目符号和编号"选项，弹出"项目符号和编号"对话框。

⑥　如图 5-176 所示，单击"项目符号和编号"对话框的"自定义"按钮，弹出"符号"对话框。

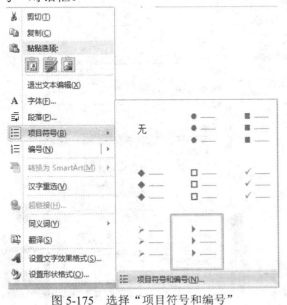

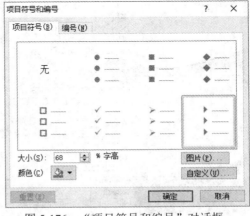

图 5-175　选择"项目符号和编号"　　　　图 5-176　"项目符号和编号"对话框

⑦　如图 5-177 所示，在"符号"对话框中选择字体"Wingdings"，选定符号"✎"，单击"确定"按钮，返回"项目符号和编号"对话框。

⑧　如图 5-178 所示，在"项目符号和编号"对话框中，设置"大小"为 85%字高，"颜

色"为红色,单击"确定"按钮。再单击"幻灯片母版"选项卡中的"关闭母版视图"按钮 ![x],返回普通视图。

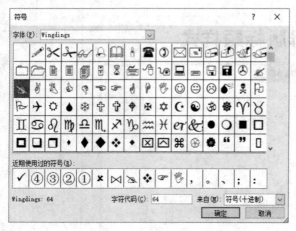

图 5-177 "符号"对话框

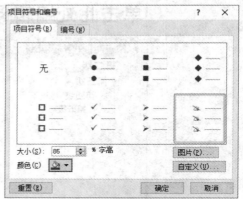

图 5-178 "项目符号和编号"对话框

(5) 在"其它"幻灯片的右下角添加一个自定义动作按钮,设置其大小为:高度 1.5 厘米,宽度 1.5 厘米,文字为"首页",单击动作按钮跳转到标题幻灯片。

① 如图 5-179 所示,选中第 10 张幻灯片,单击"插入"选项卡中的"形状"按钮 ![形状],在弹出的下拉列表的最后一行选择"动作按钮:自定义"。

② 如图 5-180 所示,在幻灯片右下角拖动生成按钮的同时,弹出"动作设置"对话框,在该对话框中设置"超链接到"为"第一张幻灯片",单击"确定"按钮。

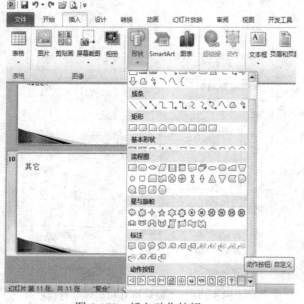

图 5-179 插入动作按钮

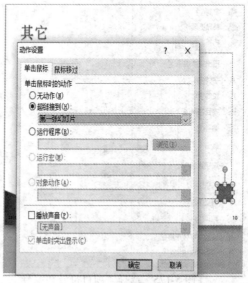

图 5-180 "动作设置"对话框

③ 如图 5-181 所示,右击动作按钮,在弹出的快捷菜单中选择"编辑文字"命令,然后在按钮图形上输入文字"首页"。

图 5-181　编辑按钮文字

④ 如图 5-182 所示，选中动作按钮，在"绘图工具—格式"选项卡的"大小"组中设置大小为：高度 1.5 厘米，宽度 1.5 厘米。

图 5-182　设置按钮大小

(6) 修改最后一张幻灯片的版式为"空白"，删除幻灯片标题"其它"，并设置此幻灯片的背景为渐变填充，预设颜色为"雨后初晴"，忽略背景图形。插入"thank you.jpg"，设置其动画效果为"上浮"的"浮入"进入动画。

① 如图 5-183 所示，选中第 10 张幻灯片，单击"开始"选项卡中的"版式"按钮 版式，在弹出的下拉列表中选择"空白"版式。

图 5-183　修改幻灯片版式

② 如图 5-184 所示，在第 11 张幻灯片中先删除标题"其它"，然后右击幻灯片，在弹

出的快捷菜单中选择"设置背景格式"命令，打开"设置背景格式"对话框。

③ 如图 5-185 所示，在"设置背景格式"对话框中选择"渐变填充"和"隐藏背景图形"，单击"预设颜色"按钮，在弹出的下拉列表中选择"雨后初晴"，单击"关闭"按钮。

图 5-184　设置幻灯片背景　　　　　　图 5-185　"设置背景格式"对话框

④ 如图 5-186 所示，单击"插入"选项卡上的"图片"按钮 ，在弹出的"插入图片"对话框中选择"任务二"文件夹中的文件"thank you.jpg"，单击"插入"按钮。

图 5-186　"插入图片"对话框

⑤ 如图 5-187 所示，选中图片，选择"动画"选项卡中的"浮入"动画，设置动画效果选项为"上浮"。

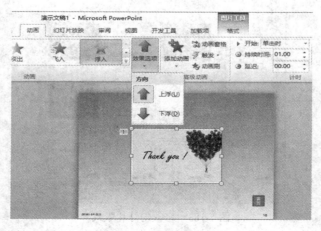

图 5-187　设置图片动画

(7) 定义一个自定义放映，幻灯片放映名称为"讲课内容"，将幻灯片 0～1、3～4、6～7、10 添加到自定义放映中，顺序不变。设置放映幻灯片时，只放映自定义放映"讲课内容"，其他设置默认。

① 如图 5-188 所示，在"幻灯片放映"选项卡上的"开始放映幻灯片"组中单击"自定义幻灯片放映"按钮，选择"自定义放映"选项，弹出"自定义放映"对话框。

图 5-188 自定义放映

② 如图 5-189 所示，在"自定义放映"对话框中单击"新建"按钮，弹出"定义自定义放映"对话框。

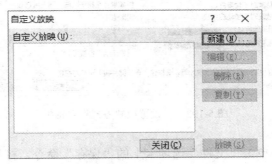

图 5-189 "自定义放映"对话框

③ 如图 5-190 所示，在"定义自定义放映"对话框中设置幻灯片放映名称为"讲课内容"，在左边的列表框中选择编号为 0～1、3～4、6～7、10 的项目，单击"添加"按钮，添加到右侧的列表框中，单击"确定"按钮退出"定义自定义放映"对话框，再单击"关闭"按钮退出"自定义放映"对话框。

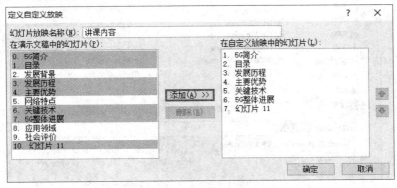

图 5-190 "定义自定义放映"对话框

④ 如图 5-191 所示，在"幻灯片放映"选项卡上的"设置"组中单击"设置幻灯片放映"按钮，弹出"设置放映方式"对话框。

图 5-191　设置幻灯片放映方式

⑤ 如图 5-192 所示，在"设置放映方式"对话框的放映幻灯片区域，选择"自定义放映"选项，并在下拉列表中选择"讲课内容"。

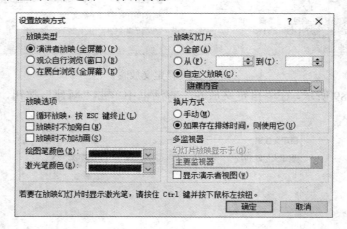

图 5-192　"设置放映方式"对话框

(8) 保存演示文稿。

如图 5-193 所示，单击"文件"选项卡上的"保存"命令，打开"另存为"对话框，文件以默认名"5G 简介.pptx"保存到学号文件夹中。

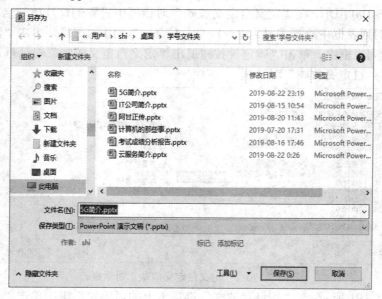

图 5-193　"另存为"对话框

同步练习

编辑"案例三"素材"同步练习"文件夹中的演示文稿文件"苏轼诗词.pptx"，参照图 5-194，按下列要求操作：

(1) 设置所有幻灯片背景图片为 back.jpg，除标题幻灯片外，为其他幻灯片添加编号。

(2) 在第一张幻灯片文字下方插入图片 su2.jpg，设置图片的动画效果为向左弯曲的动作路径、持续时间为 3 秒。

(3) 将文件 memo.txt 中的内容作为最后一张幻灯片的备注，并利用幻灯片母版，设置所有幻灯片标题字体格式为隶书、48 号字。

(4) 在最后一张幻灯片左下角插入"自定义"动作按钮，并在其中添加文字"更多内容"，单击该按钮超链接指向网址 http://www.shicimingju.com。

(5) 将制作好的演示文稿以文件名：苏轼诗词，文件类型：演示文稿(*.PPTX)保存至学号文件夹中。

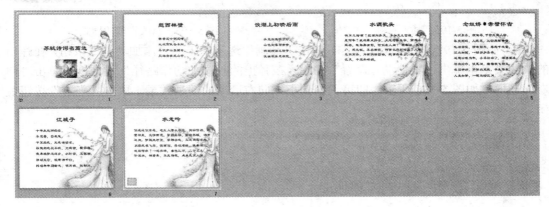

图 5-194 图样

案例四 制作教学中常见的运动效果

案例情境

翠屏山小学教授百科的罗老师下学期要给小朋友们介绍物体的各种运动效果，请你使用 PowerPoint 2010 帮他制作这一课的 PPT，将制作好的文件保存至指定的文件目录下。

任务 制作"小球的运动.pptx"

(1) 新建一个空白演示文稿，在其中添加课件标题"小球的运动"，插入 3 张幻灯片，分别显示小球加速、减速和匀速运动的效果。要求单击小球后，动画开始播放。

① 启动 PowerPoint 2010，在默认新建的"空白演示文稿 1"中，为第 1 张幻灯片添加标题"小球的运动"和副标题"讲课人：罗老师"。

② 添加一张"仅标题"版式的幻灯片，添加标题"加速运动"。如图 5-195 所示，依

次单击"插入"选项卡下的"形状→椭圆"命令，按住 Shift 键拖动鼠标绘制出一个正圆。

③ 如图 5-196 所示，选定正圆，单击"格式"选项卡下的"形状样式"功能区里的"其他"按钮，用"样式 11"填充圆形，即可得到一个具有立体感的小球。

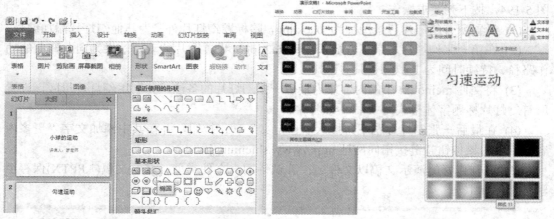

图 5-195　插入正圆　　　　　　　　　　　　图 5-196　修改正圆的样式

④ 如图 5-197 所示，选中小球，单击"动画"选项卡下的"添加动画"按钮，在弹出的快捷菜单里单击"其他动作路径"命令，在弹出的"添加动作路径"对话框里单击"向右"选项，如图 5-198 所示，即可预览到小球向右运动的动画效果，单击"确定"按钮关闭对话框。

图 5-197　添加动画

图 5-198　添加"向右"动作路径

⑤ 如图 5-199 所示，单击动画路径，路径两端会出现两个圆形控制点，按住 Shift 键的同时向右拖动路径末端的控制点，调整运动路径的长度。

⑥ 如图 5-200 所示，单击"高级动画"功能区里的"动画窗格"命令，在屏幕右侧打开动画窗格面板，选择"椭圆 2"的"效果选项"命令，弹出"向右"对话框。

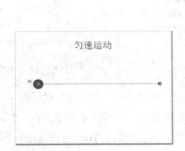

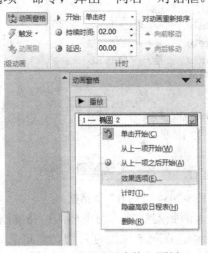

图 5-199 调整运动路径长度　　　　图 5-200 "动画窗格"面板

⑦ 如图 5-201 所示，拖动滑块将"平滑开始""平滑结束"右侧的时间均改为 0 秒，小球将会向右做匀速直线运动。

⑧ 如图 5-202 所示，单击"高级动画"功能区里的"触发→单击"命令，在右侧弹出的子菜单中选择"椭圆 2"，即可设置该动画的触发事件为单击幻灯片中的小球。

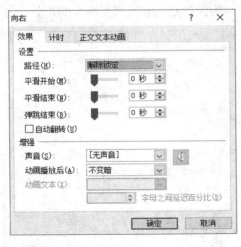

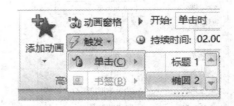

图 5-201 "向右"对话框　　　　图 5-202 设置触发器

⑨ 复制第 2 张幻灯片，粘贴为第 3 张幻灯片，修改标题为"加速运动"。

⑩ 如图 5-203 所示，拖动滑块将"平滑开始"右侧的时间均改为 2 秒，小球将会向右做加速直线运动。

⑪ 复制第 2 张幻灯片，粘贴为第 4 张幻灯片，修改标题为"减速运动"。

⑫ 如图 5-204 所示，拖动滑块将"平滑结束"右侧的时间均改为 2 秒，小球将会向右

做减速直线运动。

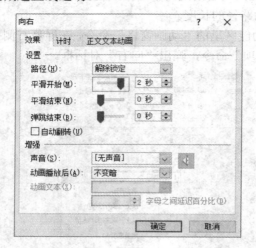

图 5-203 "向右"对话框

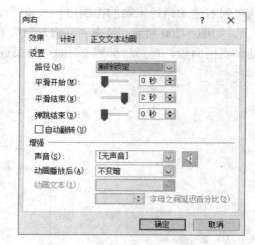

图 5-204 "向右"对话框

(2) 插入两张幻灯片，为小球添加特殊路径运动的效果。在第 4 张幻灯片中，小球沿正弦波形运动。在第 5 张幻灯片中，自定义运动路径。要求单击小球后，动画开始播放。

① 复制第 2 张幻灯片，粘贴为第 4 张幻灯片，修改标题为"正弦波形运动"，删除原来的动作路径。

② 如图 5-205 所示，选中小球，单击"动画"选项卡下的"添加动画"按钮，在弹出的快捷菜单里单击"其他动作路径"命令，在弹出的"添加动作路径"对话框里单击"正弦波"选项，即可预览到小球沿正弦波形运动的动画效果，单击"确定"按钮关闭对话框。

③ 如图 5-206 所示，拖动小球运动路径周围的控制点，适当调整路径的形状，为动画添加单击小球的触发事件。

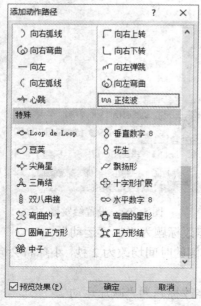

图 5-205 添加"正弦波"动作路径

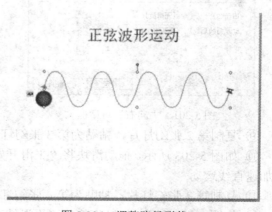

图 5-206 调整路径形状

④ 复制第 2 张幻灯片，粘贴为第 5 张幻灯片，修改标题为"自定义路径运动"，删除原来的动作路径。

⑤ 如图 5-207 所示，选中小球，单击"动画"选项卡下的"添加动画"按钮，在弹出的快捷菜单里单击"自定义路径"选项，此时鼠标指针变为十字形，在幻灯片上依次单击即可随心所欲地绘制出自己满意的动作路径，双击鼠标完成绘制，如图 5-208 所示。

图 5-207　选择"自定义路径"选项　　　　　　图 5-208　绘制动作路径

⑥ 如果对绘制的路径不满意，可以在路径上单击鼠标右键，在弹出的快捷菜单中单击"编辑顶点"命令，会出现一系列的控制点，在路径上再次单击鼠标右键，可以通过"添加顶点"等操作对动画路径进行调整。

(3) 插入第 6 张幻灯片，模拟小球沿桌面放置的直角三角形木块的斜边滚到桌面后，向右匀速运动到桌子边缘并加速落向地面，到达地面后继续向右匀速运动。

① 如图 5-209 所示，插入一张"空白"版式的幻灯片，利用 PowerPoint 的基本绘图功能完成相关图形元素的绘制。

② 如图 5-210 所示，为小球添加"向右"动作路径，适当调整路径的终点，使其与木块斜边平行。因为小球沿斜面向下做的是加速运动，因此鼠标左键双击路径后，在弹出的对话框中设置"平滑开始"的时间为 2 秒，"平滑结束"的时间为 0 秒。

图 5-209　绘制图形

图 5-210　添加沿斜面向下的路径

③ 如图 5-211 所示，按照前面的操作，再次为小球添加"向右"动作路径，用鼠标拖动该路径，使其起点与小球沿斜面向下路径的终点重合，并调整其长度，使小球刚好可以运动到桌子边缘。鼠标左键双击该路径，设置"平滑开始""平滑结束"的时间均为 0 秒，小球将会沿桌面向右做匀速直线运动。

④ 如图 5-212 所示，单击"向右"对话框的"计时"选项卡，设置动画开始的时间为"上一动画之后"，接着在"期间"的文本框中直接输入"1.2"，表示动画的播放时间为1.2 秒。

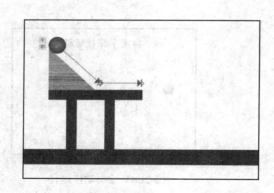

图 5-211　添加桌面运动的路径

图 5-212　设置动画时间

⑤ 如图 5-213 所示，为小球添加自定义动作路径，使其起点与上一个运动路径的终点重合。双击该路径，在弹出的自定义路径对话框里，设置"平滑开始"的时间为 0.1 秒，"平滑结束"的时间为 0 秒，设置动画开始的时间为"上一动画之后"，将"期间"选项设为"非常快(0.5 秒)"。

⑥ 按照前面的操作，再次选中小球，为其添加沿地面匀速向右运动的动画效果，如图 5-214所示。

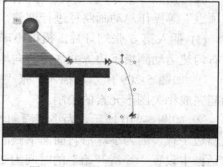

图 5-213　添加小球落地的路径

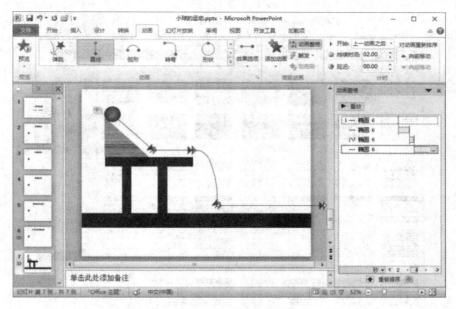

图 5-214　添加小球落地的路径

（4）插入第 7 张幻灯片，模拟弹簧振子的运动效果。

① 添加一张"仅标题"版式的幻灯片，添加标题"弹簧振子"。如图 5-215 所示，依次单击"插入"选项卡下的"表格→插入表格"命令，弹出"插入表格"对话框，如图 5-216 所示，插入一个 2 行 30 列的表格。

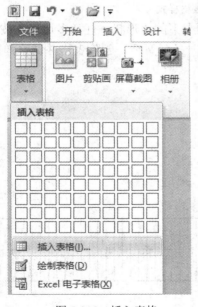

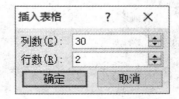

图 5-215　插入表格　　　　　　　　图 5-216　"插入表格"对话框

② 如图 5-217 所示，单击"表格工具"标签下的"设计"选项卡，再单击"表格样式"功能区里的"其他"按钮，在弹出的下拉列表中单击"清除表格"命令，从而得到一个简单的表格。

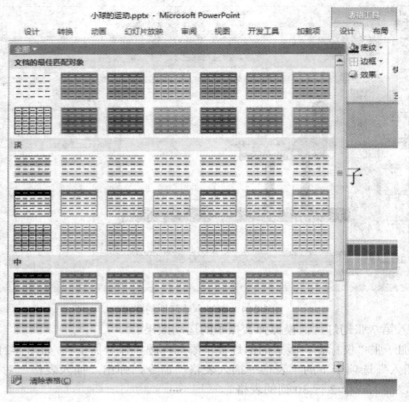

图 5-217　清除表格样式

③ 如图 5-218 所示，依次单击"插入"选项卡下的"形状→任意多边形"按钮，如图 5-219 所示，以表格中的交叉点为参照，绘制出一条弹簧后，删除表格并调整弹簧的形状和大小。

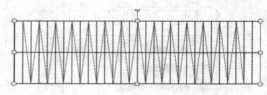

图 5-218　"任意多边形"按钮　　　　　　　　图 5-219　绘制弹簧

④ 如图 5-220 所示，利用 PowerPoint 中的基本绘图功能完成附属图形元素的绘制。

⑤ 选中弹簧，复制出一个新的弹簧图形，单击"开始"选项卡下的"排列→旋转→水平翻转"命令，调整新弹簧的位置，使其右端与原弹簧的左端重合，如图 5-221 所示。

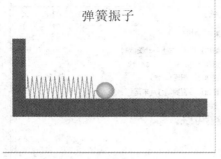

图 5-220 绘制图形元素   图 5-221 复制弹簧

⑥ 选中新弹簧，再单击"格式"选项卡下的"形状轮廓"按钮，将其设置为"无轮廓"；同时选中两根弹簧，单击鼠标右键，在弹出的快捷菜单里单击"组合→组合"命令，如图 5-222 所示，将两根弹簧组合成为一个整体。

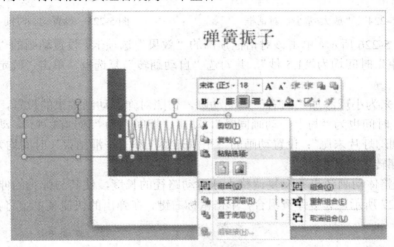

图 5-222 组合两根弹簧

⑦ 选中新组合的弹簧，如图 5-223 所示，添加动画效果"放大/缩小"，在"动画窗格"面板中单击"效果选项"命令，弹出"放大/缩小"对话框。

图 5-223 添加"放大/缩小"动画

⑧ 如图 5-224 所示，在"放大/缩小"对话框中单击"尺寸"选项右侧的下拉箭头，在弹出的下拉菜单中单击"水平"选项；并将自定义选项右侧文本框中的"150%"改为"200%"，按 Enter 键确认。

⑨ 如图 5-225 所示，单击该对话框顶部的"计时"选项卡，设置动画的"开始"时间为"与上一动画同时"，动画"期间"为"慢速(3 秒)"，动画"重复"次数为"直到幻灯片末尾"。

图 5-224 "放大/缩小"对话框

图 5-225 设置动画时间

⑩ 如图 5-226 所示，单击该对话框顶部的"效果"选项卡，设置动画的"平滑开始"和"平滑结束"时间均为"1.5 秒"，并勾选"自动翻转"复选框，单击"确定"按钮关闭对话框。

⑪ 接下来为小球添加"向右"运动动画，仿照对弹簧动画效果的设置，设置小球动画的"开始"时间也为"与上一动画同时"，动画"期间"为"慢速(3 秒)"，动画"重复"次数为"直到幻灯片末尾"；设置动画的"平滑开始"和"平滑结束"时间均为 1.5 秒，并勾选"自动翻转"复选框。

⑫ 预览整体动画效果并反复调整小球运动路径的长度，使其与弹簧的伸展情况相匹配。如图 5-227 所示，选中弹簧组合，单击鼠标右键，在弹出的快捷菜单中将其置于底层。

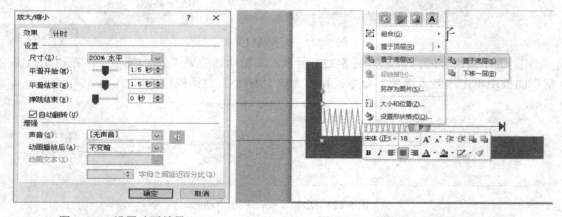

图 5-226 设置动画效果　　　　　　图 5-227 弹簧组合置于底层

(5) 插入第 8 张幻灯片，模拟轮子滚动的效果。

① 添加一张"仅标题"版式的幻灯片，添加标题"滚动的车轮"。如图 5-228 所示，利用 PowerPoint 的基本绘图功能完成车轮及其附属图形元素的绘制。

② 选中车轮，按照前面的操作为车轮添加一个"向右"运动的动画效果并适当调整路径的长度。

③ 如图 5-229 所示，再次选中车轮，单击"添加动画"按钮，在弹出的下拉列表中单击"陀螺旋"选项，从而为车轮添加旋转动画。

图 5-228 绘制图形元素　　　　　　　　　　　　图 5-229 添加陀螺旋动画

④ 按照前面的操作，在动画窗格的列表中双击"陀螺旋"选项，弹出"陀螺旋"对话框，设置"平滑开始"和"平滑结束"的时间均为 1 秒，设置动画的"开始"时间为"与上一动画同时"。单击播放按钮即可预览车轮滚动的效果。

(6) 插入第 9 张幻灯片，模拟钟摆的运动效果。

① 添加一张"仅标题"版式的幻灯片，添加标题"单摆的运动"。如图 5-230 所示，利用 PowerPoint 的基本绘图功能完成单摆的绘制后，先将小球和摆线组合成一个图形，再在组合图形上单击鼠标右键，在弹出的快捷菜单中单击"设置形状格式"命令；如图 5-231 所示，在弹出的"设置形状格式"对话框中，设置其旋转角度为 15。单击"关闭"按钮。

图 5-230 绘制图形元素　　　　　　　　　　　　图 5-231 设置旋转角度

② 如图 5-232 所示，依次单击"插入"选项卡下的"形状→椭圆"命令，按住 Ctrl + Shift 组合键，以摆线的上端为圆心绘制一个刚好可以覆盖单摆的正圆。将其"形状填充"设为"无填充颜色"，将"形状轮廓"设为"无轮廓"，得到一个"隐身"的圆。

③ 选中单摆和隐身圆，将其组合为一个整体，并为他们添加动画"陀螺旋"。

④ 如图 5-233 所示，在动画窗格中双击组合，弹出"陀螺旋"对话框；在对话框中设置"数量"为逆时针 30 度。

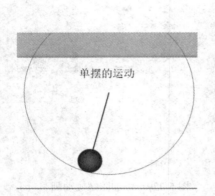

图 5-232　绘制圆形　　　　　　　　图 5-233　"陀螺旋"对话框

⑤ 如图 5-234 所示，在"计时"选项卡中，设置动画"开始"时间为"与上一动画同时"，动画"期间"为"慢速(3 秒)"，动画"重复"次数为"直到幻灯片末尾"。

⑥ 如图 5-235 所示，再次单击"效果"选项卡，设置"平滑开始"和"平滑结束"的时间均为 1.5 秒，并勾选"自动翻转"复选框。

图 5-234　"计时"选项卡　　　　　　图 5-235　"效果"选项卡

(7) 插入第 10 张幻灯片，利用触发器制作单项选择题。

① 如图 5-236 所示，新建"空白"版式的幻灯片，分别使用 5 个文本框输入一个问题和四个待选答案。

1、2010年6月，屠宰场屠夫出了他的第一本书，书名是：

A、《PPT演义》　　　　　　　　B、《PPT演绎》

C、《PPT动画创意设计》　　　　D、《演说之禅》

图 5-236　插入幻灯片

② 如图 5-237 所示，单击功能区中的"开始→排列→选择窗格"命令，弹出"选择和可见性"窗格，如图 5-238 所示，在窗格中，将答案 A、B、C、D 文本框的名字分别修改为"按钮 a""按钮 b""按钮 c""按钮 d"。

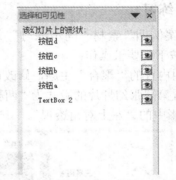

图 5-237　单击"选择窗格"　　　　　　图 5-238　"选择和可见性"窗格

③ 如图 5-239 所示，用绘图工具中的"曲线"工具绘制出"×"和"√"，把"√"放到 C 选项上，A、B、D 选项上均放置"×"。

④ 如图 5-240 所示，同时选中所有"×"和"√"，给它们添加进入动画中的"淡出"动画效果。

图 5-239　绘制图形　　　　　　　图 5-240　添加"淡出"动画

⑤ 如图 5-241 所示,选中答案 A 选项旁的"×",单击"触发→单击→按钮 a",将 A 选项设置为"×"的动画触发器,然后依次为其他"×"和"√"设置触发器。

图 5-241　设置触发器

(8) 将制作好的演示文稿以文件名"小球的运动.pptx"保存,保存类型是"PowerPoint 演示文稿"。

同步练习

编辑"案例四"素材"同步练习"文件夹中的演示文稿文件"互联网+.pptx",参照图 5-242,按下列要求操作:

(1) 应用内置的"聚合"主题,修改最后三张幻灯片为内置的"新闻纸"主题。

(2) 设置第四张幻灯片的版式为"两栏内容";右侧插入"配图.jpg",设置图片效果为"透视"阴影中的"左上对角透视"。

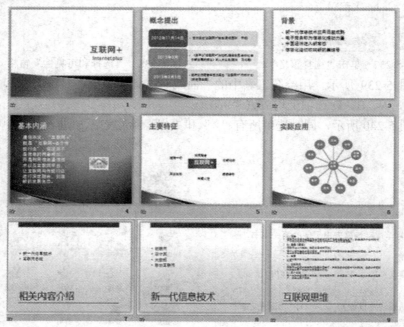

图 5-242　样图

(3) 通过母版在第 2~6 张幻灯片左下角添加文本"Internet+",并设置字体颜色为"黄色"、字形为"加粗"。

(4) 将第 2 张幻灯片内容转化为"垂直块列表"的 SmartArt 图形布局,颜色为"彩色范围-强调文字颜色 2 至 3",设置其动画为"自底部"逐个"飞入"效果,日期部分的文字字号设为 24。

(5) 设置幻灯片切换效果为自左侧的"立方体"效果,并设置放映方式为"循环放映,按 Esc 键终止"。

(6) 保存演示文稿"互联网+.pptx"。

案例五 用 VBA 编程制作选择题

案例情境

翠屏山小学的张老师下节课要给小朋友们出一些测试题,请你使用 PowerPoint 2010 中的 VBA 编程帮他制作这一课的 PPT,将制作好的文件保存至指定的文件目录下。

任务 制作"VBA 测试题.pptm"

(1) 新建一个空白演示文稿,在其中添加课件标题"VBA 测试题"和副标题"讲课人:张老师",为 PPT 应用主题"流畅"。

(2) 插入第 2 张幻灯片,使用单选按钮和 MsgBox 消息框制作单选题。

① 添加一张"仅标题"版式的幻灯片,添加标题"1、下列说法中,正确的是"作为题干。

② 如图 5-243 所示,单击"开发工具"选项卡下的"单选"选项按钮,然后在幻灯片上单击并拖出 OptionButton1 矩形框。

图 5-243 插入"单选"选项按钮

③ 如图 5-244 所示，右键单击"OptionButton1"，在弹出的菜单中选择"属性"命令，在弹出的"属性"窗口中，修改"Caption"为"A.冰融化成水时体积不变"，修改"Font"为宋体、一号，"Enable"为 True，"Height"为 40，"Width"为 500，其余保持默认。

④ 如图 5-245 所示，右键单击"OptionButton1"，在弹出的菜单中选择"查看代码"命令，在弹出的代码窗口的 Private Sub OptionButton1_Click()和 End Sub 两段代码中间插入如下代码：

```
MsgBox("对不起，答错了！")

OptionButton1=False
```

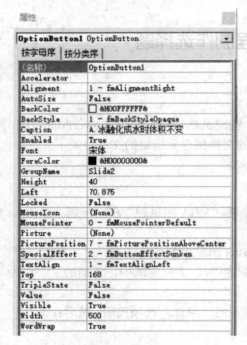

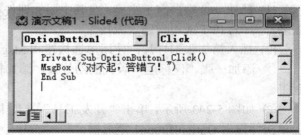

　　　　图 5-244　"属性"窗口　　　　　　　　　　　图 5-245　添加代码

⑤ 由选项 A 复制出另外 3 个选项，通过调整对齐与分布，均匀分布 4 个选项位置，然后分别修改另外 3 个选项的属性和代码。

⑥ 将"OptionButton2"属性中的"Caption"修改为"B.溶液稀释前后溶质的质量不变"，代码修改为

```
MsgBox ("你真棒，答对了！")

OptionButton2 = False
```

将"OptionButton3"属性中的"Caption"修改为"C.化学反应前后分子的种类不变"，代码修改为

```
MsgBox ("对不起，答错了！")

OptionButton3 = False
```

将"OptionButton4"属性中的"Caption"修改为"D.声音从空气传入水中，传播速度不变"，代码修改为

```
MsgBox ("对不起，答错了！")
```

OptionButton4 = False

⑦ 演示效果如图 5-246 所示。

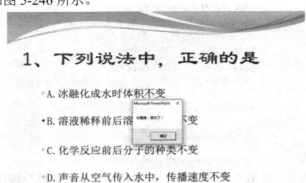

图 5-246　演示效果

(3) 插入第 3 张幻灯片，使用命令按钮、单选按钮和 MsgBox 消息框制作单选题。

① 如图 5-247 所示，添加一张"仅标题"版式的幻灯片，添加标题"2、下列四种现象中属于光的反射的是："作为题干。添加 4 个单选按钮和 4 个命令按钮"提交答案""重新选择""下一页""查看答案"。

② 依次双击"提交答案""重新选择""下一页""查看答案"按钮，进入相应代码窗口，输入如图 5-248 所示的代码。

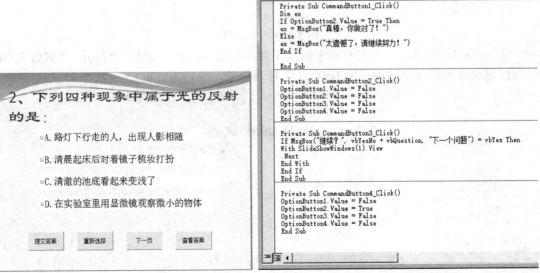

图 5-247　带命令按钮的单选题　　　　　　　　图 5-248　输入相应代码

(4) 插入第 4 张幻灯片，制作一份 10 以内的加法训练试卷。

① 如图 5-249 所示，添加一张"仅标题"版式的幻灯片，添加标题"10 以内的加法训练试卷"；插入 10 个文本框，在其中输入 10 个算式。

10以内的加法训练试卷
6+3=
3+3=
5+4=
0+4=
7+3=
6+1=
4+1=
7+3=
5+4=
5+5=

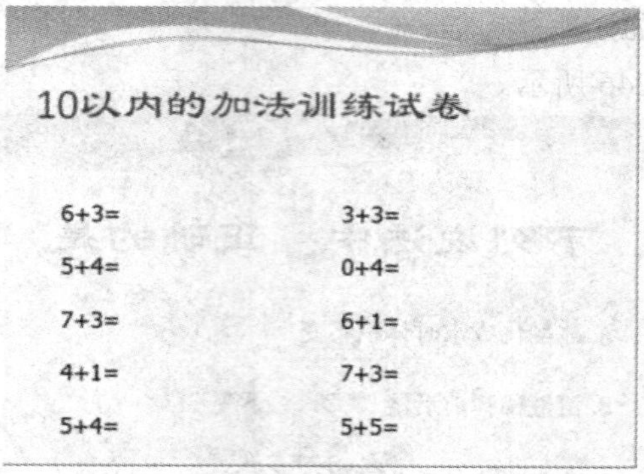

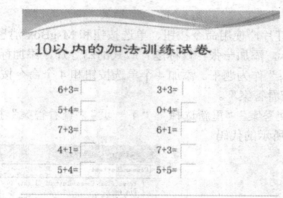

图 5-249　输入算式

② 如图 5-250 所示，单击“开发工具”选项卡下的“文本框”按钮，然后在每个算式后添加 1 个文本框控件和一个标签控件，大小统一为 50 × 50，Caption 属性均为空，字体均为三号字。按纵向编号分别为 TextBox1～TextBox10，Label1～Label10。

10以内的加法训练试卷
6+3=
3+3=
5+4=
0+4=
7+3=
6+1=
4+1=
7+3=
5+4=
5+5=

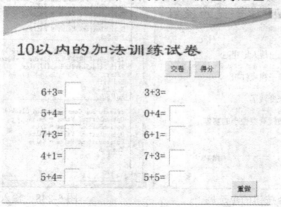

图 5-250　添加控件

③ 如图 5-251 所示，在幻灯片上依次添加 3 个命令按钮“交卷”“得分”“重做”，在得分按钮的右侧添加标签控件 Label11，字号为初号，颜色为红色。

10以内的加法训练试卷
交卷
得分
6+3=
3+3=
5+4=
0+4=
7+3=
6+1=
4+1=
7+3=
5+4=
5+5=
重做

图 5-251　添加控件

④ 如图 5-252 所示，双击“交卷”按钮，进入相应代码窗口，输入如图 5-252 所示的代码。

⑤ 双击"得分"按钮，进入相应代码窗口，输入如图 5-253 所示的代码。
⑥ 双击"重做"按钮，进入相应代码窗口，输入如图 5-254 所示的代码。

```
Private Sub CommandButton1_Click()
If TextBox1 = 9 Then
Label1 = "√"
Else
Label1 = "×"
End If
If TextBox2 = 9 Then
Label2 = "√"
Else
Label2 = "×"
End If
If TextBox3 = 10 Then
Label3 = "√"
Else
Label3 = "×"
End If
If TextBox4 = 5 Then
Label4 = "√"
Else
Label4 = "×"
End If
If TextBox5 = 9 Then
Label5 = "√"
Else
Label5 = "×"
End If
If TextBox6 = 6 Then
Label6 = "√"
Else
Label6 = "×"
End If
If TextBox7 = 4 Then
Label7 = "√"
Else
Label7 = "×"
End If
If TextBox8 = 7 Then
Label8 = "√"
Else
Label8 = "×"
End If
If TextBox9 = 10 Then
Label9 = "√"
Else
Label9 = "×"
End If
If TextBox10 = 10 Then
Label10 = "√"
Else
Label10 = "×"
End If
End Sub
```

```
Private Sub CommandButton2_Click()
Dim i As Integer
i = 0
If TextBox1 = 9 Then
i = i + 10
End If
If TextBox2 = 9 Then
i = i + 10
End If
If TextBox3 = 10 Then
i = i + 10
End If
If TextBox4 = 5 Then
i = i + 10
End If
If TextBox5 = 9 Then
i = i + 10
End If
If TextBox6 = 6 Then
i = i + 10
End If
If TextBox7 = 4 Then
i = i + 10
End If
If TextBox8 = 7 Then
i = i + 10
End If
If TextBox9 = 10 Then
i = i + 10
End If
If TextBox10 = 10 Then
i = i + 10
End If
If i >= 90 Then
Label11 = "优秀"
End If
If i >= 80 And i < 90 Then
Label11 = "良好"
End If
If i >= 70 And i < 80 Then
Label11 = "中等"
End If
If i >= 60 And i < 70 Then
Label11 = "及格"
End If
If i < 60 Then
Label11 = "不及格"
End If
End Sub
```

```
Private Sub CommandButton3_Click()
TextBox1 = ""
Label1 = ""
TextBox2 = ""
Label2 = ""
TextBox3 = ""
Label3 = ""
TextBox4 = ""
Label4 = ""
TextBox5 = ""
Label5 = ""
TextBox6 = ""
Label6 = ""
TextBox7 = ""
Label7 = ""
TextBox8 = ""
Label8 = ""
TextBox9 = ""
Label9 = ""
TextBox10 = ""
Label10 = ""
Label11 = ""
End Sub
```

图 5-252 "交卷"按钮代码　　图 5-253 "得分"按钮代码　　图 5-254 "重做"按钮代码

(5) 将制作好的演示文稿以文件名"VBA 测试题.pptm"保存，保存类型是"启用宏的 PowerPoint 演示文稿"。

同步练习

编辑"案例五"素材"同步练习"文件夹中的演示文稿文件"南京钟山风景名胜区.pptx"，参照图 5-255，按下列要求操作：

(1) 将第一张幻灯片的版式换成"仅标题"；利用 PowerPoint 提供的屏幕截图功能，参考样图抠出"钟山风景名胜区 banner.png"图片中的 logo 部分，插入到第一张幻灯片中，并设置图片样式为"映像圆角矩形"、调整位置以遮挡住标题，图片宽为 22 厘米、高为 12

厘米，位置为自左上角、水平为 1.5 厘米。

（2）应用内置的"纸张"主题，调整主题颜色为内置的"精装书"。

（3）将第三张幻灯片备注区内容复制到对应幻灯片内容区域，使用"转换为 SmartArt 图形"功能转换成"垂直项目符号列表"图形，并改变颜色为"彩色范围-强调文字颜色 2 至 3"，将最后一张幻灯片上的 SmartArt 图形转换成文本。

（4）为第三张幻灯片中的 SmartArt 图形设置动画，动画效果为"自底部飞入"，序列为"逐个"；除首张幻灯片，设置其余所有幻灯片的图片进入的动画效果均为浮入、延迟 0.5 秒、中速播放、伴随微风声音。

（5）设置所有幻灯片切换效果为"逆时针"的"时钟"，并设置自动换片时间为 2 秒。

（6）保存演示文稿"南京钟山风景名胜区.pptx"。

图 5-255　样张

项目六　数据库管理

学习目标

　　Microsoft Access 2010 是一个基于关系数据模型的数据库管理系统(DBMS)。使用 Microsoft Access 2010 可以在一个数据库文件中管理所有用户信息，它给用户提供了强大的数据处理功能，帮助用户组织和共享数据库信息，使用户能方便地得到所需的数据。

本项目知识点

1. 基本概念

(1) 表的组成；

(2) 字段类型；

(3) 字段属性；

(4) 主键。

2. 表的操作

(1) 表的创建；

(2) 修改表结构；

(3) 编辑表的内容。

3. 查询操作

(1) 新建查询；

(2) 显示查询结果；

(3) 保存查询；

(4) 导出查询。

重点与难点

(1) 创建表或修改表结构，在表中添加内容。

(2) 更新(包括插入、删除和更改)表中的数据。

(3) 创建查询。

(4) 将表或查询中的数据导出为其他类型的格式(例如 Excel 工作簿)。

案例一　创建并修改数据库文件

案例情境

　　Access 的数据库都是存储在表中的，当一个数据库应用系统需要多个表时，用户没必要每次创建新表时都创建一个数据库，而可以把组成一个应用程序的所有表都放进一个数据库中。因此，在设计数据库应用系统时要先创建一个数据库，然后再根据实际情况向数据库中加入数据表。

案例素材

　　...\考生文件夹\成绩表.txt
　　...\考生文件夹\学生表.xlsx

任务 1　数据库的创建和备份

　　Access 2010 数据库在通常情况下被保存为*.accdb 文件，下面介绍如何创建一个新的 Access 2010 数据库。

　　(1) 在 Access 2010 中创建"学生管理"数据库文件并保存在桌面上。

　　① 单击 Windows "开始"菜单中的"所有程序"，打开菜单中的"Microsoft Office"，在其下级菜单中单击"Microsoft Access 2010"，启动 Access 2010，如图 6-1 所示。

图 6-1　启动 Access 2010

　　② 在"文件"菜单的"新建"功能界面内，单击"空数据库"选项，在"文件名"文本框中输入数据库文件名"学生管理.accdb"，如图 6-2 所示。

图 6-2　修改数据库文件名

③ 单击"文件名"框旁边的文件夹图标 📂，通过浏览找到要创建数据库的指定位置(桌面)，如图 6-3 所示。

图 6-3　设置数据库文件路径

④ 单击"创建"按钮，完成空数据库的创建，结果如图 6-4 所示。

图 6-4　数据库创建完成

⑤ 关闭 Access 2010 程序。

(2) 对"学生管理"数据库进行备份。

① 打开"学生管理"数据库，在弹出的"安全警告"中单击"启用内容"，如图 6-5 所示。

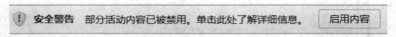

图 6-5　安全警告

② 在"文件"菜单中选择"保存并发布"，弹出如图 6-6 所示的功能界面。

图 6-6　"保存并发布"功能界面

③ 在"文件类型"区域内选择"数据库另存为"选项，再选择"备份数据库"选项。

④ 单击"另存为"按钮，系统将弹出如图 6-7 所示的"另存为"对话框。此时默认的备份文件名为原数据库文件名_备份日期.accdb，保存位置与原数据库文件的保存位置相同。

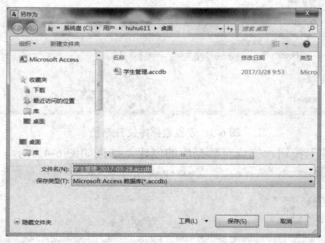

图 6-7　"另存为"对话框

⑤ 单击"保存"按钮，完成数据库的备份过程。

⑥ 关闭 Access 2010 程序。

任务 2　Access 2010 表的创建与设计

Access 数据库建立完毕后，就可以创建数据表了。Access 表由表结构和表内容两部分构成，先建立表结构，之后才能向表中输入数据。

(1) 在"学生管理"数据库中使用设计视图创建"学生信息表"的结构，结构如表 6-1 所示。

① 打开前面所建立的空数据库文件"学生管理.accdb"。

② 单击"创建"选项卡"表格"组内的"表设计"按钮，如图 6-8 所示，系统会在导航栏的右侧自动出现一个表结构设计窗口，如图 6-9 所示。

表 6-1 "学生信息表"的表结构设计

字段名称	数据类型	字段大小	是否主键
学号	文本	10	是
姓名	文本	20	
性别	文本	1	
系名	文本	20	
出生日期	日期/时间		
团员	是/否		
爱好	备注		

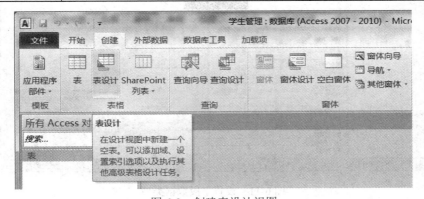

图 6-8 创建表设计视图

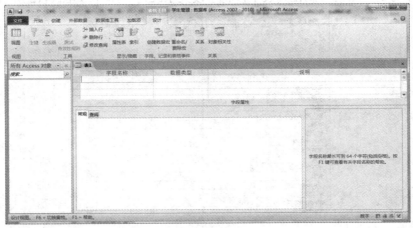

图 6-9 表结构设计视图

③ 在"字段名称"下的第一行处输入"学号"，按回车键确认后光标进入该行的"数据类型"单元格中，并自动出现默认的数据类型"文本"，如图 6-10 所示。

图 6-10　输入字段名称

④ 如果当前字段的数据类型与默认类型不符，可单击单元格右侧的下拉按钮，在展开的下拉列表中重新选定所要的数据类型，如图 6-11 所示。

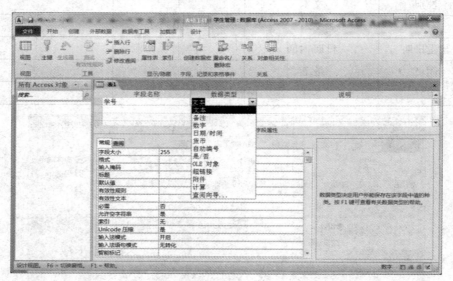

图 6-11　设置字段数据类型

⑤ 在下方的"常规"属性列表中，将字段大小改为"10"，如图 6-12 所示。

图 6-12　设置字段大小

⑥ 重复上述步骤，依照表6-1的设计内容，完成其他字段的定义过程。最终的设计结果如图6-13所示。

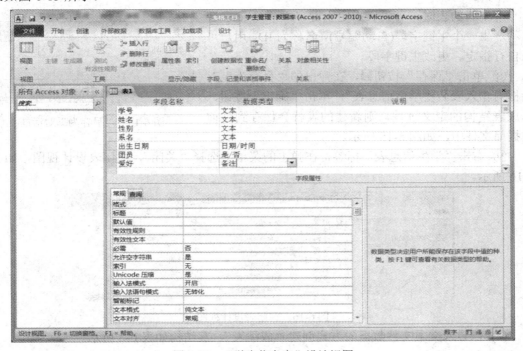

图6-13 "学生信息表"设计视图

⑦ 将第一个字段行"学号"设为主键：在表的设计窗口中，移动鼠标到想要设定为主键字段的行选择格上单击鼠标左键，选取该行后，再选择表设计工具栏上的"主键"按钮，如图6-14所示。完成后，在该行会出现一个钥匙状的图标 🔑▶，这表示该字段已经被设置为主键。

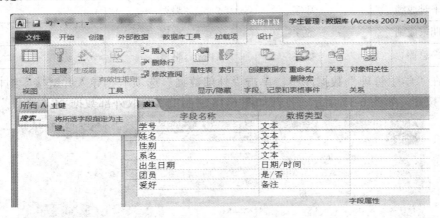

图6-14 设置主键

提示：设置一个"主关键字"(Primary Key，简称"主键")是创建表的过程中一个关键步骤。所谓主键，是指所有字段中用来区别不同数据记录的依据。主键字段所存的数据唯一能识别表中的每一笔记录，换句话说，在主键字段中的数据必须具有唯一性，不可以重复。例如：学生成绩表中的学号可以作为主键字段；图书库存表中的图书编号也可以作为主键字段。

产生新的表时，若没有指定主键字段，Access 会自动产生一个主键字段(自动编号)，名称为 ID，用户可以自行指定、更改主键字段。

图 6-15　"另存为"对话框

⑧ 单击"保存"按钮 ，在弹出的"另存为"对话框内输入表名"学生信息表"，单击"确定"按钮，完成表结构的定义过程，则新建的表就会保存到当前数据库文件中，如图 6-15 所示。

⑨ 右击"学生信息表"标签，在弹出的菜单中选择"关闭"，关闭表设计视图，如图 6-16 所示。

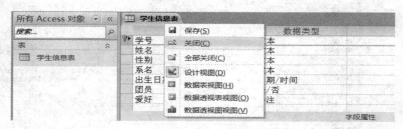

图 6-16　关闭表设计视图

(2) 以导入文本文件数据的方式创建"成绩表"，其结构如表 6-2 所示。

表 6-2　"成绩表"的表结构设计

字段名称	数据类型	字段大小	是否主键
学号	文本	10	是
课程编号	文本	10	是
平时成绩	数字	整型	
期末成绩	数字	整型	
总评	数字	整型	

① 在"学生管理"数据库中，单击"外部数据"选项卡"导入并链接"组内的"文本文件"按钮，如图 6-17 所示。打开如图 6-18 所示的"获取外部数据-文本文件"对话框。

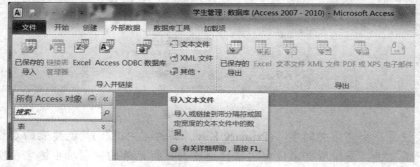

图 6-17　导入文本文件

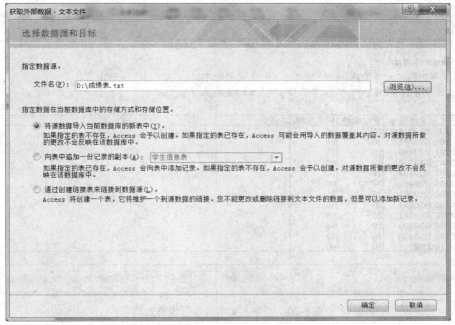

图 6-18 "获取外部数据-文本文件"对话框

② 单击"浏览"按钮，在磁盘中相应文件夹下找到事先准备好的文本文件"成绩表.txt"。

③ 在"指定数据在当前数据库中的存储方式和存储位置"区域的 3 个选项中选择"将源数据导入当前数据库的新表中"，单击"确定"按钮。

④ 在"导入文本向导"对话框中选择"带分隔符"单选按钮，如图 6-19 所示，单击"下一步"按钮。

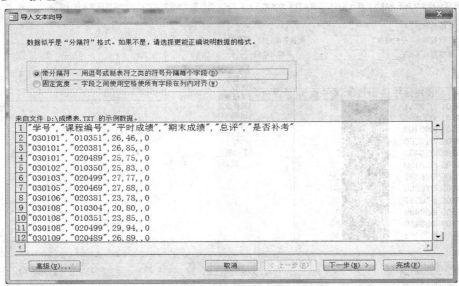

图 6-19 "导入文本向导"步骤之一

⑤ 在"请选择字段分隔符"中选择"逗号"按钮，并勾选"第一行包含字段名称"，如图 6-20 所示，单击"下一步"按钮。

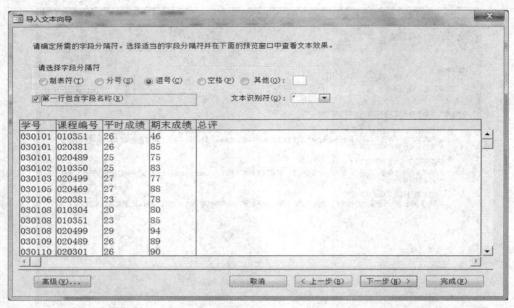

图 6-20　"导入文本向导"步骤之二

⑥ 参照表 6-2 的设计内容，逐列确认待导入数据的数据类型。第一列和第二列数据已默认为"文本"型，不需要改动。分别选定第三列(平时成绩)、第四列(期末成绩)及第五列(总评)数据，将"字段选项"区域内的"数据类型"值改为"整型"，如图 6-21 所示，单击"下一步"按钮。

图 6-21　"导入文本向导"步骤之三

⑦ 选定"不要主键"按钮，如图 6-22 所示，单击"下一步"按钮。

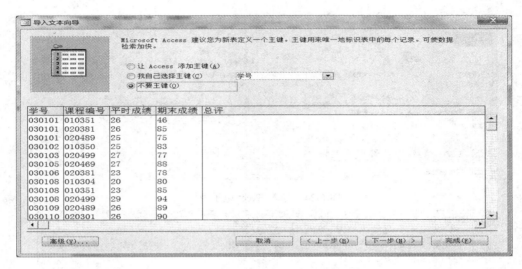

图 6-22　"导入文本向导"步骤之四

⑧ 设定导入生成的新表名称"成绩表"，如图 6-23 所示。单击"完成"按钮，完成"成绩表"的创建过程。

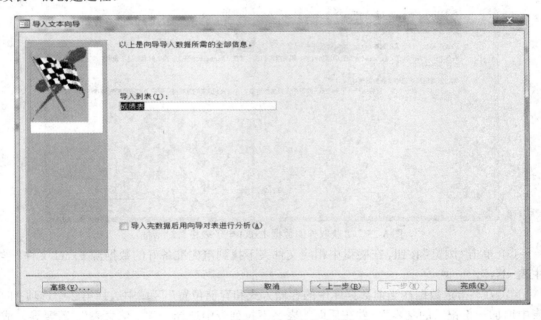

图 6-23　"导入文本向导"步骤之五

(3) 由 Excel 表导入"学生信息表"的数据。

如果某个数据表的数据在另一个 Excel 工作表或者文本文件中已经存在了，那就可以直接将其导入 Access 数据库而不必再次重复录入了，这样不仅可以节省大量的时间、提高工作效率，而且充分体现了 Access 数据共享的特性和理念。

① 在"学生管理"数据库中，单击"外部数据"选项卡"导入并链接"组内的"Excel"按钮，如图 6-24 所示，打开如图 6-25 所示的"获取外部数据-Excel 电子表格"对话框。

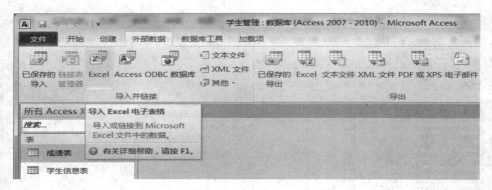

图 6-24　导入 Excel 电子表格

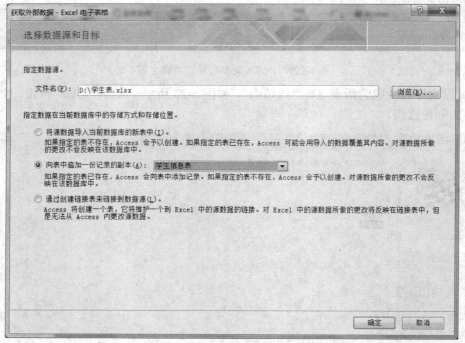

图 6-25　"获取外部数据-Excel 电子表格"对话框

② 单击"浏览"按钮，在磁盘中相应文件夹下找到事先准备好的数据源 Excel 文件"学生表.xlsx"。

③ 在"指定数据在当前数据库中的存储方式和存储位置"区域中选择第 2 个选项"向表中追加一份记录的副本"，并在后面的表名下拉列表中选择"学生信息表"(若要导入成一个新表，则选择第 1 个选项；若要以链接方式导入，则选择第 3 个选项)，单击"确定"按钮。

④ 在"导入数据表向导"对话框中选择"显示工作表"单选按钮，如图 6-26 所示，单击"下一步"按钮。

⑤ 默认勾选"第一行包含列标题"复选框，如图 6-27 所示，单击"下一步"按钮。

⑥ 确认导入目标表的名称为"学生信息表"，如图 6-28 所示。单击"完成"按钮，完成 Excel 数据的导入过程。

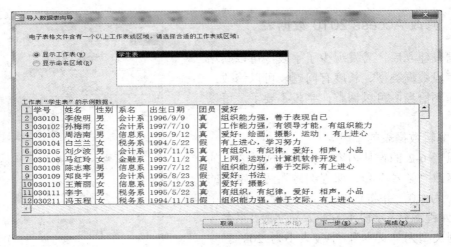

图 6-26 "导入数据表向导"步骤之一

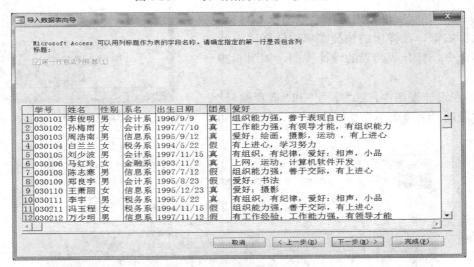

图 6-27 "导入数据表向导"步骤之二

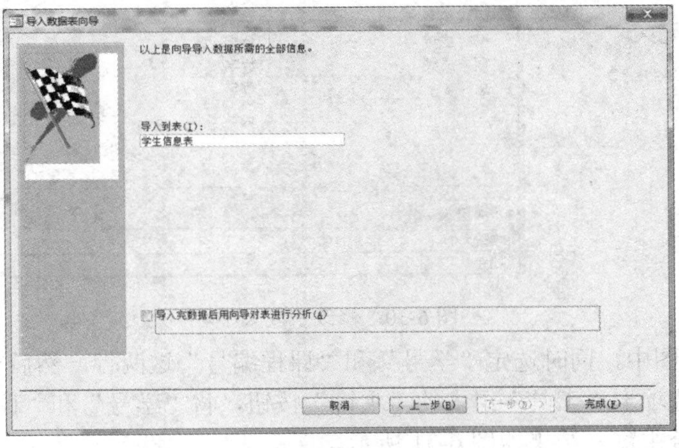

图 6-28 "导入数据表向导"步骤之三

任务3 修改 Access 2010 数据表

数据表建立后，若发现少了字段，可以新增字段；字段数据类型、长度有问题，可以修改；字段顺序不恰当，可以调整；字段不要了，可以删除。

(1) 编辑数据表的字段。

参照表 6-2 的设计内容，编辑"成绩表"的结构，修改"学号"和"课程编号"两个字段的字段大小为 10，并将这两个字段设置为联合主键。在"课程编号"字段下方插入新字段"系名"，设置数据类型为"文本"，字段大小为 20。删除"总评"字段。

① 在"导航窗格"内选中"成绩表"对象，单击鼠标右键，在弹出的快捷菜单中选择"设计视图"命令，打开成绩表的设计视图，如图 6-29 所示。

② 在设计视图中，将"学号"和"课程编号"两个字段的"字段大小"都修改为 10，如图 6-30 所示。

图 6-29 打开"成绩表"的设计视图

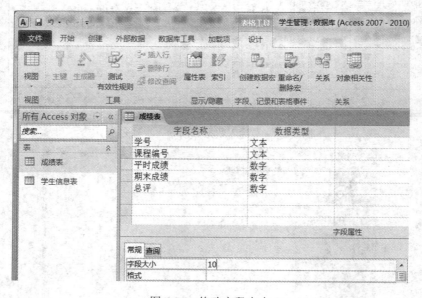

图 6-30 修改字段大小

③ 在设计视图中，同时选定"学号"和"课程编号"这两行，然后单击"表格工具"标签下"设计"选项卡"工具"组内的"主键"按钮，将"学号"和"课程编号"两个字段共同设置为联合主键，结果如图 6-31 所示。

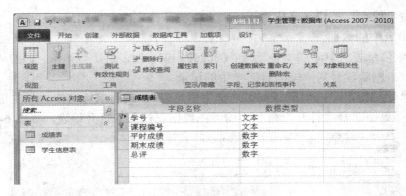

图 6-31 设置联合主键

④ 选定"平时成绩"字段行，单击鼠标右键，在快捷菜单中选择"插入行"命令，如图 6-32 所示。

⑤ 在插入的空行中输入新字段的名称"系名"，选定新字段的数据类型"文本"，设置字段大小为 20，如图 6-33 所示。

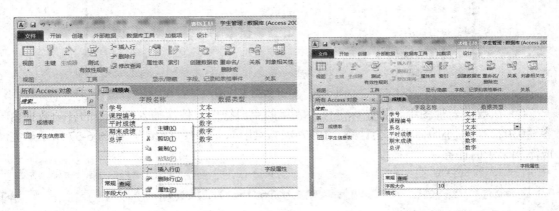

图 6-32 插入新字段　　　　　　　　　　　　　　图 6-33 设置新字段

⑥ 选定"总评"字段行，单击鼠标右键，在快捷菜单中选择"删除行"命令，如图 6-34 所示。在弹出的提示框中选择"是"选项，如图 6-35 所示。

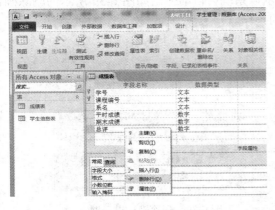

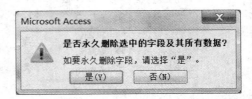

图 6-34 删除字段　　　　　　　　　　　　　　图 6-35 删除字段提示框

⑦ 单击“保存”按钮，完成对“成绩表”的结构修改，关闭设计视图。

(2) 编辑表中的数据。

在“学生信息表”中添加一条记录“030222，王小明，男，会计系，1997/4/17，团员，爱好：徒步”；删除学号为“030211”学生的记录。

① 在“导航窗格”内用鼠标双击“学生信息表”，或用鼠标右击“学生信息表”，在弹出的快捷菜单中选择“打开”命令，均可在数据表视图下打开该表，如图 6-36 所示。

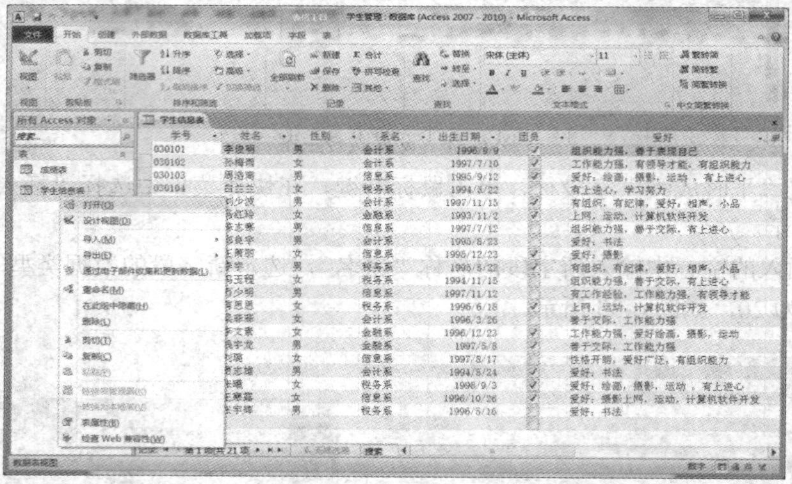

图 6-36　打开数据表视图

② 在数据表视图中，将光标定位于表尾的空白行内，依次输入新记录的各项数据内容“030222，王小明，男，会计系，1997/4/17，团员，爱好：徒步”，如图 6-37 所示，完成添加记录的任务。

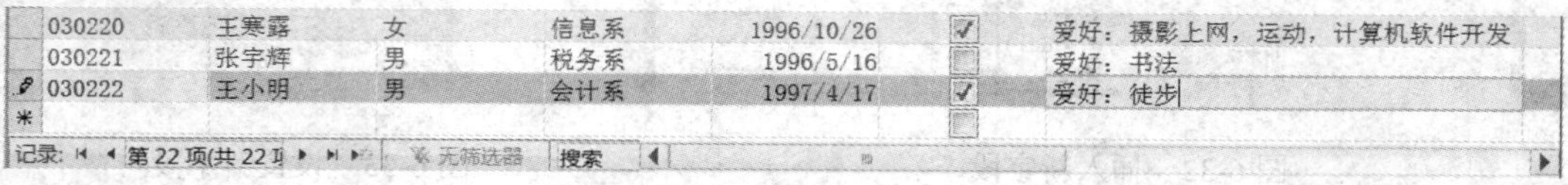
030220 王寒露 女 信息系 1996/10/26 爱好：摄影上网，运动，计算机软件开发
030221 张宇辉 男 税务系 1996/5/16 爱好：书法
030222 王小明 男 会计系 1997/4/17 爱好：徒步
记录: 第 22 项(共 22 项 无筛选器 搜索

图 6-37　添加数据表记录

③ 在数据表视图中，选中学号为“030211”的记录行，右击鼠标，在弹出的快捷菜单中选择“删除记录”命令，如图 6-38 所示，系统会自动弹出如图 6-39 所示的删除确认提示框，单击“是”按钮，完成删除记录的操作。

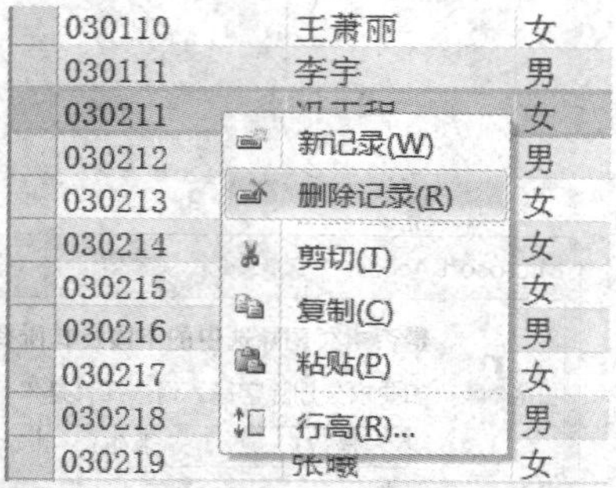
新记录(W)
删除记录(R)
剪切(T)
复制(C)
粘贴(P)
行高(R)...

图 6-38　删除记录快捷菜单

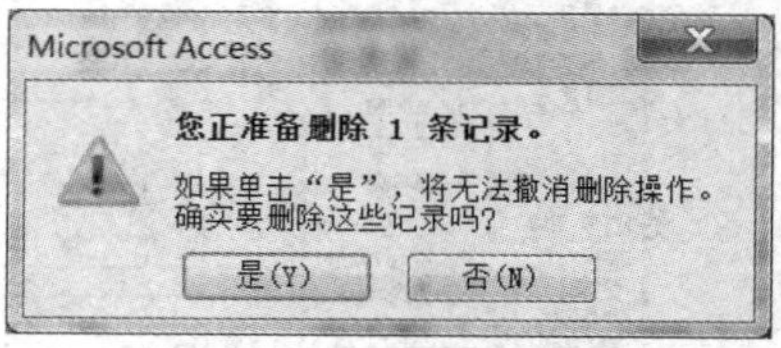
Microsoft Access
您正准备删除 1 条记录。
如果单击“是”，将无法撤消删除操作。
确实要删除这些记录吗？
是(Y)
否(N)

图 6-39　删除确认提示框

④ 关闭 Access 2010 程序。

 同步练习

(1) 启动 Access 2010 程序，选择新建"空 Access 数据库"，文件名为"学生选课成绩.accdb"，保存至自己的学号文件夹中。

(2) 利用设计视图创建、修改数据表结构。

① 根据表 6-3、表 6-4、表 6-5，使用设计视图分别创建"学生表""课程表""选课成绩表"的表结构。

表 6-3　"学生表"结构

字段名称	数据类型	字段大小	是否主键
学号	文本	10	是
姓名	文本	20	
性别	文本	1	
系科	文本	10	
出生日期	日期/时间		
身高	文本	10	

表 6-4　"课程表"结构

字段名称	数据类型	字段大小	是否主键
课程号	文本	10	是
课程名	文本	20	
学时	数字	长整型	
开课时间	文本	1	

表 6-5　"选课成绩表"结构

字段名称	数据类型	字段大小	是否主键
学号	文本	10	组合主键
课程号	文本	10	
成绩	数字	双精度型	

② 将"学生表"中的字段"身高"的"数据类型"修改为"数字"，"字段大小"修改为"双精度型"。

(3) 利用数据表视图输入、修改、删除记录。

① 根据表 6-6、表 6-7、表 6-8，在数据表视图中依次输入"学生表""课程表""选课成绩表"的记录。

② 在"课程表"中增加一条记录"350203，信息技术，60，春"，并将课程号为"450211"的学时减少 10。

③ 在"学生表"中删除姓名为"范远"的学生记录。

表 6-6 "学生表"数据

学号	姓名	性别	系科	出生日期	身高
09220032	张蓉	女	计算机	1991-3-20	1.62
09220131	赵瑞	男	计算机	1991-6-12	1.75
09320114	范远	男	工商管理	1991-5-23	1.82
09320122	许文杰	男	工商管理	1990-8-10	1.7
09510118	陈鹏	男	汽车工程	1990-5-16	1.8
09820036	朱晓丹	女	社会科学	1990-10-20	1.65

表 6-7 "课程表"数据

课程号	课程名	学时	开课时间
330112	高等数学	60	春
350202	数据库	45	秋
770103	大学英语	60	春
470234	军事理论	40	秋
450211	控制工程	60	秋

表 6-8 "选课成绩表"数据

学号	课程号	成绩
09220131	330112	84.5
09220131	350202	82
09320122	330112	92
09820036	470234	85
09320122	470234	92.5
09320122	450211	90
09510118	450211	70.5
09510118	350202	75

案例二　查询数据库文件

案例情境

查询是数据库管理系统的基本功能，是 Access 数据库的重要对象，其主要目的是根据指定的条件对表或者其他查询进行检索，筛选出符合条件的记录，构成一个新的数据集合，从而方便对数据表进行查看和分析。

案例素材

...\考生文件夹\学生信息管理.accdb
...\考生文件夹\学生选课成绩.accdb
...\考生文件夹\图书借阅.accdb

任务1 利用查询设计视图创建简单选择查询

(1) 创建基于一个数据源的简单选择查询并将查询结果导出。

在"学生信息管理"数据库中,基于"学生表"查询学生的信息,要求输出"姓名""性别""出生日期""系名""团员否",查询保存为"学生信息查询",并将其导出为 Excel 工作簿。

① 打开"学生信息管理.accdb"数据库文件。

② 在"数据库"窗口中单击功能区"创建"选项卡下"查询"组中的"查询设计"按钮,打开"查询设计"视图和"显示表"对话框,如图 6-40 和图 6-41 所示。

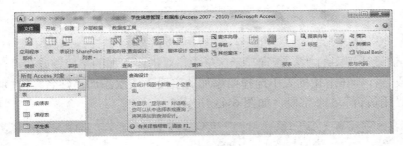

图 6-40 "查询设计"视图

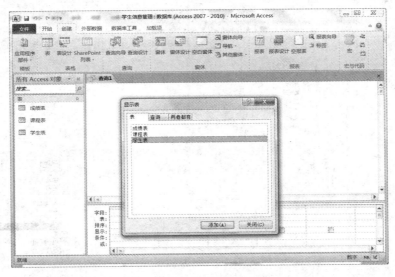

图 6-41 "显示表"对话框

③ 在"显示表"对话框中选择"表"选项卡,双击"学生表"或选中"学生表"后

单击"添加"按钮，将该表添加到"查询"设计视图上半部分"表/查询显示区"的窗格中，然后关闭"显示表"对话框，如图 6-42 所示。

图 6-42　添加查询数据表

④ 在查询设计视图的"表/查询显示区"中，双击要添加的字段，或在"查询设计区"中单击"字段"行，在下拉列表中选择要添加的字段，依次添加"姓名""性别""出生日期""系名""团员否" 5 个字段，如图 6-43 所示。

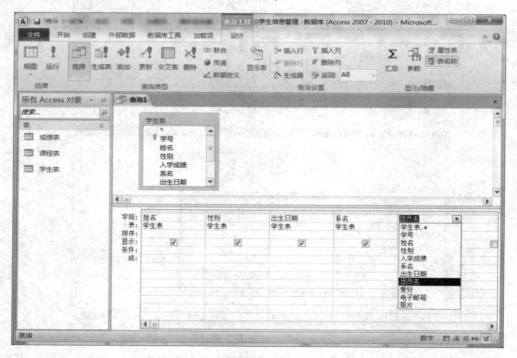

图 6-43　添加查询字段

⑤ 单击工具栏中的"运行"按钮 ，可以看到查询的运行结果，如图 6-44 所示。

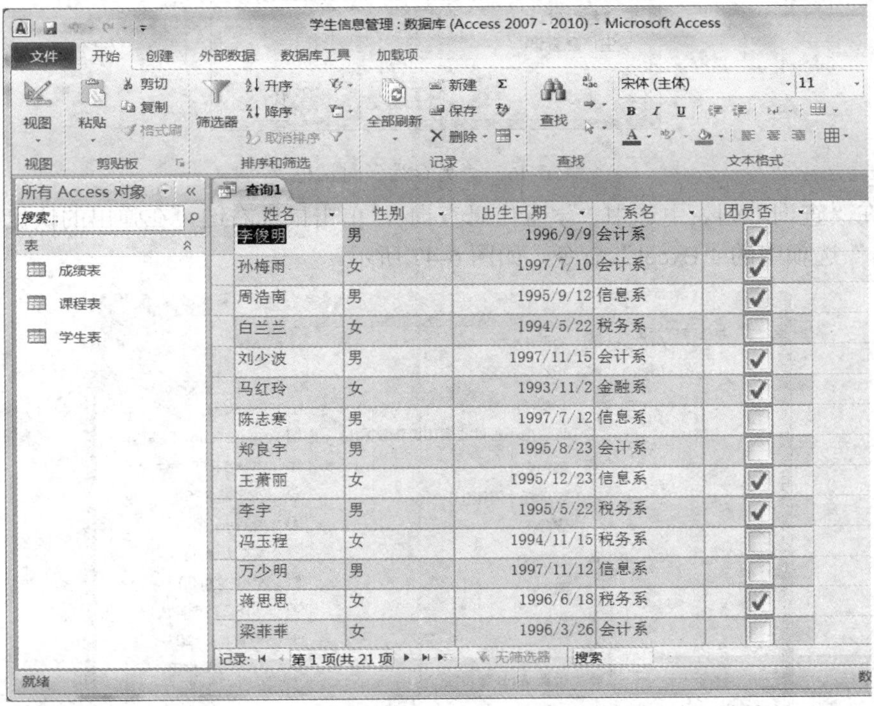

图 6-44　查询运行结果

提示：如果发现查询结果不正确，可以单击功能区"开始"选项卡下的"视图"按钮，在弹出的菜单中选择"设计视图"命令，如图 6-45 所示，就可以打开查询设计视图再次进行修改了。另外，查询的名称不能和已经存在的表名相同。

图 6-45　修改查询设计视图

⑥ 单击"保存"按钮，在弹出的对话框中设置查询名称为"学生信息查询"，如图 6-46 所示。单击"确定"按钮，完成创建查询操作。

图 6-46　"另存为"对话框

⑦ 在"查询"列表中选中"学生信息查询"，单击鼠标右键，在弹出的快捷菜单中选择"导出"选项中的"Excel"命令，如图 6-47 所示。

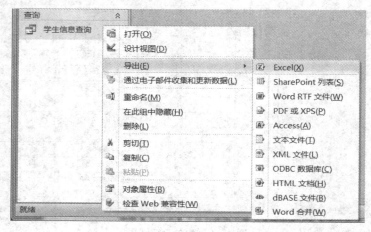

图 6-47　导出查询结果

⑧ 在"导出-Excel 电子表格"窗口中按照要求设置文件名和文件路径，文件格式选择"Excel 工作簿"，如图 6-48 所示。单击"确定"按钮，完成查询结果导出操作。

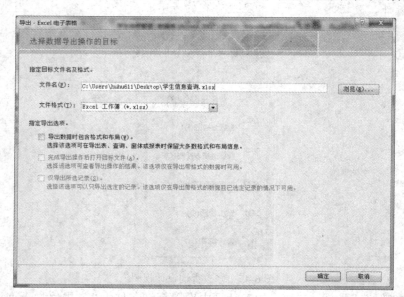

图 6-48　保存导出结果

(2) 创建基于多个数据源的简单选择查询。

在"学生信息管理"数据库中，基于"学生表""成绩表"和"课程表"查询学生的课程成绩，要求输出"学号""姓名""系名""课程名称""平时成绩""期末成绩"，查询保存为"学生成绩查询"。

① 打开"学生信息管理.accdb"数据库文件。

② 在"数据库"窗口中单击功能区"创建"选项卡下"查询"组中的"查询设计"按钮，打开"查询设计"视图和"显示表"对话框。

③ 在"显示表"对话框中选择"表"选项卡，双击"学生表""成绩表""课程表"或选中"学生表""成绩表""课程表"后单击"添加"按钮，将它们添加到"查询"设计视图上半部分"表/查询显示区"中，然后关闭"显示表"对话框，结果如图 6-49 所示。

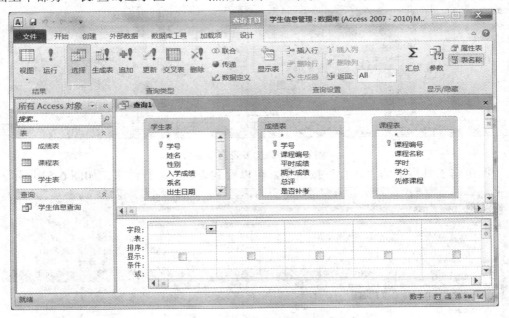

图 6-49　添加查询数据表

④ 在查询设计视图的"表/查询显示区"窗格中，移动鼠标单击选择源表的关系字段，用鼠标拖曳至目的表的相应字段，Access 2010 将自动生成连接线，结果如图 6-50 所示。

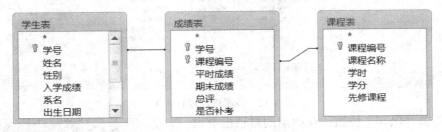

图 6-50　对数据表建立关系

提示： 连接线左右两端的字段名称必须一致，若两张表无相同字段则不能做连接。

⑤ 在查询设计视图的"表/查询显示区"中，双击要添加的字段，或在"查询设计区"中单击"字段"行，在下拉列表中选择要添加的字段，依次添加"学生表"中的"学号"

"姓名""系名"字段，"课程表"中的"课程名称"字段，"成绩表"中的"平均成绩""期末成绩"字段，如图 6-51 所示。

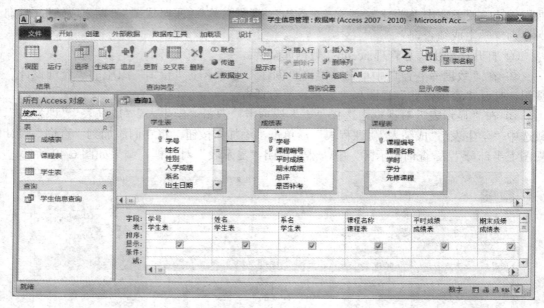

图 6-51　添加多表查询字段

⑥ 单击工具栏中的"运行"按钮，可以看到查询的运行结果，如图 6-52 所示。

图 6-52　多表查询运行结果

⑦ 单击"保存"按钮，在弹出的对话框中设置"查询名称"为"学生成绩查询"，如图 6-53 所示。单击"确定"按钮，完成创建多表查询操作。

(3) 创建带条件的简单选择查询。

在"学生信息管理"数据库中，基于"学生表"，

图 6-53　"另存为"对话框

查询 1995 年出生的男生信息，要求输出"学号""姓名""性别""出生日期"，查询保存为"学生条件查询"。

① 打开"学生信息管理.accdb"数据库文件。

② 在"数据库"窗口中单击功能区"创建"选项卡下"查询"组中的"查询设计"按钮，打开"查询设计"视图和"显示表"对话框。

③ 在"显示表"对话框中选择"表"选项卡，双击"学生表"或选中"学生表"后单击"添加"按钮，将其添加到"查询"设计视图的"表/查询显示区"中，然后关闭"显示表"对话框。

④ 在设计视图的"表/查询显示区"中，双击要添加的字段或在"查询设计区"中单击"字段"行，在下拉列表中选择要添加的字段，依次添加"学号""姓名""性别""出生日期"字段。

⑤ 在"性别"字段的"条件"文本框中输入"男"，在"出生日期"字段的"条件"文本框中输入"Between #1995/1/1# And #1995/12/31#"，或者输入">=#1995/1/1# And <=#1995/12/31#"，或者输入"Year([出生日期])=1995"，如图 6-54 所示。

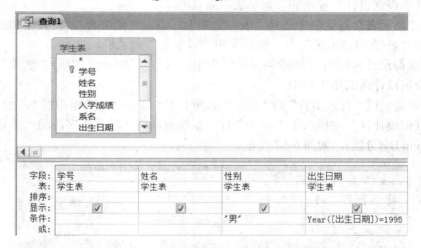

图 6-54 创建带条件的查询

提示：在"条件"文本框中输入的符号必须为英文符号。

⑥ 单击工具栏中的"运行"按钮 ，可以看到查询的运行结果，如图 6-55 所示。

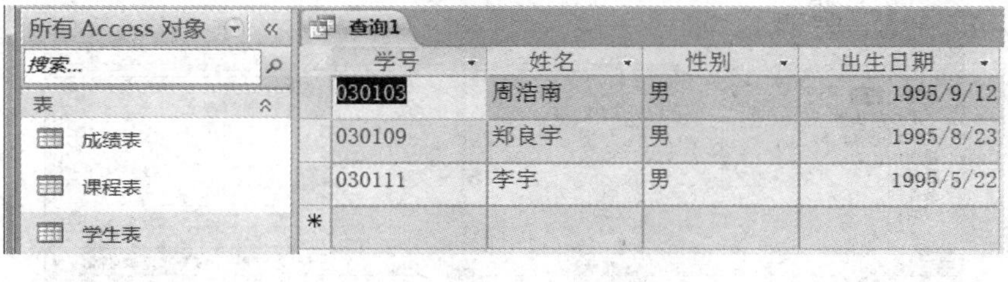

图 6-55 条件查询运行结果

⑦ 单击"保存"按钮，在弹出的对话框中设置查询名称为"学生条件查询"，如图 6-56 所示。单击"确定"按钮，完成创建条件查询操作。

图 6-56　"另存为"对话框

任务 2　利用查询设计视图创建高级查询

(1) 创建进行统计计算的查询。

在"学生信息管理"数据库中，基于"学生表"查询学生人数信息，要求输出"学生人数"，查询保存为"学生人数查询"。

① 打开"学生信息管理"数据库。

② 在"数据库"窗口中单击功能区"创建"选项卡下"查询"组中的"查询设计"按钮，打开"查询设计"视图和"显示表"对话框。

③ 在"显示表"对话框中选择"表"选项卡，双击"学生表"，将其添加到"查询"设计视图的"表/查询显示区"中，然后关闭"显示表"对话框。

④ 在查询设计视图的"表/查询显示区"中，双击"学生表"中的"学号"字段，将其添加到查询设计区的第 1 列中。

⑤ 单击功能区"查询工具"的"设计"选项卡下"显示/隐藏"组中的"汇总"按钮 Σ，此时在"查询设计区"中插入了"总计"行，系统自动将"学号"字段的"总计"列表框设置为 Group By(分组)，如图 6-57 所示。

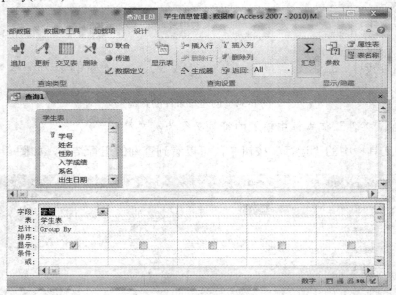

图 6-57　在查询中进行统计计算

⑥ 在"学号"字段的"总计"下拉列表框中选择"计数"选项，然后修改字段名称为"学生人数:学号"，如图 6-58 所示。

提示：字段名称中的冒号一定要是英文符号，否则 Access 会自动变成"表达式"的样式，从而无法生成新字段名。

⑦ 单击工具栏中的"运行"按钮![按钮]，可以看到查询的运行结果，如图 6-59 所示。

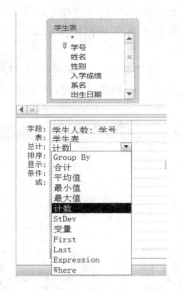

图 6-58　修改字段属性　　　　　　　　　图 6-59　查询结果

⑧ 单击"保存"按钮，在弹出的对话框中设置查询名称为"学生人数查询"。单击"确定"按钮，完成创建统计查询操作。

(2) 创建进行分组统计的查询。

在"学生信息管理"数据库中，基于"课程表"和"成绩表"查询各门课程的成绩统计信息，要求输出"课程名称""总分""平均分""最高分""最低分"，查询保存为"课程成绩统计查询"。

① 打开"学生信息管理"数据库。

② 在"数据库"窗口中单击功能区"创建"选项卡下"查询"组中的"查询设计"按钮，打开"查询设计"视图和"显示表"对话框。

③ 在"显示表"对话框中选择"表"选项卡，双击"课程表"和"成绩表"，将它们添加到查询设计视图的"表/查询显示区"中，然后关闭"显示表"对话框。

④ 在查询设计视图的"表/查询显示区"窗格中，移动鼠标单击选择源表的关系字段，用鼠标拖曳至目的表的相应字段，Access 将自动生成连接线，如图 6-60 所示。

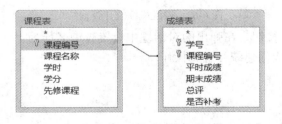

图 6-60　建立数据表关系

⑤ 在查询设计视图的"表/查询显示区"，双击"课程表"中的"课程名称"字段，再双击"成绩表"中的"期末成绩"字段 4 次，将它们添加到查询设计区的第 1 列至第 5 列中。

⑥ 单击功能区"查询工具"的"设计"选项卡下"显示/隐藏"组中的"汇总"按钮Σ，此时在"查询设计区"中插入了"总计"行，将"课程名称"字段的"总计"列表框设置为 Group By(分组)。

⑦ 在第 2 列到第 5 列的"期末成绩"字段的"总计"下拉列表框中分别选择"合计""平均值""最大值""最小值"选项，然后分别修改第 2 列到第 5 列的"期末成绩"字段的字段名称，如图 6-61 所示。

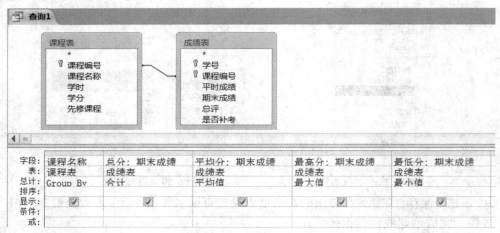

图 6-61　设置查询字段属性

提示：字段名称中的冒号一定要是英文符号，否则 Access 会自动变成"表达式"的样式，从而无法生成新字段名。

⑧ 单击工具栏中"运行"按钮 ，可以看到查询的运行结果，如图 6-62 所示。

课程名称	总分	平均分	最高分	最低分
C语言	171	85.5	94	77
VB	234	78	84	67
VFP	298	74.5	85	50
汇编语言	161	80.5	87	74
计算机导论	350	87.5	91	82
计算机基础	168	84	88	80
平面图形设计	170	85	90	80
数据库理论	249	83	89	75
网页制作	131	65.5	85	46

图 6-62　课程成绩统计查询结果

⑨ 单击"保存"按钮，在弹出的对话框中设置查询名称为"课程成绩统计查询"。单击"确定"按钮，完成创建统计查询操作。

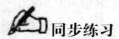　同步练习

(1) 利用查询设计视图对"学生选课成绩"数据库创建查询。

① 打开"学生选课成绩"数据库。

② 基于"学生表""选课成绩表""课程表"查询学生的各门课程成绩，要求输出"学号""姓名""课程名""成绩"，查看查询结果，如图 6-63 所示，并保存为"查询练习 1"。

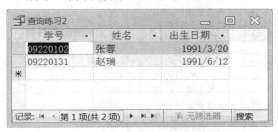

图 6-63　练习 1 查询结果

③ 基于"学生表"查询所有计算机系的学生，要求输出"学号""姓名""出生日期"，查看查询结果，如图 6-64 所示，并保存为"查询练习 2"。

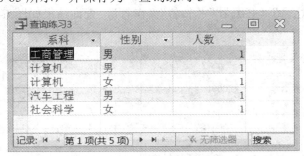

图 6-64　练习 2 查询结果

④ 将"查询练习 1"更名为"Q1"，并将其导出为"Q1.xlsx"工作簿，保存至学号文件夹。

⑤ 基于"学生表"查询各系科男、女生人数，要求输出"系科""性别""人数"，查看查询结果，如图 6-65 所示，并保存为"查询练习 3"。

图 6-65　练习 3 查询结果

⑥ 基于"学生表""选课成绩表"查询"许文杰"同学所有课程的平均分，要求输出"学号""姓名""系科""成绩均分"，查看查询结果，如图 6-66 所示，并保存为"查询练习 4"。

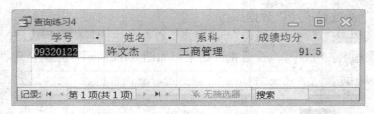

图 6-66　练习 4 查询结果

(2) 利用查询设计视图对"图书借阅"数据库创建查询。

① 打开"图书借阅"数据库。

② 基于"图书"表查询价格低于 30 元的所有图书，要求输出"书编号""书名""作者"及"价格"，查询结果如图 6-67 所示，查询保存为"CX1"。

书编号	书名	作者	价格
P0001	数学物理方法	路云	28.5
H0001	大学计算机信息技术教程	张福炎、孙志挥	21
G0001	图书馆自动化教程	傅守灿	22
T0002	大学数学	高小松	24
G0002	多媒体信息检索	华威	20
F0001	现代市场营销学	倪杰	23
F0002	项目管理从入门到精通	邓炎才	22
T0003	控制论:概论、方法与应用	万百五	4.1
F0003	会计应用典型实例	马琳	16.5
D0001	国际形势年鉴	陈启愁	16.5
D0002	NGO与第三世界的政治发展	邓国胜、赵秀梅	25
T0004	政府网站的创建与管理	闫文	22
D0005	政府全面质量管理:实践指南	董静	29.5
D0006	牵手亚太:我的总理生涯	保罗·基延	29
A0001	硬道理:南方谈话回溯	黄宏	21

记录: ⋈ ◂ 第 1 项(共 15 项) ▸ ▸⋈　 ⫠ 无筛选器　搜索

图 6-67　CX1 查询结果

③ 基于"学生""图书"及"借阅"表查询学号为"09220123"的学生所借阅的图书，要求输出"学号""姓名""书编号""书名""作者"，查询结果如图 6-68 所示，查询保存为"CX2"。

学号	姓名	书编号	书名	作者
09220123	吴彦骅	P0001	数学物理方法	路云
09220123	吴彦骅	F0001	现代市场营销学	倪杰
09220123	吴彦骅	T0003	控制论:概论、方法与应用	万百五
09220123	吴彦骅	D0003	"第三波"与21世纪中国民主	李良栋

记录: ⋈ ◂ 第 1 项(共 4 项) ▸ ▸⋈　 ⫠ 无筛选器　搜索

图 6-68　CX2 查询结果

④ 基于"图书"表查询收藏的各出版社藏书册数(册数为藏书数之和)，要求输出"出版社""藏书册数"，查询结果如图 6-69 所示，查询保存为"CX3"。

图 6-69　CX3 查询结果

⑤ 基于"学生""借阅"表查询各系科学生借阅图书总天数(借阅天数=归还日期−借阅日期),要求输出"系科名称""借阅天数",查询结果如图 6-70 所示,查询保存为"CX4"。

图 6-70　CX4 查询结果

参 考 文 献

[1]　王晓娟,胡磊. 大学计算机信息技术简明教程[M]. 4 版. 南京：南京大学出版社,2018.

[2]　王晓娟,时洋. 大学计算机信息技术实训操作教程[M]. 3 版. 南京：南京大学出版社,
　　2018.

[3]　王晓娟,印元军. 大学计算机信息技术简明教程：考点归纳与真题解析[M]. 3 版. 南
　　京：南京大学出版社,2018.